Beck-Rechtsberater

Endlich selbstständig!

dtv

Beck-Rechtsberater

Endlich selbstständig!

Ratgeber für die erfolgreiche Existenzgründung

Von Diplom-Volkswirt Ulfried Weißer

1. Auflage

Deutscher Taschenbuch Verlag

Im Internet:
dtv.de
beck.de

Originalausgabe
Deutscher Taschenbuch Verlag GmbH & Co. KG,
Friedrichstraße 1a, 80801 München

Druck und Bindung: Druckerei C. H. Beck, Nördlingen
(Adresse der Druckerei: Wilhelmstraße 9, 80801 München)
Satz: ottomedien, Darmstadt
Umschlaggestaltung: Agentur 42 (Fuhr & Partner), Bodenheim,
unter Verwendung eines Fotos von GettyImages
ISBN 978-3-423-50701-1 (dtv)
ISBN 978-3-406-59467-0 (C. H. Beck)

9 783406 594670

Vorwort

Viele Menschen fühlen sich in ihrer bisherigen beruflichen Stellung frustriert, blockiert, ausgenutzt oder unterbezahlt. Es besteht wenig Gelegenheit, eigene Ideen einzubringen. Die Arbeit erscheint als langweilig oder nicht sinnvoll, es gibt keine Aufstiegsperspektiven, womöglich wirkt auch die gesamte Unternehmenspolitik nicht überzeugend. Oder: jemand hat einen kleinlichen Vorgesetzten und tut sich schwer, sich in die betriebliche Hierarchie einzufügen.

In diesen Fällen ist es fraglich, ob eine Kündigung, ein einmaliger oder mehrmaliger Wechsel des Arbeitgebers, wirklich Abhilfe bringt und ob nicht in der neuen Firma ähnliche Probleme auftauchen. Wie wäre es, aus dem Trott hinaus zu springen und mit den bisher gewonnenen Erfahrungen ein eigenes Unternehmen zu gründen? Aber was gehört hierzu, und was gibt es in der Vorbereitung zu bedenken?

Ebenso richtet sich dieses Buch an alle, die aus irgendwelchen Gründen nicht am üblichen Arbeitsleben teilnehmen können, deren Fähigkeiten aber nicht brachliegen sollen. Es gibt die Arbeitslosen, die allein aufgrund ihres Alters keine Aussicht auf eine erfolgreiche Bewerbung haben. Und es gibt die Frauen, die durch kleine Kinder ans Haus gebunden sind, aber den Kontakt zu ihrem Beruf nicht verlieren möchten. Auch in diesen Fällen kommt eine haupt- oder nebenberufliche Selbstständigkeit in Betracht.

Ferner gibt es die Auszubildenden und die Studenten, die in stiller Stunde überlebgen, wie sich ihr künftiges Berufsleben gestalten soll. Ist wirklich die Sicherheit entscheidend? Muss es der Öffentliche Dienst sein, in dem nach einem relativ starren Regelwerk, mit geringen eigenen Gestaltungsmöglichkeiten, gearbeitet wird? Oder soll es eine Tätigkeit sein, in der Wagemut und eigene Initiative gefordert sind und belohnt werden? Kommt es in Betracht, perspektivisch auf ein eigenes Unternehmen hinzuarbeiten?

Schließlich richtet sich dieses Buch an alle wirtschaftlich und politisch Interessierten, die gern wissen möchten, welche Tätigkeiten der mittelständische Inhaber-Unternehmer, die tragende Figur der Sozialen Marktwirtschaft, ganz konkret ausübt und wie sich der Zugang zu diesem Beruf darstellt.

Cuxhaven, im September 2009 *Ulrich Weißer*

Inhaltsübersicht

Inhaltsverzeichnis

Einleitung

Es gibt viele gute Gründe, sich selbstständig zu machen und ein eigenes Unternehmen zu gründen. Dieser Schritt will allerdings gut vorbereitet sein, denn es geht im wahrsten Sinne des Wortes um die Existenz, das heißt um das wirtschaftliche Sein oder Nichtsein des Gründers und seiner Familie (wenn in diesem Buch vom Gründer die Rede ist, so ist ganz selbstverständlich immer auch die Gründerin gemeint, denn etwa ein Drittel aller Gründungen entfallen auf Frauen). In diesem Ratgeber soll verdeutlicht werden, welche Hindernisse einer Gründung entgegenstehen, was zu beachten ist, worauf es ankommt und worauf nicht.

Dabei sind die Existenzgründer bei Politik und allen Ministerien hoch willkommen und werden vielfältig gefördert. Denn in der Marktwirtschaft sind die mittelständischen Unternehmer, die sich hier heranbilden, die tragende Schicht, der Motor des Ganzen. In den Neuen Bundesländern, wo im Sozialismus der unternehmerische Mittelstand vernichtet worden war, konnte nur über viele Existenzgründer diese Schicht wiederaufgebaut werden. Aber auch der Westen ist dringlich auf immer wieder neue Gründer angewiesen, um das Niveau zu halten. Die Gründungen bilden also nicht nur eine Chance für die Betroffenen selbst, sondern auch für die Allgemeinheit.

Weit verbreitet in der Bevölkerung und auch bei den Betroffenen ist jedoch die Meinung, eine Gründung sei deswegen schwierig, weil die Behörden diverse Zeugnisse und Bescheinigungen verlangten, die schwer zu beschaffen seien – dass die notwendige Sachkunde und der Bedarf nachzuweisen seien und dass es überhaupt erst einen Kampf mit der Bürokratie zu bestehen gelte, um eine Erlaubnis zu erlangen. Und ganz ernsthaft ist immer wieder zu hören, dass es auf Beziehungen ankomme, das heißt, dass nur diejenigen eine Zulassung bekämen, die den Bürgermeister und sonstige einflussreiche Persönlichkeiten gut kennen.

Diese Vermutungen treffen in aller Regel nicht zu. Zwar hat jemand, der sich mit einer Privatbank, einer Arzneimittelfabrik oder mit einer Anlage zur Beseitigung von Chemieabfällen selbstständig machen will, in der Tat zahlreiche Nachweise zu erbringen. Aber derartige hochgestochene und komplizierte Vorhaben bilden die absolute Ausnahme. In zahlreichen Fällen ist gar kein Nachweis zu erbringen, keine Erlaubnis zu beantragen, sondern das Gewerbe wird einfach angemeldet, und damit sind alle Behördengänge bereits erledigt. In vielen anderen Fällen ist nur die „Zuverlässigkeit" des Gründers nachzuweisen, womit aber nicht eine Charakterprüfung gemeint ist, sondern nur die Tatsache, dass der Antragsteller nicht oder jedenfalls nicht einschlägig vorbestraft ist. Wer beispielsweise schon wegen Unterschlagung in Haft saß, ist für die Vermittlung von Finanzierungen nicht geeignet. Bei den meisten Leuten steht jedoch im polizeilichen Führungszeugnis: „Keine Eintragungen", und damit gilt jemand als zuverlässig. Bei anderen Gewerben sind „geordnete Vermögensverhältnisse" gefragt, womit gemeint ist, dass einer nicht von Amts wegen als zahlungsunfähig festgestellt ist, beispielsweise durch ein Insolvenzverfahren oder weil er an Eides statt seine Vermögenslosigkeit versichert hat und deswegen in die Schuldnerliste aufgenommen wurde. Auch dies dürfte in den meisten Fällen kein Hindernis sein.

In einigen Gewerbezweigen, beispielsweise im Handwerk oder im Verkehrsgewerbe, ist in der Tat eine Prüfung gefragt. In anderen Fällen ist nicht der Zugang zum Gewerbe, wohl aber dessen Ausübung gesetzlich geregelt. Um diesen gesamten gewerberechtlichen Bereich zu klären, sind im zweiten Teil dieses Buches zahlreiche einzelne Branchen mit ihren jeweiligen speziellen Gesetzen aufgeführt. Ist eine vom Gründer ins Auge gefasste Tätigkeit hier nicht erwähnt, so kann er weitgehend – aber ohne dass hierfür eine Haftung übernommen wird! – sicher sein, dass es für diese Tätigkeit kein spezielles Gesetz gibt und eine einfache Gewerbeanmeldung ausreicht.

Dass es auf Beziehungen zu einflussreichen Leuten ankäme, ist Unsinn. Wir sind nicht mehr im 19. Jahrhundert, als der Fürst ein Apotheken-Privileg gewährte und als man sich bei den Höflingen des Fürsten beliebt machen musste, um an das heiß begehrte Privileg zu gelangen. Jemand, der sich zu einer selbstständigen Existenz entschließt, macht vielmehr von einem ganz selbstverständlichen Bürgerrecht Gebrauch, ähnlich als wenn jemand von der freien

Wahl des Wohnsitzes Gebrauch macht, umzieht und nur der Gemeinde die neue Anschrift mitteilt. Die Gemeinde nimmt nur diese Mitteilung entgegen, ohne dies irgendwie zu kommentieren. Ebenso ist es, wenn jemand einen Einzelhandel eröffnet und dies lediglich anmeldet. Es kann sogar jeder, der sich dazu berufen fühlt und genügend Kapital hat, ein Seeschiff kaufen und Güter über den Ozean transportieren. Auch hierfür braucht es keine Erlaubnis, auch dies wird nur angemeldet. Irgendwelche Furcht vor den Behörden, eine Schwellenangst beim Betreten der Amtsräume, ist also ganz unbegründet.

Die meisten Gesetze, um die es hier geht, sind Bundes-, seltener Landesgesetze. Sie werden auf der örtlichen Ebene lediglich vollzogen, ohne dass es auf dem Ordnungsamt der Gemeinde irgendeinen Ermessensspielraum gäbe. Wer die im Gesetz genannten Bedingungen erfüllt, hat Anspruch auf die Erlaubnis und kann diese notfalls beim Verwaltungsgericht einklagen. Dies wird aber in aller Regel nicht nötig sein, weil der Angestellte auf dem Ordnungsamt lediglich abhakt, ob die Bedingungen erfüllt sind, und dann den Stempel für die Erlaubnis gibt. Auf dem Amt wird also gar nicht darüber gegrübelt, ob die Gründung als gut, erwünscht und aussichtsreich zu betrachten ist. Zu den wenigen Ausnahmen, bei denen es in der Gemeinde überhaupt etwas zu erwägen gibt, gehört die Anzahl der Taxi-Konzessionen oder die Frage, ob einem Drittstaatler (das heißt einem Ausländer von außerhalb der Europäischen Union) eine Selbstständigkeit erlaubt wird.

Das Entscheidende, was der Existenzgründer unbedingt braucht, auf das er aber keinen Anspruch hat, ist der Bankkredit. Die Banken, ganz gleich ob als Aktiengesellschaft, als Genossenschaft oder als öffentlich-rechtliche Sparkasse verfasst, sind Geschäftsunternehmen, die sich ihre Kunden aussuchen können. Wenn sie einen Kreditantrag ablehnen oder wenn sie es ablehnen, sich überhaupt mit dem Vorgang zu befassen, hat der Gründer Pech und keine Berufungsmöglichkeit. Auch die staatlichen Finanzierungshilfen – mit Ausnahme der Hilfen der Agentur für Arbeit – sind in aller Regel nur über die Bank zu erhalten. Es kommt also darauf an, ein Vorhaben in schriftlicher Form so auszuarbeiten, dass der Bankangestellte überzeugt wird. Dieser Zwang ist allerdings für den Gründer sehr heilsam: Er muss darlegen, das heißt er muss sich selbst darüber klar werden, woher der Umsatz kommen und welcher Gewinn erwirtschaftet werden soll.

Weit verbreitet und unsinnig ist schließlich auch die Meinung, dass ein Selbstständiger wegen der hohen Steuern und Abgaben praktisch nur für das Finanzamt arbeite und dass die Kunst des Unternehmers darin bestehe, einen möglichst großen Teil der Einnahmen an der Steuer vorbeizuschleusen. Ganz im Gegenteil: nur absolute Steuer-Ehrlichkeit ist gefragt. Wer seine Ertragsvorausschau mit den in den ersten Jahren relativ bescheidenen Gewinnen vom Steuerberater durchrechnen lässt, wird sich über die einigermaßen tragbare Belastung wundern. Angst vor dem Finanzamt braucht nur derjenige zu haben, der keine Steuererklärung abgibt und dann vom Amt eingeschätzt wird.

Immer wieder ist zu hören, es sei doch sehr heikel, sich jetzt ins Unternehmerdasein zu stürzen, da es doch der Wirtschaft so schlecht gehe und man täglich von Pleiten und Entlassungen höre. Hierbei ist allerdings zu bedenken, in welcher Auswahl die Presse über aktuelle Ereignisse berichtet. Gemeldet werden Flugzeug-Abstürze, aber nicht die vielen pünktlich ankommenden Flüge. Gemeldet werden Familiendramen, aber nicht normale oder glückliche Familien. Gemeldet werden Pleiten, aber nicht Gutverdienende. Wenn ein Unternehmer zufrieden stellende Gewinne macht, tut er alles, dies zu verheimlichen, denn ansonsten würde er ja die Begehrlichkeit der Belegschaft und der Lieferanten wecken, und vor allem würde er Wettbewerber auf den Plan rufen. Die Finanzbeamten und die Steuerberater, welche die teils erstaunlichen Zahlen sehen, sind natürlich zur Verschwiegenheit verpflichtet. Als die Industrie- und Handelskammer Stade einmal von ihren 40.000 Mitgliedsunternehmen die einhundert Firmen mit dem höchsten Ertrag in einer internen Liste ausdrucken ließ, war man erstaunt, wie viele hierunter waren, von denen nie jemand gehört hatte, mit denen es keinen Schriftwechsel gab und die noch nie in der Presse inseriert hatten. Wer gut verdient, macht hiervon kein Aufhebens, und anstandshalber wird immerzu über die schlimmen Zeiten gestöhnt.

Der Erfolg des Vorhabens lässt sich allerdings nur bis zu einem gewissen Grade errechnen, weil es maßgeblich auf die Persönlichkeit des Gründers ankommt. Im idealen Fall ist diese durch den alten Kaufmannsspruch „Wägen und Wagen“ gekennzeichnet, das heißt es werden bewusst Risiken eingegangen, aber nicht in der Art eines Spielers, der alles auf eine Karte setzt und dann auf sein Glück hofft. Sondern es handelt sich um begrenzte und wohl kalkulierte Risiken, bei denen zunächst alle verfügbaren Informationen gesammelt und dann Vor- und Nachteile abgewogen werden. Dabei wird zunächst vorsichtig und in kleinen Mengen operiert und im Erfolgsfalle der Einsatz allmählich gesteigert.

Das Problem ist also nicht, welche Freiheiten der Staat dem Gründer einräumt, sondern, in welcher Weise er hiervon verantwortungsbewusst Gebrauch macht. Mancher fühlt sich in seinem Tatendrang unterfordert, findet seine bisherige berufliche Stellung öde und langweilig. In jedem Falle sind also gründliche Vorüberlegungen notwendig. Nur wenn jemand sich selbstständig machen möchte, um schnell und mühelos reich zu werden, wird er mit Sicherheit enttäuscht. Denn selbst wenn er Erfolg hat, kommt der Reichtum nicht schnell, sondern allenfalls nach einigen schwierigen Anfangsjahren, und in keinem Falle mühelos.

Die Überlegungen beginnen bei der Frage: Bin ich ein Unternehmertyp? Bin ich den Belastungen, die vorhersehbar auf mich zukommen, gewachsen? Oder bleibe ich lieber im vergleichsweise sicheren Gehäuse des Angestelltendaseins? Es geht weiter mit einer stillen Inventur: Was habe ich an fachlichen und kaufmännischen Kenntnissen? Welche selbstständige Tätigkeit ließe sich hierauf aufbauen? Welche Ware oder Dienstleistung könnte ich anbieten? Dann kommt die Wendung zum Markt, zur Kundschaft, zu den Wettbewerbern: Wer braucht das, was ich anbiete? Wer bietet es bisher an? Kann ich mich von den bisherigen Anbietern abheben, etwas Besonderes bieten?

Nach diesen grundsätzlichen Fragen geht es um die einzelnen unternehmerischen Aufgaben, ausgehend von der Orientierung an den Wünschen der Kunden, vom Vertrieb, und der Kalkulation. Zu berücksichtigen sind baurechtliche Fragen und das Problem des geeigneten Standortes. Oder: Wie können mehrere Personen gemeinsam ein Geschäft gründen? Und unter welchem Namen soll das Geschäft auftreten? Muss es mit diesem Geschäftsnamen, der Firma, in das Handelsregister eingetragen werden? – Nicht in jedem Falle braucht ein eigener Betrieb neu eingerichtet zu werden. Viele Existenzgründer vergessen, dass es tausende von Inhabern gibt, die einen Nachfolger suchen. Allerdings ist es nicht immer leicht, sich mit einem von ihnen über einen Kaufpreis, die Abstandssumme, zu einigen: Was ist ein Unternehmen wert? – Vor der Selbstständigkeit sind schließlich Fragen der eigenen sozialen Sicherung zu klären.

Wir betrachten dann einige Branchen, die für Existenzgründer hauptsächlich in Frage kommen: Handwerk, Handel, Außenwirtschaft, Gastgewerbe, Verkehr, Versicherungsvertreter, Immobilienmakler, und die typischen Probleme dieser Branchen.

Ist dann das Vorhaben gründlich ausgearbeitet, so kann es gegen die anderen Möglichkeiten abgewogen werden, die sich dem Betroffenen bieten. Ist der Gründer jetzt arbeitslos und ist die Selbstständigkeit die einzige Möglichkeit, wieder in das Erwerbsleben zurück zu kehren? Oder soll er hierfür eine ungekündigte sichere Stellung aufgeben? Lassen sich die Probleme der jetzigen Stellung auch durch einen Wechsel des Arbeitgebers lösen? Eine Existenzgründung kommt ernsthaft nur dann in Frage, wenn der mutmaßliche Gewinn, als Einkommen des Unternehmers, deutlich höher ist als das jetzige Gehalt im Angestelltenverhältnis. Denn das unternehmerische Risiko und die weit größere Arbeits- und Nervenbelastung müssen prämiert werden. Und schließlich ist das Ganze mit der Familie zu besprechen. Möchte die Frau, vor allem wegen der Kinder, lieber ein mittleres, dafür aber sicheres, Einkommen? Oder behält einer der Ehepartner ein festes Einkommen, das für den Notfall ein Auffangnetz bildet? Die Gründung ist nur sinnvoll, wenn sie von der ganzen Familie getragen wird.

I. Der Unternehmer, die Unternehmerin

Die Idee, nicht für andere zu arbeiten, sondern für den eigenen Erfolg, und dabei frei und ungebunden zu sein, hat etwas Reizvolles. Es winken Prestige und Reichtum, vor allem eröffnet sich die Möglichkeit, sich selbst zu verwirklichen, eigene Ideen zu realisieren, ohne jemanden fragen zu müssen. Man ist nicht auf andere angewiesen, hat keinen Vorgesetzten, ist nicht in eine betriebliche Hierarchie eingespannt. Der Schritt, sich wirtschaftlich selbstständig zu machen, muss freilich gründlich durchdacht und schriftlich ausgearbeitet werden. Denn das Wort „Existenz" ist hier ganz wörtlich zu nehmen: der Unternehmer und gewöhnlich auch sein Ehepartner haften in aller Regel mit ihrem ganzen Vermögen und bleiben schlimmstenfalls auf einem Berg von Schulden sitzen, wenn das Vorhaben scheitert. Es gibt keine Hilfe, keine Versicherung für dieses Risiko. Wer hier stolpert und fällt, der fällt tief und hart. Wer an Glück oder schicksalhafte Vorherbestimmung glaubt, ist als Unternehmer fehl am Platz: der Erfolg hängt nicht vom Glück ab, sondern von Planung und Umsicht.

1. Motive: weshalb selbstständig?

Vor allem starke und eigenwillige Persönlichkeiten mit viel Schwung und Initiative tun sich oft schwer, sich unterzuordnen, sich einzufügen. Sie finden in der selbstständigen Tätigkeit ihre Erfüllung. Das stärkste Motiv für die Existenzgründung ist die Unabhängigkeit: man möchte nicht an Weisungen gebunden sein, möchte seine eigenen Vorstellungen verwirklichen, für sich selbst arbeiten. Viele Menschen sind bereit, für sich und für andere Verantwortung zu übernehmen. Aus der Kommunalpolitik ist bekannt, dass diejenigen in den Rat der Stadt drängen, die entweder daheim oder in der Firma nichts zu sagen haben. Nicht nur für diese Persönlichkeiten bietet sich die Gründung einer eigenen Firma an.

Oft werden auch keine Aufstiegsmöglichkeiten gesehen. Die Mitarbeiter in der zweiten Ebene, unmittelbar unter dem Inhaber, können logischerweise nicht aufsteigen und befördert werden. Da bleibt nur die Möglichkeit, selbst Inhaber einer eigenen Firma zu werden. Ebenso gibt es energische Frauen, die ganz einfach deshalb nicht in die Geschäftsleitung aufsteigen, weil man sich eine Frau in verantwortlicher Position nicht vorstellen kann, und die sich deshalb selbstständig machen. Einer selbstständigen Geschäftsfrau, der Inhaberin, schlagen gewöhnlich nicht derartige Vorurteile entgegen.

Viele andere meinen, dass sie mehr könnten, als jetzt gefordert wird. Oft wird die bisherige Arbeit als öde und langweilig empfunden, und die Aussicht, auf dieser Position bis zur Pensionierung sitzen zu bleiben, erscheint als Albtraum. Motiv zur Existenzgründung kann also sein, sich im weitesten Sinne unterfordert oder blockiert zu fühlen. Wenn sich in der bisherigen Firma keine Möglichkeiten bieten, die eigene Leistungsfähigkeit zu zeigen und zu erproben, reift der Gedanke, es mit einem eigenen Unternehmen zu versuchen.

Ein anderes Motiv zur Existenzgründung kann sein, dass ein Mitarbeiter der Meinung ist, der bisherige Firmeninhaber sei inkompetent, steuere geradewegs auf den Untergang zu, so dass es empfehlenswert sei, rechtzeitig aus dem Boot hinauszuspringen. Oder umgekehrt: die Geschäftspolitik des bisherigen Arbeitgebers ist gut und erfolgreich, aber, wie alle anderen Geschäftskonzepte auch, nicht patentrechtlich geschützt, so dass einzelne Mitarbeiter Ähnliches auf eigene Faust versuchen wollen, auch wenn dies vom bisherigen Chef als illoyal betrachtet wird.

Häufiger Grund für eine eigene Existenz ist auch, dass der bisherige Chef das Pensionsalter erreicht oder krank und müde wird und einen der Mitarbeiter fragt, ob er nicht die Firma übernehmen möchte, damit das bisher Aufgebaute nicht einfach zerschlagen und verstreut wird. Dieser Fall kann sich auch ganz überraschend ergeben, wenn der bisherige Inhaber einen tödlichen Unfall oder einen Herzinfarkt erleidet und die Witwe und der Prokurist bei der Trauerfeier überlegen, wie es nun weitergehen soll.

Ein ganz anderes Motiv, es mit einer selbstständigen Tätigkeit zu versuchen, kann sein, dass eine Frau mit zwei kleinen Kindern daheim arbeiten möchte, bei freier Einteilung der Zeit. Sie arbeitet vor allem vormittags, wenn die Kinder im Kindergarten sind, oder am Abend, wenn sie schlafen.

Mancher macht sich auch deshalb selbstständig, weil er ein Vermögen geerbt oder eine saftige Abfindung erhalten hat und nun diese Summe geschäftlich einsetzen möchte. In diesem Falle ist allerdings gründlich zu überlegen, welche anderen und weniger riskanten Möglichkeiten der Kapitalanlage sich bieten. Denn ein ausreichendes Kapital ist, wie wir noch sehen werden, nur eine von mehreren Bedingungen für ein erfolgreiches Unternehmen, und ist schnell verspielt, wenn nicht eine tragfähige Geschäftsidee dahintersteckt.

Es gibt aber auch den Arbeitslosen über fünfzig, für den es nahezu aussichtslos ist, über weitere Bewerbungen eine Stelle zu finden. Aber er möchte am Erwerbsleben teilnehmen. Er möchte, schon aus Gründen der Selbstachtung, wieder eine sozial anerkannte Stellung finden. Er überlegt, seine bisherigen Erfahrungen und Kontakte in einen eigenen Betrieb einzubringen. Dies ist für ihn praktisch die einzige Möglichkeit, durch eigene Arbeit statt auf öffentliche Kosten zu leben, und außerdem sollen seine Kenntnisse nicht brachliegen. Zudem gibt es Hilfe von der Agentur für Arbeit.

Nicht selten kommt es auch vor, dass jemand nebenher, als Hobby, eine eigene geschäftliche Tätigkeit aufgebaut hat, die sich gut entwickelt und jetzt zum Hauptberuf gemacht werden soll. Oder jemand hat sich auf einem entlegenen Spezialgebiet detaillierte Kenntnisse angeeignet, wird hierzu als Fachmann zu Rate gezogen und will dies jetzt vermarkten. Wird in dieser Form nicht in etwas ganz Neues hineingesprungen, sondern etwas Bisheriges ausgebaut, so sind die Aussichten relativ gut. Das Risiko ist geringer, weil schon Erfahrungen vorliegen, und nebenbei können bei der Bank schon Zahlen vorgezeigt werden, statt nur eine Idee zu erläutern.

Ein gutes Motiv für die Selbstständigkeit kann auch die Familientradition sein: Wenn schon der Großvater und der Vater Landwirt, Handwerker oder sonstiger Unternehmer gewesen sind, wächst der Sohn oder die Tochter zwanglos in diesen Lebensrhythmus hinein – in das Risiko, die Wechselfälle, das Suchen nach geschäftlichen Gelegenheiten, das Ausrichten auf die Kundenwünsche. Umgekehrt kann es sein, dass sich jemand als Unternehmer schwer tut, der im

Beamtenmilieu aufgewachsen ist, wo es vor allem auf Regelmäßigkeit und Korrektheit ankommt und wo eher die Erfüllung gesetzlicher Pflichten gefragt ist als die eigene Initiative.

Gar nicht selten wird auch ein bisheriger Mitarbeiter von der Geschäftsleitung gedrängt, zu kündigen und auf eigene Rechnung tätig zu werden, wobei sich an der bisherigen vertrauensvollen Zusammenarbeit angeblich gar nichts ändere. Tatsächlich hat allerdings der bisherige Arbeitgeber seine fixen Kosten abgebaut und das Beschäftigungsrisiko auf den Arbeitnehmer verlagert. Dieser hat den Kündigungsschutz verloren und weiß nie, ob er morgen weiter beschäftigt wird wie heute oder wie lange er überhaupt noch mit von der Partie ist. Er tut also gut daran, eingehend zu überlegen, ob er sich hierauf einlässt und sich aus dem Arbeitsverhältnis hinausdrängen lässt. Falls er weiter in die Betriebsorganisation eingebunden bleibt, gilt er amtlich als Scheinselbstständiger mit der Folge, dass die Agentur für Arbeit diese Gründung nicht unterstützt.

2. Leben als Selbstständiger

In jedem Falle handelt es sich um eine ganz andere Form der beruflichen Tätigkeit als bisher, von der weitgehend gesetzlich geschützten und umhegten Stellung des Arbeitnehmers oder Angestellten zu einer ungeschützten Stellung mit nur zum Teil übersehbaren Chancen und Risiken. Nicht nur für den wirtschaftlichen Erfolg, sondern auch für die soziale Sicherung (Alter, Krankheit) und die Steuererklärung ist der Selbstständige plötzlich selbst verantwortlich. Eine gewisse Bereitschaft, Verantwortung zu übernehmen, ist also notwendig. Hierzu gehört auch die Bereitschaft, mit einem gewissen Selbstbewusstsein mit Ämtern und Behörden umzugehen. Leider gibt es nicht wenige Persönlichkeiten, die einen Brief vom Staatshochbauamt, vom Staatlichen Gewerbeaufsichtsamt oder vom Finanzamt erst einmal ungeöffnet beiseite legen, weil sie auf Grund des Absenders etwas Schwieriges und Unangenehmes vermuten. Einige Zeit später wird dann der Brief geöffnet, und in der Tat stehen dort allerlei Paragraphen zitiert, und aus dem Amtsdeutsch ist nicht recht schlau zu werden, was die Behörde eigentlich will oder beanstandet. Dann wird der Brief endgültig beiseite gelegt in der Hoffnung, dass sich die Sache irgendwie von selbst erledigen werde.

Es tut mir leid, aber so geht das nicht. Wer in dieser Form zu einem ausweichenden und aufschiebenden Verhalten neigt, sollte sich fragen, ob er wirklich zu einem Unternehmer geeignet ist. Zu einem verantwortlichen Verhalten gehört, dass offizielle Anfragen vernünftig beantwortet und angeforderte Erklärungen pünktlich abgegeben werden. Nun neigen in der Tat viele Behörden zu einer verklausulierten Ausdrucksweise. Aber gewöhnlich steht rechts oben, welcher Sachbearbeiter zuständig ist, also ist nichts dabei, diesen Sachbearbeiter anzurufen und zu fragen, worum es eigentlich geht, was der Anlass dieses Schreibens war und was jetzt erwartet wird und geschehen solle. Die meisten Behörden sind heutzutage, anders als noch in den 1960er Jahren, auf Kundenfreundlichkeit getrimmt, und fast immer wird der Sachbearbeiter geduldig erläutern, was jetzt dran ist.

Wer also mit dem Gedanken an eine Selbstständigkeit spielt, sollte sich zunächst darüber klar werden, ob er hierfür persönlich geeignet ist und welche Belastungen auf ihn zukommen. Er muss nicht nur bereit sein, Verantwortung zu übernehmen und sich dementsprechend zu verhalten, sondern er muss darüber hinaus Inventur machen, über welche fachlichen und kaufmännischen Kenntnisse er verfügt und wie er diese einbringen kann. Vor allem aber muss er eine unternehmerische Idee haben: Was kann ich liefern, das andere brauchen? Wer könnte meine Kundschaft sein? Wo liegt ein Bedarf, den ich decken kann? Kann ich auf Grund meiner Kenntnisse und Fähigkeiten anderen helfen, die bereit sind, hierfür Geld zu bezahlen? Wie würde sich dies in Zahlen darstellen? Reicht es für meinen Lebensunterhalt? Dies sind die zentralen Fragen, denen alles andere nachgeordnet ist. Als Unternehmer bewähre ich mich im Markt, im Wettbewerb. Ich muss also die Kunden, die Mitbewerber und die Lieferanten einschätzen können. Insofern handelt es sich um etwas prinzipiell Anderes als bei der Bewährung innerhalb eines Betriebes oder einer Behörde, wo es gewöhnlich reicht, wenn der Chef mit meiner Arbeit zufrieden ist.

Weiter muss sich der Existenzgründer darüber klar werden, welche unternehmerischen Aufgaben im Einzelnen auf ihn zukommen, welche hiervon er zweckmäßigerweise abgibt und welche er nur selbst erfüllen kann. Wir werden in diesem Ratgeber ferner die verschiedenen Arten der Gründung betrachten, beispielsweise die Errichtung eines ganz neuen oder die Übernahme eines bestehenden Betriebes, was beides Vor- und Nachteile mit sich bringt. Weiterhin will es gut überlegt sein, ob ich mich allein oder zusammen mit einigen Freunden oder Freundinnen selbstständig mache. Als wichtigstes Hindernis erweist sich gewöhnlich die Finanzierung, weil die Banken an den Gründern wenig Interesse haben. Da kann es sich empfehlen, eine Branche zu wählen, die vom Gründer einen geringen Kapitalbedarf erfordert, beispielsweise eine vermittelnde oder beratende Tätigkeit.

Der Arbeiter, Angestellte oder Beamte wird dafür bezahlt, dass er eine gewisse regelmäßige Zeit im Betrieb anwesend ist und die ihm zugeteilte Arbeit nach vorgegebenen Zielen erledigt. Er soll sich engagieren, indem er bei Bedarf auch einmal länger arbeitet, und die Arbeit soll möglichst fehlerfrei sein. Initiative und Ideen sind durchaus gefragt, jedoch nur im Sinne der Abteilung, nicht im Sinne der großen Unternehmenspolitik. Das Gehalt kommt regelmäßig, die Beiträge für die soziale Sicherung und die Steuern sind bereits abgezogen. Der Unternehmer hingegen wird nicht für Fleiß, für Arbeitseinsatz, bezahlt, was an einem einfachen Beispiel deutlich wird: wenn in einem Restaurant ein sehr lebhafter Betrieb herrscht, Küche und Bedienung kaum noch nachkommen, so kann es sein, dass bei genauer Betrachtung jedes Gericht, das für acht Euro verkauft wird, alles in allem Kosten von zehn Euro verursacht. Das bedeutet: der Inhaber ist umso schneller pleite, je fleißiger er ist. Allzu leicht erliegt er der Illusion, dass die emsige Arbeit, die ihn bis an den Rand des Herzinfarkts bringt, ihren gerechten Lohn in sich selbst tragen müsse.

Der Unternehmer wird also nicht für fleißige Arbeit oder gar für Anwesenheit bezahlt, sondern zunächst einmal dafür, dass er rechnen kann: er soll eine ungefähre Vorstellung davon haben, wie viel Gewinn jedes einzelne Gericht, jedes verkaufte Produkt, einbringt und wie viel es zum Gesamtgewinn des Unternehmens beiträgt. Der nächste Schritt ist dann, sich auf die gewinnträchtigen Produkte und Sparten zu konzentrieren und die anderen nur mitlaufen zu lassen, wenn der Kunde dies erwartet. Der Unternehmer muss also vor allem rechnen können. Dabei ist der Wunsch, einen möglichst hohen Gewinn zu realisieren, nichts Unanständiges, sondern ureigenste Aufgabe des Unternehmers. Der Anfänger neigt dazu, Gewinn und Umsatz miteinander zu verwechseln: wenn an einem Tage viel verkauft ist, viel Geld in der Kasse liegt, betrachtet er dies als Erfolg, obwohl dies über den heute realisierten Gewinn noch nicht viel aussagt.

Im Prinzip geht es darum, die Kosten zu kennen, die jedes verkaufte Produkt verursacht, und dann ein Gefühl dafür zu entwickeln, wie viel auf diese Kosten aufgeschlagen werden kann, welchen Preis also der Kunde noch zu zahlen bereit ist.

Dabei ist das Leben als Selbstständiger insgesamt sehr viel anstrengender als die Tätigkeit als Arbeiter oder Angestellter. Die Arbeitszeit pro Woche ist gewöhnlich weit höher. Oft beträgt sie sechzig oder gar siebzig Stunden, und es gibt häufig keine strenge Trennung zwischen Arbeit und Freizeit, weil auch noch der Feierabend für Kontaktpflege oder Akquisition genutzt werden muss. Dabei ist es nervlich belastend, dass die Ausgaben, beispielsweise für Miete oder für Personal, ganz regelmäßig anfallen, die Einnahmen hingegen höchst unregelmäßig und schwankend. Es gibt ein ständiges Auf und Ab. In fast allen Branchen gibt es jahreszeitliche Schwankungen, stille und lebhafte Monate, und es gibt konjunkturelle Schwankungen, so dass entweder die Menge der Aufträge nicht abgearbeitet werden kann oder aber hinter jedem Auftrag hinterhergejagt werden muss. Es gibt Schwankungen und ständige Verschiebungen in der Nachfrage, so dass also einzelne Produkte und Leistungen mal stark, mal weniger stark gefragt sind oder sich ganz überlebt haben.

Der Unternehmer muss also ein Gespür dafür entwickeln, was jetzt und künftig gut oder schlecht läuft, welche Trends sich abzeichnen. Dabei gilt es, sich vor der Illusion zu hüten, das sich Qualität von selbst durchsetze oder dass die Kunden gute Qualität überhaupt erkennen und schätzen würden. Ebenso wäre es ein Trugschluss, zu meinen, dass alle Kunden besonders billig einkaufen wollten und durch niedrige Preise zu locken seien. Es kann ebenso sein, dass sie das Teure und vermeintlich Exklusive schätzen. Kurz: der Unternehmer bewegt sich stets in einem unsicheren Gelände und braucht starke Nerven. Diese braucht er auch deshalb, weil es ständig Zwischenfälle und Störungen gibt: die zugesagte Ware kommt nicht oder verspätet, ein Kunde oder ein Lieferant fällt aus durch Pleite, vor dem Geschäft wird eine Baustelle eingerichtet, ein Fahrzeug oder eine Maschine streiken und so fort. Es gibt keine Garantie dafür, dass man die richtigen Kunden findet und dass diese ihre Rechnungen pünktlich oder überhaupt bezahlen. Selbst wenn man die Seriosität des Kunden überprüft oder diesen zumindest identifiziert hat, bleibt ein Rest Unsicherheit. Der Unternehmer muss also ständig im Risiko leben, muss improvisieren, immer wieder mit unvorhergesehenen Situationen fertig werden, dabei auch unter Belastung stets ein freundliches und zuvorkommendes Wesen zur Schau tragen. Denn immer gilt es, neue Kunden zu gewinnen und den Ruf der Kompetenz und Zuverlässigkeit zu pflegen.

Eine weitere Belastung resultiert daraus, dass der Unternehmer zeitlich stark gebunden ist und gewöhnlich nicht, wie ein Angestellter, einen wochenlangen Urlaub machen kann. Die Kunden und Lieferanten erwarten eine mehr oder minder ständige Anwesenheit. – Das bedeutet: die Einzelhändlerin muss den Laden mindestens von 10 bis 18 Uhr geöffnet halten, im Laden sein, auch wenn in dieser Zeit nur vier oder fünf Kunden kommen. Der Versicherungsvertreter auf dem Lande muss bereit sein, Schäden zu besichtigen, wann immer diese anfallen, und den Bauern Auskunft zu geben, wann auch immer diese vom Feld kommen. In der Gastronomie ist immer dann Betrieb, wenn die anderen frei haben: mittags, abends, in der Urlaubssaison.

3. Die Unternehmerpersönlichkeit

Dies bedeutet: wer die Regelmäßigkeit liebt, wer seinen Tageslauf fest einteilen möchte, wer vor allem auf regelmäßige Freizeit Wert legt, sollte sich überlegen, ob er wirklich für die selbstständige Tätigkeit geeignet ist. Dasselbe gilt für alle schüchternen und zurückhaltenden Persönlichkeiten, die Schwierigkeiten haben, mit Fremden in Kontakt zu kommen und auf Unbekannte zuzugehen. Denn es gilt, nicht nur den Kontakt zu immer wieder neuen Personen aufzubauen, sondern auch, diese nach ihren Wünschen und nicht zuletzt nach ihrer Zahlungsfähigkeit einzuschätzen. Insgesamt ist also eine gewisse Persönlichkeitsstärke erforderlich, bis hin zu den Volldampf-Persönlichkeiten, die unter den Unternehmern nicht selten anzutreffen sind. Hierzu gehört auch eine körperliche Gesundheit und eine gewisse Robustheit, ein zupackendes Wesen mit Neigung zu eigener Initiative, die nicht auf andere wartet und sich nicht auf die hergebrachte Ordnung verlässt, sondern das Schicksal selbst in die Hand nimmt.

Dies Gesagte gilt allerdings für die einzelnen Branchen in unterschiedlichem Maß: für die Frau, die sich mit Buchhaltung selbstständig macht, weniger als für jemanden, der ein Autohaus eröffnen möchte. Und die selbstständige Übersetzerin, die fast alle Aufträge über E-Mail erhält, braucht weniger kontaktfreudig zu sein als die Inhaberin einer Boutique, die jede Kundin in einer Art begrüßt, als hätte sie gerade auf diese Kundin schon lange gewartet. Der Grundsatz, dass der Unternehmer in der Lage sein muss, auf Unbekannte zuzugehen, gilt jedoch in jedem Falle.

Wer bisher ein festes Einkommen bezog, konnte dieses für seinen privaten Verbrauch einsetzen. Beim Unternehmer jedoch schwanken nicht nur Umsatz und Gewinn sehr stark. Der Gewinn ist das Einkommen des Unternehmers. Aber es ist durchaus nicht ausgemacht, welchen Teil des Gewinns er für seine privaten Zwecke ausgeben kann. Es ist höchst unterschiedlich je nach Persönlichkeit, welchen Teil des Gewinns er entnimmt und auf wie großem Fuße er lebt. Dabei gilt es, ein rechtes Maß zu finden und darauf zu achten, wie sich der private Lebensstil auf den Ruf des Unternehmens auswirkt. Es ist durchaus nicht nötig, sich als Selbstständiger gleich einen Wagen der gehobenen Klasse, ein großes Haus, eine goldene Uhr, eine Segelyacht und Ähnliches zuzulegen, um standesgemäß auftreten zu können. Im Gegenteil: dem Ruf des Unternehmens, zumal bei den Banken, bekommt es am besten, wenn der Unternehmer sich privat ganz betont zurückhält und einen möglichst großen Teil des Gewinns in der Firma belässt und beispielsweise zur Rückzahlung von Schulden oder für Investitionen verwendet. Hier ist schwäbische Sparsamkeit eher gefragt als ein vermeintlich weltläufiges Auftreten. Von Außenstehenden wird die Sparsamkeit als ein Zeichen für langfristiges Planen und umsichtiges Handeln betrachtet: jemand lässt sich nicht davon verführen, dass im Moment viel Geld in der Kasse ist, sondern überlegt, ob an eine Geschäftserweiterung zu denken ist, oder sorgt für das nächste konjunkturelle Tief vor.

Ein weiteres Merkmal der Unternehmerpersönlichkeit ist die **Zielstrebigkeit,** das Durchhaltevermögen: Das einmal ins Auge Gefasste wird durch alle Schwierigkeiten hindurch weiterverfolgt. Der Kaufmann lässt sich durch die ständigen Wechselfälle nicht entmutigen. Stress-Situationen weicht er nicht etwa aus, sondern bewahrt einen kühlen Kopf. Gerade in Krisenfällen wägt er ruhig ab, was jetzt zu tun sei und wie sich ein Schaden begrenzen lässt. Gerade jetzt, wie auch sonst, ist Kreativität gefragt: der Unternehmer ist durch Einfallsreichtum gekennzeichnet, hat Mut zu eigenen Ideen und hängt nicht am Gewohnten. Die ständige Aufgabe besteht darin, zu überlegen, wie man es anders und besser machen könnte als bisher.

Die genannten Eigenschaften sind in aller Regel an ein mittleres Lebensalter gebunden. Im idealen Falle wird nach dem Realschulabschluss eine betriebliche Ausbildung absolviert. Nach diesen drei Jahren werden für einige Jahre in zwei, drei anderen Firmen, gern in verschiedenen Orten und in leicht verschiedenen Branchen, praktische Erfahrungen gesammelt, womöglich auch schon Führungserfahrung, und zwar besser in kleinen mittelständischen Unternehmen als in Großbetrieben, weil im Mittelstand eher die Möglichkeit besteht, rundherum eine Vielzahl unternehmerischer Aufgaben kennen zu lernen und sich in die Lebenswirklichkeit des Inhabers einzufühlen. Etwa mit Mitte dreißig bis Mitte vierzig sind dann einerseits ausreichend Erfahrungen gesammelt, andererseits ist noch so viel jugendlicher Schwung da, es auf eigene Faust zu versuchen.

Der mittelständische Unternehmer identifiziert sich weitgehend mit seinem Betrieb. Vielen Unternehmern macht es Schwierigkeiten, Privates und Geschäftliches voneinander zu trennen. Dringend zu empfehlen ist es, hierfür getrennte Konten einzurichten und regelmäßig einen – möglichst bescheidenen – Betrag auf das Privatkonto zu überweisen, mit dem daheim gewirtschaftet werden kann. Hierzu gehören dann nicht nur die Ausgaben für den Konsum, sondern auch die Beiträge für Krankenversicherung und Altersvorsorge.

4. Verkaufsorientierung

Im Existenzgründerseminar fragt jemand: er wolle sich als Buchhändler selbstständig machen. Ob er da auch Bücher verkaufen müsse, die er selbst gar nicht liest? Diese Frage wird von einigen Teilnehmern mit Heiterkeit aufgenommen und ist in der Tat etwas naiv. Welche Bücher der Buchhändler selbst liest, interessiert niemanden und ist völlig gleichgültig. Es geht allein um die Frage, was die Kunden lesen und daher kaufen wollen. Eine andere Teilnehmerin des Seminars teilt mit, dass sie sich mit einem Restaurant selbstständig machen wolle, und schildert dann in aller Länge und Breite, wie sie sich den idealen Gast vorstelle und was dieser für Eigenschaften mitbringen müsse: falsch, ein grundlegend falscher Ansatz. Nicht der Inhaber wählt den Gast aus, sondern die Gäste das Restaurant. Ich muss nicht auswählen, sondern ich muss mich so aufstellen, dass ich ausgewählt werde.

Das Geheimnis der Selbstständigkeit besteht darin, sich ganz und gar auf die Kunden einzustellen, sich in ihre Wünsche einzufühlen, ihre Sehnsüchte zu erraten und dann die eigenen Waren oder Dienstleistungen als Lösung dieser Probleme zu präsentieren. Unternehmer sein heißt, den Nutzen des Kunden zu maximieren. Gerade wer von Egoismus getrieben wird, muss bereit sein, ganz und gar für andere da zu sein und das Eigene zurück zu stellen.

Dabei macht es einen großen Unterschied, ob sich der Selbstständige an gewerbliche Abnehmer, an andere Unternehmen, oder an die private Kundschaft wendet. Der gewerbliche Kunde hat gewöhnlich feste Vorstellungen, was bis wann und zu welchem Preis geliefert werden soll. In diesem Fall braucht also der Selbstständige nur zu überlegen, ob er dies liefern kann und ob es sich lohnt, zu diesem Preis einzusteigen. Sagt er die Lieferung zu, so ist dies unbedingt einzuhalten. Irgendwelche Ausreden, dass etwas dazwischengekommen sei, zählen nicht. Es zählt nur die Zuverlässigkeit, die Einhaltung von Terminen. Bei der Planung, ob eine termingerechte Lieferung möglich sei, ist also immer ein Sicherheitspuffer einzurechnen.

Ganz anders ist es bei privaten Kunden, sei es in der Buchhandlung, im Autohaus, im Textilgeschäft, beim Immobilienmakler, in den beratenden Berufen oder bei der Detektei. Der private Kunde hat gewöhnlich keinen fest umrissenen Kaufwunsch, sondern eine ganz allgemeine Vorstellung, und zudem tut er sich schwer, diese Vorstellung mitzuteilen. Der Geschäftsinhaber (oder sein Personal) muss ihn also möglichst zum Sprechen bringen – aber nicht mit bohrenden Fragen, durch die er sich bedrängt fühlt, sondern in einer möglichst beiläufigen Art. Vor allem darf der Verkäufer nicht selbst zu viel reden, die Ware anpreisen und erklären, sondern er muss zuhören. Der Kunde empfindet ein Gespräch als gelungen, wenn er einen verständnisvollen Zuhörer gefunden hat. Der Verkäufer kann dann allmählich abschätzen, in welcher Situation der Kunde sich gerade befindet und was ihm vorschwebt. Nach einiger Zeit bemerkt der selbstständige Geschäftsmann, dass sich einige wenige **Grundsituationen** immer wiederholen:

(1) Der Kunde ist sachkundig, will fachsimpeln. Im Angelgeschäft geht es lange um die Frage, welche Fische bei welchem Wetter auf welchen Köder am besten beißen. Hier muss der Verkäufer natürlich mithalten können, mehr oder minder Anglerlatein zum Besten geben. Ebenso gibt es den Experten-Kunden im Musikgeschäft, im Antiquariat, beim Pferdehandel und vielen anderen Branchen. Dieser Kunde hat gewöhnlich auch Expertenwissen über den Preis und feste Vorstellungen über das Preis-Leistungs-Verhältnis. In dieser Richtung ist also zu argumentieren.

(2) Das Gegenstück ist der Kunde, der von der Sache wenig Ahnung hat und nur aus Prestigegründen kauft: etwas Gehobenes, was Eindruck macht, was herzeigt, weil es der Nachbar auch hat. Dieser etwas platte Wunsch wird in aller Regel nicht so direkt geäußert, sondern hinter sachlichen Erwägungen versteckt. Hier muss der Verkäufer taktvoll mitspielen und tun, als ob es um die sachlichen Vorzüge der Ware ginge. Er kann höchstens dezent andeuten, dass sich hiermit Eindruck machen lässt. Der Prestige-Kunde hat meist keine genaue Vorstellung über den möglichen Preis, oder er ist gar der Meinung, eine möglichst teuer eingekaufte Ware biete das größte Prestige. Hier ist es völlig legitim, seine Aufmerksamkeit auf besonders hochpreisige und hoch kalkulierte Waren zu lenken: man muss den Kunden dort abholen, wo er steht. Keinesfalls darf der völlig unwissende Kunde herablassend oder gönnerhaft behandelt werden: auch die dümmste Frage wird ganz ernsthaft beantwortet.

(3) Daneben gibt es den Typ von Kunden, der eigentlich gar keine Ware braucht, sondern dem es vor allem um das Kauferlebnis zu tun ist: dass er als Kunde (vermeintlich) die Situation beherrscht, dass er bestimmt, was jetzt geschieht, dass er das Personal herum scheuchen kann, dass er sich seinen Frust von der Seele reden kann. Im Grunde will er gar nichts kaufen, sondern erkauft sich Zuwendung: dass er für eine Weile im Mittelpunkt der Situation steht, dass man sich um ihn bemüht. Nicht wenige Kunden empfinden den Kauf einer Ware, insbesondere des gehobenen Sortiments, als Höhepunkt des Tages, als Glückserlebnis – ein Verhalten, das sich bis zur Kaufsucht steigern kann. Der Verkäufer passt sich zweckgemäß an diese Stimmung an, versucht Euphorie auszustrahlen.

(4) Ganz nüchtern geht es hingegen im Gespräch mit einem Kunden zu, der einen ganz bestimmten Gegenstand braucht und sucht, einen Hammer, eine Säge oder weiße Stofftaschentücher, und der nur möchte, dass er möglichst umstandslos zu diesem Gegenstand hingeführt wird. Ebenso ist es beim eiligen Kunden. Der Ehemann ist auf dem Weg zum Bahnhof und sucht für seine Frau einen Blumenstrauß, irgendeinen. Er greift sich den nächstbesten. Dieser muss also fertig gebunden in der Nähe des Eingangs stehen.

(5) Das Gegenstück hierzu ist der unentschlossene Kunde, der sich ein Dutzend verschiedener Artikel vorlegen lässt, sich zum Schluss doch für das entscheidet, was er zuerst gesehen hat, um drei Tage später wiederzukommen mit dem Wunsch nach einem Umtausch. Hier heißt es, Geduld zu üben und nach einer Weile mit einem entschlossenen „Ich glaube, dies ist das Richtige für Sie!" den Entscheidungsprozess abzukürzen.

(6) Eine weitere häufige Figur ist der Schnäppchenjäger, der gleich anfängt zu handeln und nach Rabatten und Prozenten zu fragen. Für ihn ist die Gelegenheit, etwas besonders günstig zu erstehen, ein ausreichender Grund für den Kauf, selbst wenn seine Frau zu Hause fragt, was mit diesem Gegenstand anzufangen sei. Dieser Kunde wird zu Artikeln hingeführt, die sich seit einiger Zeit als schwer verkäuflich erwiesen haben und bei denen ein hoher Rabatt gerechtfertigt ist, um endlich das Regal frei zu bekommen.

(7) Und schließlich gibt es den Individualisten, den exquisiten Kunden, der sich für etwas ganz Besonderes hält und dessen wichtigstes Bestreben darin besteht, sich von der Masse abzuheben. Er braucht exklusiv den einmaligen Artikel, den sonst niemand hat, und er braucht die Sonderlackierung für sein Auto. Im Restaurant bestellt er nicht irgendein Gericht, sondern die Spiegeleier gekocht und das Rührei in Würfeln. Der Geschäftsmann setzt seine Ehre darein, auch ausgefallenen Wünschen entgegenzukommen.

Der Verkäufer, oder der Geschäftsgründer, der zumindest am Anfang alle Kunden selbst bedient, muss also in der Lage sein, sich rasch auf wechselnde Situationen einzustellen und sich mit eigenen Kommentaren ganz zurückzuhalten. Ob er das Verhalten der Kunden vernünftig findet oder nicht, interessiert nicht. Vielmehr sind die Wünsche des Kunden, wie irrational sie auch immer sein mögen, die Vorgabe, die es zu erfüllen gilt. In jedem Fall gilt das Gebot, sich ganz in die Situation des Kunden hineinzuversetzen und dann eine Lösung zu präsentieren, die genau hierzu passt. Dies möge an einigen **Beispielen** deutlich werden.

(1) Zum Fotohändler A kommt ein Kunde, der unbestimmt äußert, er wolle eine Fotoausrüstung kaufen. Der Händler, technikbegeistert, erläutert ihm die Einzelheiten von zehn verschiedenen Apparaten. Der Kunde lässt dies geduldig über sich ergehen und murmelt schließlich, er müsse sich dies in Ruhe überlegen, und verlässt den Laden. Einige Tage später geht er zum Händler B. Dieser erkundigt sich eingehend, wofür die Fotoausrüstung hauptsächlich gebraucht werden solle. Es stellt sich heraus, dass der Kunde leidenschaftlicher Ornithologe ist und im Naturschutzgebiet seltene Singvögel fotografieren will. Der Händler stellt ihm eine hierauf zugeschnittene

Ausrüstung mit mehreren Teleobjektiven zusammen und verkauft ihm diese. – Dem Kunden ist also mit einem Überblick und mit einem Übermaß an Sachinformationen, die ihn als Laien nur verwirren, nicht geholfen. Vielmehr braucht er einen passgenauen Vorschlag, zu dem er nur Ja zu sagen braucht.

(2) Zum Buchhändler kommt eine ältere Dame mit einem Zeitungsausschnitt, in dem das Werk „Konstruktion von Stahlbetonbrücken" besprochen wird. Weil sie anscheinend nicht selbst auf diesem Gebiet tätig werden will, erkundigt sich der Händler vorsichtig, wozu dies Buch gedacht sei. Es stellt sich heraus, dass der Neffe der alten Dame jetzt Abitur macht und an ein Ingenieurstudium gedacht hat. Für ihn soll dies cin Geschenk sein. Im Gespräch kommt man zu dem gemeinsamen Ergebnis, dass dieses Buch für einen Abiturienten, der vor der Berufswahl steht, viel zu speziell ist. Das Buch „Der Ingenieur in der Welt von heute" passt hierzu besser.

(3) Das „Haus Handwerk" stellt für sein Restaurant, in dem sich die Handwerksmeister nach Feierabend treffen, einen französischen Spitzenkoch ein, der bei Berufswettbewerben schon einige Medaillen errungen hat und seine Gäste mit ausgesuchten Spezialitäten verwöhnen will. Die Umsätze gehen jedoch alsbald rapide zurück, die Handwerksmeister können mit den Feinschmeckereien nichts anfangen, wollen Deftiges und Bodenständiges, und entdecken die Bratwurstbude als neuen Treffpunkt. Aus diesem Beispiel mag deutlich werden, dass es nicht auf Qualität ankommt, sondern darauf, die Wünsche der Zielgruppe zu treffen. Gerade die Fachleute neigen zu dem Irrtum, hohe Qualität werde allseits geschätzt und verkaufe sich gleichsam von selbst.

(4) Nicht einfach ist die Kundenberatung für die Inhaberin einer Parfümerie. Handelt es sich um eine unsichere Kundin, die meint, nur mit einem dezenten Parfüm „angezogen" zu sein und sich in die Öffentlichkeit trauen zu können? Ist die Kundin bestrebt, einen – meist nur vermeintlichen – eigenen Körpergeruch zu überdecken? Oder ist sie ihrer attraktiven Ausstrahlung sicher und möchte diese durch ein kräftiges Parfüm unterstreichen? Inwieweit ist die Kundin der Illusion erlegen, durch Nutzung eines teuren Markenparfüms werde sie entweder begehrenswert oder gehöre zur gehobenen Gesellschaft oder beides? Gerade bei solchen körpernahen Produkten, die stark das Selbstwertgefühl des Kunden berühren, ist eine einfühlsame Beratung schwierig; ein falsches Wort kann alles zerstören, die Kundin und ihre Freundinnen kommen nie wieder. – An diesem Beispiel wird deutlich, dass es beim Vertrieb, gerade von Markenartikeln, immer auch um den Verkauf von Illusionen geht. Wer sich im Einzelhandel selbstständig machen will, muss also ein Gespür dafür haben, wieweit der Kunde den Werbesprüchen aufgesessen ist, durch den sichtbaren Besitz von Markenartikeln werde einer zu einem geachteten und respektierten Mitglied der Gesellschaft. Der Händler oder Dienstleister tut gut daran, zu dieser Markengläubigkeit oder überhaupt zum Gegenstand seines Geschäfts eine gewisse Distanz zu bewahren, sich also diese Mentalität nicht unkritisch zu eigen zu machen. Nur dann, wenn er nicht festgelegt ist, kann er sich in die Mentalitäten der wechselnden Kunden einfühlen, und nur dann kann er den Wechsel des Trends rechtzeitig erkennen und mitvollziehen. Wer an eine einmal bewährte Unternehmensidee ganz fest glaubt, könnte sich sonst dort wiederfinden, wo Märklin, Rosenthal, Schiesser und Karstadt gelandet sind, nämlich außerhalb des Marktes.

(5) Wer sich als Anlageberater selbstständig machen will, muss in der Lage sein, nach einigem Gespräch zu erkennen, ob er einen Spielertyp vor sich hat, der von Reichtum ohne Arbeit träumt, oder einen Pensionär, dessen ansonsten ereignisarmes Leben durch das aufgeregte Verfolgen der unvorhersehbar schwankenden Börsenkurse Glanz gewinnt. Oder handelt es sich um einen Mann, der von der Idee besessen ist, das Finanzamt auszutricksen entsprechend dem alten Erfahrungsgrundsatz, dass es zwei Lebensbereiche gibt, in denen Männer zu Narren werden, nämlich bei Weibern und beim Steuersparen? Oder hat er einen bescheidenen Menschen vor sich, der mehr verdient, als er braucht, und der ein Sparbuch nur dazu benutzt, das überzählige Geld auf Halde zu legen, mit dem er sonst nichts anzufangen weiß? Dementsprechend unterschiedlich werden die Vorschläge zur Geldanlage sein.

(6) Ausgerechnet den Werbeleuten, deren Beruf darin besteht, das Publikum anzusprechen und die es doch besser wissen sollten, passieren groteske Fehler. Da wird in englischen Floskeln geworben, die niemand versteht oder die missverstanden werden. Da ist aus einigen Anzeigen nicht zu ersehen, für welches Produkt geworben werden soll oder bei welcher Firma es dies zu kaufen gibt. Da wird auf Dinge angespielt, die den meisten Kunden unbekannt sind. Es werden Wortspiele und Schreibweisen präsentiert, mit denen das Publikum nichts anfangen kann. Es handelt sich um Einfälle, die in der Kantine der Werbeagentur, wenn also die Kreativen unter sich sind, als witzig empfunden werden. Darüber wird versäumt, dem Volk aufs Maul zu schauen, wie schon Luther empfohlen hat, das heißt sich an Verständnis und Sprechweise der umworbenen Zielgruppe anzupassen.

(7) Ein Weinkenner von der Mosel stellt im Cuxhaven-Urlaub erstaunt fest, dass es dort keine Weinhandlung gibt – für eine Stadt mit 50.000 Einwohnern nach seiner Meinung ein unmöglicher Zustand. Er nimmt sich vor, die dortigen Einwohner durch eingehende Aufklärung zu einer Wein-Kennerschaft hinzuführen, und eröffnet ein Fachgeschäft für gehobene Weine aus deutschen, französischen und italienischen Lagen. Nach einem halben Jahr muss er aufgeben. Er musste feststellen, dass die Cuxhavener hauptsächlich Bier und Korn trinken. Soweit es Wein betrifft, beziehen sie diesen vom Discounter und sind damit zufrieden. Im Geschäft äußern sie haarsträubende Fehlurteile (Vom billigen Wein bekäme man wenigstens keinen Brummschädel) und erweisen sich als unbelehrbar. – An diesem Beispiel wird deutlich, dass es in den deutschen Regionen ganz unterschiedliche Verbrauchsgewohnheiten gibt. Es ist so gut wie aussichtslos, hier missionieren oder die Gewohnheiten ändern zu wollen. Der Existenzgründer, gerade wenn er nicht aus der Gegend kommt, muss sich mit diesen Gewohnheiten vertraut machen, auf sie eingehen.

(8) Eine wohlhabende Frau aus Flensburg hat sich bei mehreren Urlauben in Venedig in die Murano-Gläser verliebt und eröffnet daheim ein Geschenkartikel-Geschäft mit diesem Schwerpunkt, außerdem italienischen Keramiken und Schmuck. In diesen ersten Wochen kommen allerlei Frauen, um in dem neuen Geschäft einmal zu schnuppern, kaufen auch einiges, danach bleibt der Laden überwiegend leer. Hier wurde nicht nur wie im Weingeschäft der Fehler begangen, die örtlichen Gewohnheiten zu missachten: in Norddeutschland schätzt man eher den kühlen und sachlichen skandinavischen Stil und kann mit den bonbonbunten Muranogläsern nicht viel anfangen. Darüber hinaus wurde auch hier der häufige Fehler begangen, den eigenen Geschmack ganz unkritisch zum Maßstab zu nehmen, anstatt sich auf das örtliche Publikum einzustellen.

(9) Ein traditionsreicher Uhren-Hersteller ist stolz auf die handwerkliche Tradition der höchsten Präzision und bemüht sich, kunstvoll Uhren herzustellen, die flach wie eine Münze sind und pro Jahrhundert nur eine Sekunde nachgehen. Völlig verständnislos nimmt der Hersteller zur Kenntnis, welche Uhren stattdessen gekauft werden: der Fahrer eines Jeeps, immer mit einer Neigung zum Massigen, kauft sich eine dicke klotzige Uhr. Der Teenager kauft sich für je 10 Euro drei Uhren mit rotem, blauen und lila Plastikarmband. Die Uhren werden weggeworfen, sobald die Batterie zum ersten Mal aufgebraucht ist oder sobald die Farbe nicht mehr gefällt. An diesem Beispiel wird deutlich, dass die Qualität eines Produktes nicht immer ein Verkaufsargument zu sein braucht. Viele Produkte werden gar nicht wegen ihres primären Nutzens, ihres eigentlichen Bestimmungszwecks, gekauft, sondern als Mittel zur Selbstinszenierung: weil der Kunde sich in seiner Umgebung in einer bestimmten Art darstellen will, einen bestimmten Eindruck erwecken will: entweder seriös oder poppig, entweder bieder oder sexy oder wie auch immer. An diesem Beispiel wird aber auch deutlich: gerade diejenigen, die sich seit Jahr und Tag oder gar seit Generationen mit einer Ware beschäftigen und die das Herstellungsverfahren und die Qualität immer weiter verbessern wollen, sind leicht in Gefahr, am Kunden vorbei zu produzieren und zum Schluss nur noch eine kleine Gemeinde von passionierten Sammlern um sich zu scharen. Plötzlich werden sie mit Billig-Importen aus Hongkong überrollt. Sie konnten sich nicht mehr vorstellen, wie ein ganz unbefangener außen stehender Kunde denkt.

Für den Existenzgründer ist es also eine entscheidende Frage, ob er genügend Einfühlungsvermögen hat, sich ganz in die Situation der jeweiligen Kunden hineinzuversetzen, und ob er dann die Sachkenntnis und die Tatkraft hat, die zu dieser Situation passende Lösung zu präsentieren. Wenn man weiß, dass es hierauf ankommt, lässt sich dies durchaus üben.

Nach der Präsentation des Vorschlages, gegebenenfalls nach einigen Korrekturen, muss der Geschäftsmann den rechten Zeitpunkt zum Abschluss des Geschäfts erkennen. Wenn die Sache soweit klar und der Kunde anscheinend zum Kauf entschlossen ist, muss dieser Zeitpunkt genutzt werden, darf also nicht durch weitere Erläuterungen und Fragen zerredet werden. Auch diese Abschlusssicherheit lässt sich üben.

Auf keinen Fall darf ein Kunde das Gefühl bekommen, durch sein unvermutetes Auftauchen den glatten Betriebsablauf zu stören. Dies klingt selbstverständlich, muss aber immer wieder betont werden. Denn fast jedermann kennt Geschichten wie diese: der Kunde kommt herein und baut sich abwartend neben zwei Verkäuferinnen auf, die sich miteinander unterhalten. Die eine muss noch kurz ihrer Freundin ihr Erlebnis zu Ende erzählen, bevor sie sich dem Kunden zuwendet. Als dieser sich entschuldigt, weil er das Gespräch unterbrochen habe, wird diese Entschuldigung nicht als ironisch und zurechtweisend erkannt, sondern huldvoll entgegengenommen. Derartiges ist völlig unmöglich, darf keinesfalls passieren. Ebenso macht es keinen sonderlich zuvorkommenden Eindruck, wenn die Verkäuferin noch etwas aufräumen, noch etwas zu Ende rechnen muss, bevor sie Zeit findet, sich um die Kundschaft zu kümmern.

Und was soll man davon halten, wenn im Fremdenverkehrsort der Kurdirektor in der Jahresversammlung des Vermieter-Vereins dringend bittet: wenn eine Anfrage kommt, ob zu einer bestimmten Zeit noch ein Quartier frei sei, und der Vermieter feststellt, dass er zu dieser Zeit schon ausgebucht sei, dann möge er die Anfrage nicht einfach in den Papierkorb werfen, sondern an die Zimmervermittlung weitergeben, damit diese ein anderes Quartier besorge. Wie ist denn die Mentalität der Vermieter beschaffen, wenn solch ein Appell notwendig ist? Könnte es sein, dass die auswärtigen Gäste sich einen anderen Kurort aussuchen, nämlich einen, bei dem ihre Anfrage beantwortet wird? Eigentlich sollte es selbstverständlich sein, jeden

Wunsch, der an das Geschäft herangetragen wird, zu bearbeiten – entweder selbst ein Angebot abzugeben oder den Wunsch an einen Kollegen weiterzugeben.

Ein anderer ebenso nahe liegender wie häufiger Fahler besteht darin, dass der junge Unternehmer nicht die Kunden als die maßgebliche Bezugsgruppe betrachtet, von deren Urteil seine Existenz abhängt, sondern seine Kollegen. Unter den Selbstständigen derselben Branche sitzt man im Verband und bei vielen anderen Gelegenheiten zusammen, und hier wird durchgehechelt, was die gerade Abwesenden so machen. Es entsteht ein gewisser Meinungsdruck, sich an die üblichen Gepflogenheiten anzupassen. Der Unternehmer kann dann in die Gefahr geraten, immer stärker auf sein Renommee in der Branche zu achten, was zwar wichtig ist, aber nicht über seinen Erfolg entscheidet. Abschreckendes Beispiel in dieser Hinsicht sind einige Architekten: der Bauherr sehnt sich nach etwas Gemütlichem, aber der Architekt setzt einen rechtwinkligen Kubus aus viel Glas und eloxiertem Stahl in die Landschaft. Der Hauseingang ist in der glatten und abweisenden Fläche kaum zu erkennen. Das Ganze wirkt eher lebensfeindlich: wie ein Labor für Versuchstiere, von denen keines entfliehen kann. Der Architekt hingegen ist stolz, wenn dieser Bau in seiner Fachzeitschrift besprochen wird, wo man sich seit einem halben Jahrhundert einem Begriff der Moderne verpflichtet fühlt, der inzwischen allerdings längst steril geworden ist. Hier wird deutlich, wieweit und wie gefährlich sich der Geschmack des Publikums und das Urteil der Kollegen auseinanderentwickeln können. Ähnlich ist es bei einem Bauern, der feststellt, dass er mit Weizen kein Geld mehr verdienen kann, und der im Stillen ausgerechnet hat, dass mit Distelsamen und Leinsaat viel zu machen wäre. Aber werden seine Nachbarn ihn in der Kneipe auslachen, wenn er mit so etwas anfängt? Für den Existenzgründer ist also der Mut zu einem unabhängigen Urteil notwendig.

5. Fachliche und kaufmännische Kenntnisse

Für jeden Existenzgründer stellt sich die Frage, ob er für das geplante Vorhaben eine bestimmte Ausbildung nachweisen oder eine

Prüfung ablegen muss. Oder darf jedermann, so wie er ist, einfach anfangen?

Hier sind zwei Probleme zu unterscheiden. Das eine ist die Frage, ob von Amts wegen verlangt wird, bestimmte Kenntnisse nachzuweisen. Dies ist hauptsächlich im Handwerk und im Verkehrsgewerbe der Fall, worauf wir im Schlusskapitel („Einzelne Gewerbezweige“) noch ausführlich eingehen werden. In allen anderen Branchen, das heißt im Regelfall, werden keine Prüfungen als Voraussetzung für die selbstständige Tätigkeit verlangt. Vielmehr gilt die Berufsfreiheit nach Artikel 12 des Grundgesetzes, wonach jedermann seinen Beruf frei wählen kann. Diese Freiheit umfasst auch die Entscheidung, ob der Beruf in abhängiger oder in selbstständiger Form ausgeübt werden soll. Handwerk und Verkehrsgewerbe sind insofern Ausnahmebereiche.

Deutschland hat eine Grundentscheidung zugunsten der Marktwirtschaft getroffen. Das bedeutet, dass jeder, der sich dazu berufen fühlt, zunächst einmal als Unternehmer anfangen kann. Allein der Kunde, der Markt, soll dann entscheiden, ob der Betrieb eine Existenzberechtigung hat oder nicht. Eine Unternehmerprüfung wäre in dieser Ordnung systemfremd. Dementsprechend wird auch nicht ein Gewerbeschein beim Amt beantragt, wie oft zu hören ist. Denn das Wort „Antrag“ könnte man so verstehen, dass der Antrag auch abgelehnt werden könnte, beispielsweise wenn der Mann auf dem Amt meint, der Antragsteller wäre unqualifiziert, oder von der betreffenden Branche gebe es bereits genügend Geschäfte in der Stadt. So war es in der DDR, aber gerade so verläuft das Verfahren heute nicht. Das Gewerbe wird nicht beantragt, sondern nur angemeldet – ähnlich als wenn ein Staatsbürger vom Grundrecht der freien Wahl des Wohnsitzes Gebrauch macht und beim Einwohnermeldeamt seinen neuen Wohnsitz angibt. Dies wird im Amt lediglich registriert.

Eine Prüfung, ob jemand zum Unternehmer qualifiziert ist, wäre darüber hinaus auch deswegen nicht sinnvoll, weil es nur zum Teil auf das abfragbare Wissen ankommt. Mindestens ebenso wichtig sind Zuverlässigkeit und Seriosität, also charakterliche Eigenschaften, die sich nicht abprüfen lassen, und vor allem die Findigkeit, das heißt die Fähigkeit zum Erspähen immer wieder neuer Geschäftsmöglichkeiten sowie, wie oben geschildert, das Einfühlungsvermögen und das Verhandlungsgeschick. All dies lässt sich kaum prüfen, sondern muss sich in der Praxis erweisen.

Durch den Verzicht auf eine Prüfung nimmt die Gesellschaft allerdings in Kauf, dass sich zunächst einmal viele Unqualifizierte im Markt tummeln, die für eine Weile die Preise verderben oder den Ruf einer Branche gefährden können. Von den Fachverbänden der Branchen gibt es daher immer wieder Bestrebungen, ähnlich wie im Handwerk Prüfungen und Zulassungsbeschränkungen einzuführen. Dies wird begründet mit Fragen der Qualitätssicherung, aber dahinter steht immer auch das Bestreben, Hindernisse aufzubauen und die Zahl der zusätzlichen Wettbewerber gering zu halten. Auch innerhalb der Europäischen Union gibt es Bestrebungen, die Verbraucher vor unseriösen Angeboten zu schützen. In Einzelfällen, wie im Versicherungsgewerbe, waren diese Bestrebungen erfolgreich. In den meisten Branchen gilt jedoch europaweit der Grundsatz der Niederlassungsfreiheit.

Von Amts wegen kann also jedermann auch ohne kaufmännische Kenntnisse einen Handel beginnen, oder jemand kann eine Unternehmensberatung eröffnen, auch ohne von dem betreffenden Sachgebiet viel Ahnung zu haben. Für die Eröffnung einer Auto-Reparaturwerkstatt ist ein Meisterbrief erforderlich, aber jedermann kann ohne Meisterbrief eine Automobilfabrik eröffnen, wenn ihm danach zumute ist.

Eine ganz andere Frage ist diese, ob es inhaltlich sinnvoll ist, mit einem Kopfsprung in unbekannte Gewässer einzutauchen, also ohne genügende Kenntnisse ein Gewerbe zu eröffnen und das eigene Vermögen sowie die Existenz der Familie zu riskieren. Der neu hinzukommende Unternehmer steht ja immerhin im Wettbewerb mit bereits etablierten Geschäftsleuten, die meist eine solide kaufmännische Ausbildung und diverse Jahre Berufserfahrung hinter sich haben.

Auch wenn es von Amts wegen nicht verlangt wird, ist eine Existenzgründung nur zu empfehlen, wenn sowohl **fachliche als auch kaufmännische Kenntnisse** vorhanden sind. Dabei sind in den meisten Sparten die kaufmännischen Kenntnisse entscheidend, und zwar von der Ausbildung und ebenso von der praktischen Erfahrung her. Wer sich im Einzelhandel selbstständig machen will, hat im idealen Fall nach dem Realschulabschluss eine Ausbildung als Einzelhandelskaufmann absolviert, hat nach der Lehre in einigen Betrieben Berufserfahrung gesammelt und war zuletzt bereits weitgehend in eigener Verantwortung in einem Einzelhandelsunternehmen tätig oder hat eine Filiale geleitet. Dann ist der Sprung zur eigenen Inhaberschaft nur relativ klein: der Betreffende weiß, was auf ihn zukommt. Im günstigsten Fall hat er die wichtigsten unternehmerischen Aufgaben (Verkauf, Einkauf, Kalkulation, Finanzen, Personal) schon selbst kennen gelernt. Weniger günstig ist es, wenn er nur eine dieser Aufgaben, beispielsweise nur den Verkauf, kennt und sich in alle anderen einarbeiten oder sich hier auf die Mitarbeiter verlassen muss. Um welche Produkte es inhaltlich geht, ist dabei weniger wichtig. Es gilt der Grundsatz: Wer Erbsen verkaufen kann, der kann auch Bohnen verkaufen, das heißt, das rein Fachliche der jeweiligen Produkte kann sich einer relativ schnell aneignen.

Ein Hochschulstudium in Betriebswirtschaftslehre ist für die Existenzgründung nicht erforderlich und bildet für den Aufbau eines eigenen kleinen Unternehmens in den meisten Fällen nicht einmal eine sonderlich gute Grundlage, weil auf der Universität komplizierte mathematische Modelle entwickelt werden, die das Ganze sehr kopflastig machen würden, ähnlich als wenn ein Tausendfüßler gefragt wird, in welcher genauen Reihenfolge er seine Beine bewegt, und hierdurch gelähmt wird. Es kommt viel auf die Praxis, auf die unbefangene Bewegung in der freien Landschaft an. Ein Studium ist eher eine gute Grundlage für die Übernahme eines Großunternehmens, das wegen seiner komplizierten Abläufe nicht einfach auf Sicht gesteuert werden kann.

Zu den kaufmännischen Kenntnissen müssen die fachlichen Kenntnisse hinzukommen. Darüber sind sich die meisten Existenzgründer im Klaren. Wer ein Musikaliengeschäft eröffnen möchte, muss wissen, wie eine Geige, eine Bratsche und ein Kontrabass klingen, wann diese Instrumente eingesetzt werden, welchen Tonumfang sie haben, welche zum Üben für Anfänger geeignet sind und welche für den hauptberuflichen Orchestermusiker. Auf den Gedanken, sich als Konzertveranstalter selbstständig zu machen, kommt meist nur jemand, der sich in der aktuellen Musikszene auskennt und weiß, welches Publikum mit welchen Stücken und welchen Bands anzusprechen ist. Wer sich als Personalberater selbstständig machen möchte, weiß gewöhnlich, dass hierfür auch Grundkenntnisse im Arbeitsrecht notwendig sind.

Es gibt allerdings Branchen, in denen man sich vermeintlich auch ohne nähere Kenntnisse niederlassen kann und in denen es daher eine starke Fluktuation gibt, weil ständig Gescheiterte aussteigen und Neue einsteigen. Zu diesen Sorgen-Branchen gehört die Gastronomie. Wer Bier zapfen oder Kochen kann, fängt erst einmal an. Tatsächlich ist aber gerade die Gastronomie insofern eine schwierige Branche, als es in einer Stadt gewöhnlich eine Vielzahl von Kneipen und Restaurants gibt und die Gäste mal hierhin, mal dahin gehen. Die Erforschung der Kundenwünsche, weshalb also das Publikum ein bestimmtes Haus bevorzugt und was es dort erwartet, ist in diesem Fall nicht leicht. Mal ist dieses Haus „in“, wird allgemein bevorzugt, mal jenes. Hinzu kommt das Problem, dass zur Ausbildung des Kochs zwar das Kochen gehört, nicht aber das Rechnen. Da schleichen sich leicht Fehler ein, beispielsweise eine zu umfangreiche Speisekarte, die eine hohe teuere Lagerhaltung erfordert. Oder die Portionen sind zu groß, und vieles landet im Abfall. Wegen der Häufung mangelhaft vorbereiter Gründungen gibt es viele Banken, die prinzipiell keine Kredite an Gastronomen geben.

Eine ähnliche Sorgen-Branche, die viele Persönlichkeiten mit nur geringen fachlichen und vor allem kaufmännischen Kenntnissen anzieht, ist die Vermittlung von Immobilien. Es gehört vermeintlich nicht viel dazu, Käufer und Verkäufer eines Hauses zusammenzuführen und hierfür eine Provision zu kassieren. Tatsächlich ist jedoch eine genaue Kenntnis des örtlichen Grundstücks- und Wohnungsmarkts erforderlich, ferner eine Kenntnis der verschiedenen Finanzierungsmodelle und der grundbuchrechtlichen Verfahren.

Unterschätzt wird die Bedeutung des Kaufmännischen gewöhnlich auch im Handwerk, obwohl es dort mit zur Meisterprüfung gehört. Man kann es kaum glauben, aber es gibt viele Handwerksbetriebe, die es versäumen, Rechnungen zu schreiben. Wenn der Dachdecker sachkundig das Dach abgedichtet hat und am Feierabend von der Leiter steigt, hält er den Auftrag für erledigt. Er ist im wörtlichen Sinne Hand-Werker, der Schreibkram liegt ihm nicht so.

Wenn er Glück hat, nimmt seine Frau dies in die Hand. Sie weiß, dass der Auftrag erst dann erledigt ist, wenn das Geld auf dem Konto eingegangen ist.

Eine weitere Sorgen-Branche, in der viele Gründungen an mangelnden kaufmännischen Kenntnissen scheitern, ist die Datenverarbeitung. Die sich hier selbstständig machen, kommen allzu sehr vom rein EDV-Technischen her, denken voll verdrahtet und neigen schlimmstenfalls zu einer gewissen Weltfremdheit und Betriebsblindheit.

Fachliche und kaufmännische Kenntnisse müssen also zusammenkommen, allerdings je nach Geschäftszweig in unterschiedlicher Gewichtung. Ganz im Vordergrund steht das Kaufmännische beim Handel im weitesten Sinne, also Großhandel, Einzelhandel und Handelsvermittlung, in der Spedition, bei Finanzdienstleistungen, Versicherung, Inkasso, Bauträger, Baubetreuer und Unternehmensberatung. Weniger bedeutsam ist das Kaufmännische beim Angebot spezialisierter Dienstleistungen aller Art, von der Übersetzerin bis zur Reinmachefrau und zur gelernten Krankenschwester, die jetzt einen ambulanten Pflegedienst eröffnet. Aber auch diese müssen sich Gedanken darüber machen, zu welchem Stundensatz sie sinnvollerweise ihre Leistungen anbieten.

Generell neigen die Existenzgründer dazu, die Bedeutung des Fachlichen zu überschätzen und die Bedeutung des Kaufmännischen zu gering zu achten. Sie meinen, wer sich auf dem jeweiligen Fachgebiet auskennt und Arbeit guter Qualität abliefert, habe eine ausreichende Grundlage, sich hiermit selbstständig zu machen. Dies ist ein verhängnisvoller Irrtum, zumal wenn der Betrieb eine gewisse Größe umfasst und zum Teil mit Krediten finanziert ist. Wenn die Übersetzerin einen zu niedrigen Stundensatz kalkuliert hat und trotz vieler Arbeit nicht recht auf einen grünen Zweig kommt, ist dies zwar schade, aber nicht unmittelbar bedrohlich. Wenn hingegen der Inhaber eines Altenheims seine Pflegesätze zu niedrig kalkuliert hat und seine Kredite nicht zurückzahlen kann, ist er vernichtet.

Die unterschiedliche Bedeutung des Fachlichen und des Kaufmännischen wird beispielsweise deutlich beim Werdegang der Inhaber von Autohäusern: Kommt er von der Reparatur und vom

Handwerklichen her und wird er unsicher bei den Finanzierungsmodellen, bei Wechseln und Leasing? Neigt er dazu, sich in Konfliktfällen in die vertraute Werkstatt zurückzuziehen? Oder war er vorher Verkäufer der Neu- und Gebrauchtwagen, fühlt er sich heimisch im Kundenkontakt und lebt er auf, wenn er dem Kunden erläutert, weshalb der hauseigene Kredit günstiger ist als ein Bankkredit? Die Herkunft vom Kaufmännischen dürfte meist die bessere Grundlage für die Leitung eines Autohauses darstellen.

Wenn Kaufmännisches und Fachliches für die Gründung einer eigenen Existenz zusammenkommen müssen, dann nicht unbedingt im selben Kopf, in derselben Person. Häufig ergänzen sich die beiden Ehepartner: Er ist Koch, sie ist Restaurantkauffrau. Er ist Maurermeister, sie hat Buchhaltung gelernt, nimmt am Telefon die Aufträge entgegen und macht nachher die Abrechnungen. Oder beim Altenheim macht der Mann das Bauliche, das Finanzielle und den Behördenschriftwechsel, die Ehefrau kümmert sich um das Personal und die Pflege. Viele größere Firmen haben einen kaufmännischen und einen technischen Leiter. Wenn ein Pharmazeut und ein Diplom-Kaufmann sich zusammentun, um ein kleines Arzneimittelwerk zu eröffnen, dürften die Erfolgschancen größer sein, als wenn dies einer von beiden allein unternimmt.

Noch ein Wort zum **Ehepaar:** Gerade wegen der außergewöhnlichen Belastung der Selbstständigen ist es notwenig, dass der Ehepartner mitspielt oder mitschwingt, und im idealen Falle ergänzen sich beide in ihren Fähigkeiten und Kenntnissen. Eher ungünstig ist es, wenn einer von beiden im öffentlichen Dienst beschäftigt ist: nicht nur wegen der unterschiedlichen Arbeitszeiten, sondern auch, weil die Arbeitseinstellung und überhaupt der ganze Lebenszuschnitt dann zu unterschiedlich sind. Nicht zuletzt verlangen die Banken in aller Regel, dass beide unterschreiben. Bei der Existenzgründung ist also das Ehepaar eine Gefahren- und Schicksalsgemeinschaft. Zwar kann Gütertrennung vereinbart werden, aber dann gibt es keinen Kredit: wenn schon der Ehepartner sich distanziert, tut dies die Bank erst recht.

Spezielle Regelungen hinsichtlich der Vorkenntnisse gibt es bei den Freien Berufen: den Ärzten, Rechtsanwälten, Steuerberatern, Architekten und einigen anderen gehobenen selbstständigen Tätigkeiten.

Hier ist fast immer ein Hochschulstudium vorgeschrieben. Dies bezieht sich jedoch nur auf das Fachliche, nicht auf das Kaufmännische, obwohl es sich in volkswirtschaftlicher Sicht und aus der Sicht des Kreditsachbearbeiters der Bank um ebensolche Dienstleistungs-Unternehmer handelt wie bei allen anderen auch. Traditionell wird von der Fiktion ausgegangen, dass in diesen Berufen nicht gewinnorientiert gearbeitet werde und dass es sich daher nicht um Geschäftsleute handele. Leider ist an dieser Unterstellung etwas Wahres, denn wegen der fehlenden kaufmännischen Ausbildung tun sich die Angehörigen dieser Berufe tatsächlich etwas schwer im unternehmerischen Denken, zumal sie auch die Preise nicht selbst festlegen dürfen, sondern oft an staatliche Honorarordnungen gebunden sind. Notgedrungen lernen sie erst während der Berufsausübung, für jeden einzelnen Klienten zu überschlagen, wie viel dieser Fall kostet und wie viel er einbringt, was er also zu den Kosten der Praxis beiträgt.

Das Problem, ob eine selbstständige Tätigkeit angestrebt wird, stellt sich für viele Freiberufler bereits bei der Studienwahl nach dem Abitur. Wer sich beispielsweise für ein Jurastudium entscheidet, obwohl dieses Fach hoffnungslos überlaufen ist und kaum Aussicht besteht, in der Justiz oder sonst im öffentlichen Dienst unterzukommen, der weiß bereits bei Aufnahme des Studiums, dass er womöglich das Heer der unterbeschäftigten Rechtsanwälte vermehren wird. Ebenso problematisch ist die Aufnahme eines Architektur-Studiums in einem Land mit sinkender Bevölkerung und bereits jetzt vielen leer stehenden Bauten. Die Mediziner hingegen haben eine realistische Alternative zwischen der Arbeit im Krankenhaus oder in freier Praxis. Vor dem Sprung in die Selbstständigkeit wird allerdings sehr gründlich zu prüfen sein, wie viele Patienten pro Tag durchgeschleust werden müssen, wenn die hohen Kosten für die Einrichtung der Praxis abgezahlt werden sollen. Bei den akademischen Tätigkeiten ist also sinnvollerweise bereits bei Aufnahme des Studiums zu überlegen, ob eine spätere selbstständige Tätigkeit angestrebt wird und wie sich der Markt hierfür darstellt.

Im Gründerseminar fragt ein Teilnehmer: Welche Geschäfte fehlen hier in unserer Stadt? In welchen Branchen lohnt es sich, etwas zu eröffnen? Diese Fragen führen nicht viel weiter. Denn erstens fehlt nicht merklich ein Geschäft, denn der vorhandene Bedarf der Bevölkerung wird ja, wo auch immer, gedeckt. Und zweitens hilft es dem Gründungswilligen nicht viel, wenn er hört, in der Branche X fehle ein Geschäft, wenn er in dieser Branche keine Erfahrung hat. Im weiteren Gespräch stellt sich dann heraus: Er war lange aktiver Sportler, dann Trainer und Geschäftsführer des Sportvereins. Er kennt die ganze Sportszene der Stadt. Nur müssen die Sportler für ihre Sachen alle in die benachbarte Großstadt fahren. Auf die eigentlich nahe liegende Idee, sich mit einem Sportartikelgeschäft selbstständig zu machen, ist er noch nicht gekommen, ist aber für diesen Hinweis dankbar.

Die Selbstständigkeit muss sich aus dem bisherigen Lebenslauf ergeben, an diesen anknüpfen, wobei es belanglos ist, ob Kenntnisse offiziell, mit Lehrgang und Zertifikat, oder in der Freizeit im Hobby oder wo auch immer erworben wurden. Die Fragen lauten: Welche Berufe haben Sie durch Elternhaus, Geschwister, Ehepartner kennen gelernt? Welche Ausbildung haben Sie? Wie waren Sie bisher tätig? Welche Tätigkeiten haben Ihnen besondere Freude gemacht, wo fühlen Sie sich sicher? Was machen Sie in der Freizeit? In welchem Milieu bewegen Sie sich, was machen Ihre Bekannten? Wo haben Sie Kontakte, wo sind Sie gern gesehen? Gibt es irgendein spezielles Gebiet, auf dem Sie besondere Kenntnisse und Fertigkeiten erworben haben? Nach diesem Muster wird gefragt:

Sie sind auf dem Reiterhof aufgewachsen, sind Mitglied in vier Reitervereinen und sitzen bei den ländlichen Turnieren und Reiterfesten mit am Vorstandstisch? Wie wäre es mit einer Gründung im Pferdehandel oder mit Reitsportbedarf?

Sie sind krankheitsbedingt aus dem Dienst als Gerichtsvollzieher ausgeschieden und können nur halbtags arbeiten? Wie wäre es mit einer selbstständigen Tätigkeit als Inkassobüro?

Dringend zu warnen ist demgegenüber vor der Idee, im mittleren Lebensalter in etwas ganz Anderes als bisher einzusteigen, in eine fern liegende erträumte Tätigkeit. Denn dort trifft der Gründer in jedem Fall auf ein bereits beackertes Feld und auf Mitbewerber, die diese Tätigkeit schon seit Jahrzehnten ausüben und denen es nicht schwer fallen wird, den Neuen auszubremsen.

6. Einzelne Personengruppen

a) Frauen

Frauen sind in allen Fragen gleichberechtigt mit den Männern. Das tatsächliche Verhalten in Bezug auf die Existenzgründungen unterscheidet sich jedoch erheblich und in charakteristischer Weise, so dass wir hierauf kurz eingehen. Zunächst gibt es noch sehr häufig das traditionelle Modell, dass der Mann das Geschäft führt, zumindest nach außen hin die Entscheidungen trifft, während die Ehefrau im Hintergrund assistierend mitwirkt. In den traditionsbestimmten Wirtschaftszweigen, etwa im Handwerk und in der Landwirtschaft, ist dies sogar der Regelfall. Es mag sein, dass diese Rollenverteilung von einer emanzipatorischen Frauenbewegung als überholt betrachtet wird. Andererseits sollte man dies nicht vorschnell kritisieren, wenn die Beteiligten sich einvernehmlich hierzu entschlossen haben und wenn es funktioniert. Zudem können hier beide ihre unterschiedlichen Fähigkeiten einsetzen: der Mann meist in praktischer und technischer Hinsicht, während die Frau sich oft um den Innendienst, Schriftwechsel und Finanzen kümmert, häufig auch um Personal und Auszubildende.

Gar nicht selten ist allerdings auch der Fall, dass nach außen hin diese Verteilung vorgeführt wird, der Mann also als der Unternehmer auftritt, während eine Rückfrage beim Ordnungsamt oder bei der berufsständischen Organisation ergibt, dass der Betrieb auf den Namen der Ehefrau oder Lebensgefährtin angemeldet wurde. Auf den Briefbogen steht „M. Schmidt“, jedermann hält Herrn Schmidt für den Inhaber, aber im Register steht Marlies Schmidt als Inhaberin. Aus gutem Grunde ist gesetzlich vorgeschrieben, dass auf dem Briefbogen mindestens ein ausgeschriebener Vorname steht. Der Mann wählt dieses Vorgehen gewöhnlich, um nicht in die Haftung zu geraten, oder weil er weiß, dass er auf der Bank keinen Kredit erhalten wird. Seiner Frau hat er erzählt, es handele sich nur um eine Formsache. Das ist natürlich nicht der Fall: Schlimmstenfalls ist sie haftungsrechtlich oder gar strafrechtlich voll betroffen. Sie sollte sich also gut überlegen, ob sie sich hierauf einlässt.

Eine andere häufige Rollenverteilung innerhalb des Ehepaars geht dahin, dass der Mann in abhängiger Stellung ein festes Gehalt bezieht, die Frau sich hingegen mit ihren speziellen Fähigkeiten selbstständig macht. Für die Familie insgesamt ergibt sich so eine Verminderung des Risikos: Man hat ein regelmäßiges und ein unregelmäßiges Einkommen, ein Standbein und ein Spielbein.

Von allen Existenzgründungen entfällt etwa ein Drittel auf Frauen. Häufig fühlen sie sich in ihrem bisherigen Betrieb blockiert, weil sie trotz Tatkraft und Umsicht nicht in die Chefetage aufsteigen: es gibt immer noch zahlreiche Männer, die sich nicht vorstellen können, von einer Frau eine Weisung entgegenzunehmen. Dies kann Anlass sein, aus dem Betrieb hinauszuspringen und auf eigene Rechnung zu arbeiten, denn einer Unternehmerin werden nicht in gleicher Weise diese Vorurteile entgegengesetzt.

Bei der Auswahl der Branchen, in denen Frauen sich selbstständig machen, wird deutlich, dass unter den Geschlechtern eben doch die Stärken etwas unterschiedlich verteilt sind. Meist sind die Frauen stilsicherer, wählen also Branchen, in denen es auf Stil, Geschmack, Mode und Aussehen ankommt: Einzelhandel mit Geschenkartikeln, Boutique, Kosmetik, Parfümerie, Friseur. Andere Gewerbezweige entwickeln sich aus den typischen Frauenberufen: vom Beruf der Hausfrau ist es nicht weit zur Zimmervermietung im Fremdenverkehr, vom Beruf der Krankenschwester zum ambulanten Pflegedienst. Meist haben die Frauen auch mehr Talent zum Erlernen von Fremdsprachen und machen sich als Übersetzerin selbstständig, aber auch im Außenhandel. In Cuxhaven gibt es die Fisch-Großhändlerin, die die im Nordatlantik gefangenen Fische nach Brasilien verkauft, vor allem in der katholischen Fastenzeit, und die am Telefon zwanglos vom Norwegischen ins Englische und ins Portugiesische wechselt.

Es gibt aber auch die Frau, die nach dem Tode ihres Mannes das Kaltwalzwerk im Sauerland mit 200 Arbeitern übernimmt und erfolgreich weiterführt, aber nicht, indem sie eigenhändig die Dicke der Bleche misst oder sich im Mikroskop das Metallgefüge anschaut. Sondern indem sie das Führungspersonal sorgfältig auswählt – nicht nur nach fachlichen Fähigkeiten, sondern vor allem nach der Fähigkeit zur integrativen Zusammenarbeit. Innerhalb der

Führungsgruppe wird sie eher moderierend tätig und verhindert, dass die Abteilungen ein Eigenleben entwickeln. Zum Beispiel achtet sie darauf, dass der Vertrieb nur anbietet, was die Produktion auch leisten kann. Sie kümmert sich auch um die Leute der zweiten Linie, den Betriebsrat, die Arbeiter. Sie baut zu Kunden, Lieferanten und Banken ein persönliches Vertrauensverhältnis auf und wirft hartnäckige Intriganten hinaus. An diesem Beispiel wird deutlich, dass es unterschiedliche Führungsstile gibt, wobei die Führung über die Personen nicht die schlechteste ist, besser jedenfalls als ein zahlenfixierter Stil, der die Personen lediglich als austauschbares Humankapital betrachtet.

b) Angestellte aus Großorganisationen

Eine ganz andere Gruppe mit charakteristischem Verhalten bei Existenzgründungen sind Personen, die bisher im öffentlichen Dienst oder in Großorganisationen (Bundeswehr, Post, Bahn etc) beschäftigt waren. Sie neigen zu der irrtümlichen Auffassung, bei der Gründung komme es hauptsächlich auf die behördliche Erlaubnis an, und tun sich insgesamt etwas schwer, weil sie bisher streng in die Hierarchie eingebunden waren, also nicht an selbstständiges Denken und Initiative gewöhnt sind, und weil sie bisher nur ein winziges Teilgebiet beackert haben, also nicht rundum schauen. Ferner hatten sie gewöhnlich bisher wenig Kundenkontakt, oder nur auf einem engen Teilgebiet. Wenn zudem kaufmännische Kenntnisse fehlen, ist von einer Selbstständigkeit dringend abzuraten. Mindestens sollte eine längere Zeit als Praktikant oder im Angestelltenverhältnis vorgeschaltet werden, und zwar möglichst in einem Kleinbetrieb, in dem also jeder Angestellte eine Vielfalt von Aufgaben hat.

c) Ausländer

Ausländer aus Mitgliedstaaten der Europäischen Union haben im Rahmen der Niederlassungsfreiheit dieselben Rechte wie Deutsche, können sich also hier jederzeit problemlos selbstständig machen. Ebenso kann sich jeder Deutsche im EU-Ausland niederlassen. Andere Ausländer, also aus Drittstaaten, haben häufig in ihrem Visum einen Vermerk, der eine selbstständige Tätigkeit ausschließt, müssen also beim Ausländeramt die Streichung dieser Klausel beantragen, und sie brauchen entsprechend § 21 des Aufenthaltsgesetzes eine Erlaubnis für das Geschäft. Hierzu wird der regionale Bedarf geprüft. Dies wird örtlich etwas unterschiedlich gehandhabt, aber meist bestehen gegen ein türkisches Gemüsegeschäft oder ein China-Restaurant keine Bedenken, weil diese das örtliche Angebot abrunden.

Die selbstständigen Ausländer neigen zum typischen Einwanderer-Verhalten, das heißt sie suchen durch besonderen Fleiß und Sparsamkeit die Tatsache auszugleichen, dass sie nicht zur eingesessenen Bevölkerung gehören. Dabei arbeitet unter Herrschaft des Familienoberhaupts die ganze Familie mit, oft gegen nur geringe Bezahlung, so dass nach einiger Zeit eine eigene Immobilie gekauft werden kann. Oft fürchten die Ausländer, die deutschen Behörden könnten ihnen unter irgendeinem Vorwand Hindernisse in den Weg legen, und sind daher ängstlich um ein gesetzestreues Verhalten bemüht. Von den Mitarbeitern der Gewerbeaufsicht ist zu hören, dass in den ausländischen Restaurants durchweg stärker auf Hygiene geachtet wird als in den deutschen.

Das Familienhaupt meint, die Kinder, Neffen und Nichten könnten alles für die Arbeit Nötige im eigenen Betrieb lernen. Dadurch wird die Bedeutung der formalen Ausbildung, der Lehre in Betrieb und Berufsschule, unterschätzt, und es werden keine offiziellen Ausbildungsverhältnisse begründet, zumal Derartiges aus den Heimatländern nicht bekannt ist. Auf diese Weise fehlen dem Betrieb allerdings Anregungen, die aus der Berufsschule kommen könnten, und leicht bleibt alles im Traditionellen. Wer die Vorteile einer förmlichen betrieblichen Ausbildung kennen lernen möchte, braucht nur bei der Industrie- und Handelskammer anzurufen, die dann einen Berater schickt.

d) Arbeitslose

Für viele Menschen, die unfreiwillig aus dem Arbeitsleben ausgeschieden sind, stellt sich die Rückkehr ins Berufsleben als sehr schwierig dar, weil sie schon zu alt sind oder weil sie sich ortsgebunden fühlen und am Ort nichts zu finden ist. Hier bietet eine selbstständige Tätigkeit die einzige Möglichkeit. Weil meist kein Kapital zum Aufbau eines regelrechten Geschäfts vorhanden sein wird, ist der Arbeitslose noch stärker als andere Existenzgründer darauf verwiesen, zu prüfen, welche Kenntnisse und Fertigkeiten er mitbringt, mit denen er anderen nützlich sein könnte. Dies kann Einfaches sein wie Gartenarbeit oder Reinigung, aber auch Pflege und Betreuung alter Leute. Oder die im früheren Berufsleben erworbenen Kenntnisse werden für Handelsvermittlung, freie Mitarbeit oder Beratung eingesetzt. Auf jeden Fall sollte die Möglichkeit einer Existenzgründung möglichst bald nach Eintritt der Arbeitslosigkeit geprüft werden, schon um die Zeit der Arbeitssuche sinnvoll auszufüllen.

e) Erfinder

Forscher, Hochschulassistenten und Tüftler möchten sich häufig mit ihrer Erfindung selbstständig machen. Voraussetzung ist hierbei, dass die Erfindung zum Patent angemeldet wird. Nach Patentgesetz ist dies möglich, wenn sie neu ist (noch nicht zum Stand der Technik gehört), wenn sie auf erfinderischer Tätigkeit beruht (und nicht für den Fachmann nahe liegend ist) und wenn sie gewerblich anwendbar ist. Wichtig ist, die Erfindung bis zur Anmeldung geheim zu halten, denn sobald ein Außenstehender davon erfährt, ist sie nicht mehr patentfähig. Erst nach der Patentanmeldung kann sie wirtschaftlich verwertet werden. Der Patentanwalt arbeitet die Erfindung aus und meldet sie beim Patentamt an, nach acht Monaten kommt der erste Prüfungsbescheid. Wenn der Erfinder nicht das Kapital hat, die Erfindung selbst auszuwerten, das heißt das entsprechende Produkt herzustellen, bietet er das Patent einschlägigen Herstellerfirmen zur Lizenzvergabe an. Bei den Herstellern ist mit erheblichem Innovationswiderstand zu rechnen, weil jede Innovation bestehende Besitzstände gefährdet. Will der Erfinder die Idee in einem eigenen Unternehmen verwerten, so stellt sich meist das Problem der fehlenden kaufmännischen Erfahrung. Innovative Geschäftsgründungen werden von Bund und Ländern mit zahlreichen Programmen gefördert. Auskunft gibt der Innovationsberater der Industrie- und Handelskammer.

II. Die Zielgruppe

Das unternehmerische Leben besteht nicht darin, dass ein bestimmtes Produkt hergestellt oder eine Dienstleistung vorbereitet und anschließend der Vertrieb organisiert wird. Sondern die logische Folge ist umgekehrt: eine bestimmte Zielgruppe wird anvisiert. Es wird geprüft, was diese Zielgruppe braucht, und hierzu passend wird etwas angeboten. Das Angebot richtet sich zwar an die Allgemeinheit. Aber es gibt kaum Produkte, die jedermann braucht, sondern angesprochen wird immer nur ein bestimmter Ausschnitt aus der Allgemeinheit. Diese Gruppe gilt es fachlich, regional und nach der Höhe des Einkommensniveaus einzugrenzen, nicht nur um das Angebot hierauf abzustellen, sondern auch, um eine Vorstellung vom zahlenmäßigen Umfang dieser Gruppe und daher vom später möglichen Umsatz des Geschäfts zu gewinnen.

1. Fachliche Eingrenzung

Ist ein Reitsportfachgeschäft geplant, so kommen als Kunden nur die Reiter in Betracht, für ein Angelgeschäft nur die Angler. Das Angebot des Immobilienmaklers richtet sich an alle, die eine Wohnung oder ein Haus entweder zu mieten oder zu vermieten, zu kaufen oder zu verkaufen suchen. Wer plant, sich damit selbstständig zu machen, dass er die Arztpraxen auf den Besuch des Medizinischen Dienstes der Krankenkassen vorbereitet, hat ebenfalls eine klar umrissene Zielgruppe. Wer sich mit einer Fahrschule selbstständig machen will, hat als Zielgruppe alle, die einen Führerschein machen wollen, also in der Hauptsache die Jugendlichen im Alter von etwa 18 Jahren. Der Möbelhändler zielt hauptsächlich auf junge Ehepaare, die sich erstmalig einrichten wollen, ferner auf Neubauwohnungen, die einzurichten sind, aber auch auf Ältere, die sich von den Studentenmöbeln verabschieden und sich stilvoll oder repräsentativ einrichten wollen. Eindeutig identifizierbar ist auch die Zielgruppe bei der Einrichtung eines Alten- und Pflegeheimes.

Schwieriger ist es bei Gründungen, deren Angebot sich im Prinzip an jedermann richtet, etwa in Gastronomie und Fremdenverkehr, beim Blumenladen, beim Angebot von Omnibusreisen oder bei einer Buchhandlung. Aber auch in diesen Fällen ist es nicht zweckmäßig, einfach alle und jedermann anzusprechen. Es gibt keine dümmere Spruchweisheit als „Wer alles bringt, wird jedem etwas bringen". Im Gegenteil: wer versucht, alles oder möglichst viel Verschiedenes zu verkaufen, von jedem ein bisschen, wird die meisten Kunden enttäuschen, weil sie das speziell von ihnen Gesuchte nicht finden. Sie kommen gar nicht erst, weil sie sich nicht speziell angesprochen fühlen. Die Krise der Warenhäuser sollte zu denken geben, denn gerade hier wurde versucht, jedermann, die breite Mitte, anzusprechen. Was für den Warenhauskonzern gilt, gilt erst recht für den Existenzgründer, der notwendigerweise klein anfängt und sich auf ein ganz schmales Angebot konzentrieren muss.

Wo sich nicht eine eng umschriebene Zielgruppe anbietet, etwa im Fremdenverkehr, tut der Existenzgründer gut daran, sich aus der unübersehbar großen Zahl möglicher Kunden oder Gäste einen bestimmten Sektor auszuwählen, für dessen Bedienung er sich besonders kompetent fühlt. Übernehme ich ein Hotel und liegt der Golfplatz in der Nähe, so inseriere ich als Golf-Hotel und dekoriere die Wände mit entsprechenden Großfotos. Wenn die Kureinrichtungen des Badeorts in der Nähe liegen, spreche ich als Kurhotel die Gesundheitsbewussten an. Kann ich gut mit Hunden umgehen, so inseriere ich, dass die Gäste in unsere Pension auch Haustiere mitbringen dürfen. Liegt ein Blumenladen in der Nähe des Friedhofs, so konzentriert er sich mit Kränzen und Gestecken auf die Trauergäste. Habe ich eine Ahnung von Kunstgeschichte, so biete ich nicht Omnibusreisen an, sondern Kultur-Reisen. Oder ein Busunternehmer wendet sich an die Naturfreunde und bietet Reisen zu den Naturschutzgebieten und Nationalparks an, oder er spricht Familien mit Kindern an und bringt sie zu den Freizeitparks. Liegt meine Buchhandlung günstig zum Yachthafen, so konzentriere ich mich auf diese Gruppe und bringe alles über Segeln und Maritimes. Plane ich eine Diskothek, so überlege ich, ob ich nur die 14- bis 20-jährigen Hüpferlinge ansprechen will oder in gesonderten Veranstaltungen auch die Mittdreißiger.

2. Regionale Eingrenzung

Ist die anvisierte Zielgruppe fachlich einigermaßen klar umrissen, so ist die zweite Frage, welches Gebiet ich im Auge habe: wende ich mich an die Kunden nur dieses Ortes? Oder auch des umgebenden Landgebietes? Oder der ganzen Region? Oder des Bundesgebietes oder gar, im Außenhandel, an diverse Länder? Dies ist nach Branchen sehr verschieden. Das Handwerk orientiert sich am örtlichen Bedarf, der Internet-Versandhandel arbeitet bundesweit. Das Einzugsbiet einer Kneipe ist auf die nähere Nachbarschaft begrenzt. Im Einzelhandel ist das Einzugsgebiet nach Branchen recht unterschiedlich: Zu einem Möbelhaus, wo er sich komplett einrichten will, fährt jemand maximal zwei Stunden mit dem Auto, zu einem Blumenladen maximal zehn Minuten. Und wie weit mag das Einzugsgebiet einer ländlichen Diskothek sein? Eine halbe oder eine ganze Stunde Autofahrt?

Mit der Frage der Region, die ein Unternehmer bedienen will, hängt die Frage der Standortwahl eng zusammen: von wo aus kann ich diese Region versorgen? Kann ich von zuhause aus arbeiten oder muss ich Geschäftsräume mieten? Müssen diese in der Stadtmitte oder in der Fußgängerzone liegen, wo mit hohen Mieten zu rechnen ist, oder reicht eine Lage am Stadtrand? Entscheidend für die Standortwahl ist zunächst die Frage, ob ein persönlicher Kontakt zum Kunden üblich und notwendig ist. Ist dies nicht der Fall, weil hauptsächlich über E-Mail und Internet gearbeitet wird, so ist der eigene Standort gleichgültig. Er kann in ländlicher Idylle liegen, wo sich auch Frau und Kinder wohl fühlen und in abgeschiedener Gegend die Grundstückspreise sehr günstig sind. Jedoch muss die Breitbandversorgung gesichert sein.

Ist es üblich, den Kunden zu besuchen, wie in vielen Beratungsberufen, so kommt ebenfalls ein Standort in Betracht, der mehr den privaten Neigungen des Unternehmers entspricht. Nur sollte der Sitz nicht zu weit entfernt von den Kunden und einigermaßen verkehrsgünstig liegen, zum Beispiel mit einem Autobahnanschluss in der Nähe.

Ganz anders ist es, wenn die Kunden zum Geschäft kommen müssen, wie im Einzelhandel üblich, oder wenn die Klienten zur Praxis kommen, wie bei den meisten Freien Berufen. Hier sind gesonderte Geschäftsräume anzumieten, und die Miete macht einen bedeutenden Teil der Geschäftskosten aus. Je nach Branche ist zu unterscheiden zwischen Laufkundschaft und Suchkundschaft. Als Laufkundschaft gelten Personen, die beim Geschäft vorbeikommen und sich spontan zum Eintreten entschließen, beispielsweise weil sie im Schaufester etwas Interessantes entdeckt haben. In diesem Falle gilt es also für den Geschäftsmann, aus dem Strom der Fußgänger einen Teilstrom abzuzweigen und in sein Geschäft zu lenken. Entscheidende Größe ist jetzt die Anzahl der Passanten, die pro Werktag gewöhnlich vor dem Geschäft vorbeikommen: Handelt es sich um eine gute Lauflage? Dies ist in aller Regel die Fußgängerzone. Wegen ihrer entsprechend hohen Mieten kommt sie für Existenzgründer, die ein neues Geschäft aufbauen wollen, kaum in Betracht. Die meisten Existenzgründer, die irgendetwas Spezielles anbieten, dürften sich eher an eine Suchkundschaft richten, das heißt an Personen, die gerade hieran interessiert sind und das Geschäft zielgerichtet aufsuchen. Beispielsweise braucht ein Musikaliengeschäft nicht in der Lauflage zu liegen, weil sich niemand im Vorbeigehen spontan entschließt, einen Flügel zu kaufen. Ein derartiges Geschäft liegt in der Nebenstraße oder am Stadtrand, zahlt also geringere Miete, muss aber gut erreichbar sein und Parkplätze bieten.

3. Preisniveau

Ist die mögliche Kundschaft fachlich und regional einigermaßen übersehbar eingegrenzt, so sind noch das Einkommensniveau der Kundschaft und daher das Preisniveau des Geschäfts zu bestimmen. Ist bei einem Restaurant ein Schnellimbiss, ein bürgerliches Niveau oder etwas Gehobenes geplant? Wie viele Sterne soll das geplante Hotel anstreben? Will ein Anlageberater die kleinen Leute ansprechen oder nur die vermögenden Kreise? Ist eine Senioren-Residenz geplant, die diesen Namen verdient, oder ein schlichtes Altenheim? Ist beim Textilgeschäft an Massenware oder Edles gedacht?

Hat sich der Existenzgründer entschieden, ob er vor allem die einfache, die mittlere oder die gehobene Kundschaft ansprechen will, so muss alles andere ebenfalls hierzu passen: die Lage, in der diese Kundschaft am ehesten anzutreffen ist, die Ausstattung des Geschäfts, die Kleidung des Inhabers und des Personals, die Qualität der Artikel und Dienstleistungen und die Preise, das heißt die Kalkulation: entweder niedrig kalkuliert, um mit dem Preis werben zu können und möglichst viel zu verkaufen, oder hoch kalkuliert für anspruchsvolle Kunden, die auf den Preis weniger achten. Dies ist eine fundamentale strategische Entscheidung, zumal in den letzten Jahren eine starke Polarisierung zu beobachten ist: Die Kundschaft kauft entweder ganz billig oder ganz teuer ein, während das mittlere bürgerliche Niveau sich ausdünnt. Der Existenzgründer muss also überlegen, ob er auf niedrigen Preis und Masse oder auf Qualität setzt, die ihren Preis kostet. Beides zusammen geht nicht.

4. Bisherige Versorgung

Wenn sich der Existenzgründer in etwa darüber im Klaren ist, welche fachlich, regional und nach Niveau umschriebene Zielgruppe er ansprechen will, so lautet die nächste Frage, wie umfangreich diese Gruppe ist, das heißt wie viele Kunden oder Klienten in Betracht kommen. Diese Gruppe wurde ja schon bisher in irgendeiner Weise versorgt, und meist gibt es Zahlenmaterial, das direkt oder indirekt hierzu Anhaltspunkte liefert. Der Laie wundert sich oft darüber, wie viele Statistiken beim Statistischen Bundesamt, bei den Statistischen Landesämtern, den Landkreisen und Gemeinden, den berufsständischen Organisationen, den Behörden und Vereinen vorliegen. Teils sind diese über das Internet einzusehen. Teils ist es zweckmäßig, bei der entsprechenden Stelle vorzusprechen und sein Anliegen zu schildern. Oft ist man dort, sogar gratis oder gegen geringe Gebühr, bereit, eine besondere Tabelle mit Verknüpfung mehrerer Merkmale auszudrucken. Als Eingangsportal wird zweckmäßigerweise das Statistische Bundesamt (www.destatis.de) gewählt, oder es werden bei Google die Begriffe „Statistik“ und ein Begriff aus der gesuchten Branche eingegeben.

Die Anzahl der möglichen Kunden eines Reitsportfachgeschäfts ist nicht statistisch erfasst. Jedoch ist über die Reitervereine die Anzahl der Pferde und Reiter sowie die Lage der Reiterhöfe zu ermitteln: diese Zahlen sind Indikatoren, das heißt Anzeiger, für die Zahl der möglichen Kunden. Ebenso ist die Anzahl der Kraftfahrzeug-Verkäufe nicht in der Statistik abzulesen, wohl aber die Anzahl der Neuzulassungen, aufgeschlüsselt nach Landkreisen und Fahrzeugarten, in der Statistik des Kraftfahrzeug-Bundesamtes in Flensburg. Weitere Materialien gibt es bei der jeweiligen Zulassungsstelle im Landkreis. Wer ins Baugeschäft will, lässt sich von der Stadt- oder Landkreisverwaltung die Anzahl der Baugenehmigungen und -fertigstellungen geben, zweckmäßigerweise für die vergangenen Jahre bis zum aktuellen Stand. Einen Überblick über den Immobilienmarkt am Ort gibt der Anzeigenteil der Lokalzeitung: Wie groß ist die Gesamtzahl der gewünschten Mieter- und Eigentümerwechsel? Wie stellt sich das Verhältnis von angebotenen und gesuchten Objekten? Was sagt das Stadtplanungsamt über den Umfang künftiger Neubaugebiete und den Wohnungsbedarf in der Stadt? Von der GfK, der früheren Gesellschaft für Konsum- und Absatzforschung in Nürnberg (www.gfk.com), gibt es Zahlen zum Einkommensniveau der Gemeinden und Landkreise. Grunddaten sind die Einwohnerzahlen, aufgeteilt nach Altersgruppe und Geschlecht. In der Kurverwaltung sind Zahlen über die Anzahl der Gäste und Übernachtungen, die Aufenthaltsdauer und die regionale Herkunft zu bekommen. In der Umsatzsteuer-Statistik des Statistischen Bundesamtes sind die bundesweiten Umsätze aller Betriebe mit mehr als 17.500 Euro Jahresumsatz, sehr fein aufgeteilt nach Branchen, erfasst. Es lässt sich also leicht errechnen, wie viel Umsatz auf einen Einwohner oder auf die Einwohnerschaft der Stadt des Existenzgründers in etwa entfallen. Die Volks- und Raiffeisenbanken geben zu zahlreichen Wirtschaftszweigen Branchenberichte heraus, in denen kurz auf vier Seiten geschildert wird, worum es in der betreffenden Branche geht, wie sie sich bisher entwickelt hat und welche Probleme bestehen.

Eine wichtige Quelle für Statistiken aller Art und genaue Angaben zur Wirtschaftsstruktur sind die Industrie- und Handelskammern, Handwerkskammern und die Kammern der Freien Berufe, weil in diesen Organisationen sämtliche Betriebe erfasst sind, und zwar nach Branche, Postleitzahl, Gemeinde, Rechtsform und weiteren Merkmalen. Wer an gewerbliche Abnehmer liefern will, kann hier nicht nur deren Anzahl erfahren, sondern auch eine Adressenliste ausdrucken lassen. Ebenso gibt es Listen möglicher Lieferanten.

Insgesamt geht es also darum, sich über den Umfang der angepeilten Zielgruppe einen zahlenmäßigen Überblick zu verschaffen, indem in den vorhandenen Statistiken geeignete Indikatoren gesucht werden, die hierzu Anhaltspunkte geben, und sich mit möglichst vielen Ämtern, Körperschaften, Betrieben und Privatleuten zu unterhalten, die mit der betreffenden Branche zu tun haben und entweder Zahlen oder Erfahrungen beisteuern können. Dabei geht es nicht nur um den aktuellen Stand, sondern möglichst auch um den Trend der Entwicklung in den vergangenen Jahren und die Schwankungsbreite, ob also die Geschäfte einigermaßen stetig gegangen sind oder ob es starke konjunkturelle Ausschläge gibt, ferner um die absehbare künftige Entwicklung und vorhandene Planungen, beispielsweise zu Geschäftsansiedlungen.

III. Die Gründungsidee

Sind wir bis hierher gekommen, so nimmt die Gründungsidee allmählich Gestalt an: da wird miteinander verknüpft, was einerseits der Gründer an Wissen, Erfahrungen und Praxis einzubringen hat und an welche Zielgruppe er sich andererseits richtet und von welchem Standort aus dies geschehen soll. Möglichst ist das Ganze mit Zahlen unterfüttert: wie viele Bedarfsträger gibt es in dem betreffenden Gebiet? Welchen Umsatz erzeugt jeder Bedarfsträger durchschnittlich etwa im Jahr? Wie groß ist also der Kuchen, um den die verschiedenen Anbieter konkurrieren? Diese Ermittlung ist relativ leicht bei eingefahrenen vertrauten Produkten und wenn ich mich in einem übersehbaren Bereich bewege, beispielsweise nur innerhalb der Kleinstadt anbiete oder als Zulieferer in einer Branche mit nur fünf Großunternehmen. Schwierig ist diese Ermittlung, wenn es um eine neue Geschäftsidee geht, zu der es noch keine Statistiken geben kann, oder wenn bundesweit angeboten wird. Aber auch in diesen Fällen sind meist Indikatoren zu finden, die Anhaltspunkte zu Umfang und Entwicklung der Branche liefern.

1. Das Alleinstellungsmerkmal

Der Existenzgründer betritt nie Neuland, sondern der Bedarf, den er abdecken will, wird schon jetzt durch andere Anbieter abgedeckt. Er muss also ein Konzept entwickeln, wie er sich innerhalb des Wettbewerbs positionieren will. Dazu ist es notwendig, sich diese Wettbewerber genau anzuschauen. Von der Industrie- und Handelskammer, von der Handwerkskammer und den Kammern der Freien Berufe sind Listen derjenigen Anbieter erhältlich, die zurzeit in einem bestimmten Gebiet und einer bestimmten Branche tätig sind. Diese Listen sind vollständig, weil alle Betriebe Mitglied irgendeiner Kammer sind, beispielsweise sind in der gewerblichen Wirtschaft alle Betriebe, die nicht zum Handwerk gehören, Mitglied der Industrie- und Handelskammer.

Mit dieser Liste sucht der Existenzgründer seine künftigen Konkurrenten nacheinander auf, womöglich getarnt als Kunde, und unterhält sich mit Inhaber und Personal über die Weltlage, die Wirtschaftslage und überhaupt die schweren Zeiten. Nach einem Dutzend solcher Gespräche hat er einen detaillierten Eindruck davon, was sich zurzeit in der Branche so tut und welche Probleme es gibt. Und er hat einen Eindruck von der Leistungsfähigkeit und dem Angebot der bisherigen Betriebe. Er kann überlegen, was fehlt oder unvollkommen angeboten wird und in welche Lücke er hineinstoßen könnte.

Keinesfalls darf er das Gleiche und in derselben Weise anbieten wie die bisherigen Betriebe, denn dann gäbe es ja für die Kunden keinen Grund, den Anbieter zu wechseln. Obendrein geriete er mit den bisherigen Anbietern in einen fruchtlosen Preiswettbewerb, denn wenn zwei Geschäfte das Gleiche anbieten, fordert dies die Kunden zu einem Preisvergleich heraus. Vielmehr muss der Neue etwas Anderes anbieten als bisher verfügbar. Entweder es ist für ganz Deutschland neu, oder, häufiger, es ist an diesem Standort neu, jedenfalls nicht unmittelbar vergleichbar mit dem bisherigen Angebot. Oft besteht das Neue auch nur darin, dass ein anderer Schwerpunkt gesetzt wird, beispielsweise wenn eine Buchhandlung mit dem Schwerpunkt Kinder- und Jugendbücher eröffnet wird, weil die bisherigen drei Buchhandlungen der Stadt dies ungenügend abdecken. Ein anderes Beispiel ist der Anzeigenleiter der lokalen Tageszeitung, der nach einem Streit mit der Verleger aus dem Hause ausgeschieden ist, aber in zehnjähriger Tätigkeit den lokalen Anzeigenmarkt genau kennen gelernt hat und jetzt ein kostenloses Anzeigenblatt herausgeben wird, das bisher fehlte. Oder ein Mann der Musikszene stellt fest, dass die bisherigen Konzerte am Ort primär den „Silbersee“ bedienen, das heißt das Pensionärspublikum mit grauem oder weißem Haar, und macht sich als Konzertveranstalter mit Popmusik selbstständig. Oder jemand, dessen Frau aus Polen gebürtig ist, eröffnet eine Spedition, die sich auf den Verkehr mit Polen konzentriert, der in den bisherigen Speditionen nur am Rande abgewickelt wurde. Oder er importiert Holz von dort, weil sein Schwiegervater dort ein Sägewerk besitzt. Es gibt auch exotische Ideen, die sich später als tragfähig erweisen, beispielsweise gebrauchte Autoreifen aus Deutschland nach Tunesien zu exportieren. Dass die glatt gefahrenen Reifen bei Regen und Glatteis den Wagen ins Rutschen bringen, wird in Tunesien nicht als Problem betrachtet. Oder Alt-Kraftfahrzeuge, die in Deutschland nicht mehr durch den TÜV zu bringen sind und den Händlern nur Platz wegnehmen, werden nach Litauen exportiert, wo sie im Landgebiet noch eine Weile Dienst tun und technische Defekte mit Bordmitteln behoben werden. In jedem Falle geht es darum, als Existenzgründer in einer besonderen Nische, die bisher ungenügend ausgefüllt wurde, eine Alleinstellung zu erringen, sich als Spezialist zu profilieren.

Dabei ist es aussichtslos, mit den etablierten Großbetrieben in Wettbewerb treten zu wollen. Nur ein Narr könnte auf den Gedanken kommen, ein Lebensmittelgeschäft mit demselben Sortiment wie ein bekannter Discounter eröffnen zu wollen – schon deshalb nicht, weil diese Großunternehmen über beträchtliche Einkaufsmacht verfügen, also den Lieferanten sehr niedrige Einkaufspreise aufzwingen können. Ein Existenzgründer hingegen müsste vermutlich zu einem Preis einkaufen, der weit über dem Discounter-Verkaufspreis liegt. Ein Wettbewerb ist also von vornherein ausgeschlossen. Schon eher tragfähig ist die Idee, neben einem Discounter ein Geschäft mit all dem zu eröffnen, was es dort nicht gibt, beispielsweise mit frischen Backwaren oder frischem Gemüse aus der näheren Umgebung. Leider werden die deutschen Innenstädte einander immer ähnlicher, weil überall dieselben Filialketten zu sehen sind. Die ersehnten Nischen können also nur außerhalb dieser Ketten liegen.

Ähnlich schwierig, wie im Lebensmittelhandel in einen Wettbewerb mit einer großen Filialkette eintreten zu wollen, ist auch die Gründung eines Modehauses im Wettbewerb zu den etablierten Modehäusern. Denn auch diese verfügen über einen Vorteil im Einkauf: das Neueste, das jeder sogleich haben will, kann von den Herstellern nicht sofort an alle geliefert werden, und daher werden die langjährigen großen Kunden bevorzugt bedient.

Je mehr der Existenzgründer eine Alleinstellung erringt, und sei es, dass er sich nur durch Werbung und Aufmachung von den bisherigen Anbietern unterscheidet, desto weniger ist er dem Preiswettbewerb ausgesetzt, desto eher kann er einen Monopolpreis realisieren, kann also höher kalkulieren. Aus dem Kapitel über die Kalkulation können wir hier schon vorwegnehmen, dass sich der mindestens zu erzielende Preis errechnen lässt, nicht hingegen der maximal beim Publikum realisierbare, der beim Kunden durchsetzbare. Dies ist weitgehend eine Frage des Wettbewerbs.

Die Alleinstellung, die einen Vorsprung im Wettbewerb sichert, kann in der Art des angebotenen Produkts oder Sortiments, in der Form der Dienstleistung liegen, aber beispielsweise auch im Einkauf: Jemand hat eine besondere Verbindung, etwa ins Ausland, über die die anderen nicht verfügen. Oft kommt die Alleinstellung auch durch die Standortwahl zustande: Jemand ist an diesem Ort oder in diesem Stadtteil der Einzige, etwa das einzige Floristik-Geschäft gegenüber dem Eingang zum Friedhof, die einzige Yachtwerft am Yachthafen oder das einzige Geschäft für Jagdwaffen weit und breit.

2. Der Businessplan

Die Banken und alle Stellen, bei denen öffentliche Finanzierungshilfen beantragt werden sollen, erwarten vom Existenzgründer einen schriftlichen Businessplan. Aber auch für den Gründer selbst ist es sehr hilfreich, das Vorhaben einmal schriftlich niederzulegen und mit Ehepartner und Bekannten durchzusprechen. Der Businessplan ist die strukturierte und detaillierte Beschreibung einer Geschäftsidee. Hierzu gehören das Unternehmenskonzept, die Beschreibung der persönlichen Qualifikation, die Unternehmensdaten, die Markt- und Konkurrenzanalyse, die Marketingstrategie, die Schilderung der Zukunftsaussichten, eine Plan-Bilanz, eine Plan-Gewinn- und Verlustrechnung, ein Kapitalbedarfs- und Finanzierungsplan sowie eine Liquiditätsvorschau.

Auf der Grundlage des Businessplans beurteilen Kreditinstitute, ob die Gründungsidee tragfähig ist und das Vorhaben Erfolg verspricht. Im Businessplan wird also je nach Umfang und Kompliziertheit des Vorhabens die Geschäftsidee mehr oder minder ausführlich auf einigen Seiten schriftlich dargelegt, also das Produkt, Lieferanten und Abnehmer, Standort, Stellung im Markt. Ferner gehört hierzu ein Lebenslauf, woraus hervorgeht, wo in formaler Ausbildung, in der Praxis oder auch in Ehrenamt und Freizeit die notwendigen Vorkenntnisse gesammelt wurden, welche praktischen geschäftlichen Erfahrungen gesammelt wurden und ob schon jetzt Kontakte zu möglichen Lieferanten und Abnehmern bestehen.

Viele Existenzgründer sind der Verzweiflung nahe, wenn sie ihr Vorhaben, das sie doch mündlich so gewandt und überzeugend erklären können, schriftlich und vor allem in lauter Zahlen darlegen sollen. Es ist durchaus zulässig, sich dabei einer Hilfe zu bedienen, die kaufmännisch rechnen und gewandt schreiben kann. Nur muss der Gründer dann diesen Plan als Eigenes vertreten, sich ganz hiermit identifizieren.

Zum Businessplan gehört mithin auch, das Ganze in einer **Umsatz- und Ertragsvorausschau** abzuschätzen. Es handelt sich um eine Grobplanung zur Gewinn- und Verlustrechnung und ist etwa nach folgendem Schema aufgebaut, in diesem Falle für einen Einzelhandelsbetrieb.

	1. Jahr	**2. Jahr**	**3. Jahr**
Umsatz (ohne Steuern)	100.000	150.000	200.000
./. Einkauf	60.000	90.000	120.000
./. Miete	12.000	12.000	12.000
./. Fahrzeug	4.000	5.000	6.000
./. Telefon	3.000	4.000	5.000
./. Nebenkosten	2.000	3.000	4.000
Gewinn	19.000	36.000	53.000

Diese Vorschau wird gewöhnlich für die ersten drei Jahre aufgestellt. Nach maximal zwei Anlaufjahren soll im dritten Jahr der Normalbetrieb erreicht werden, der etwa auch für die folgenden Jahre gilt. Ein häufiger Einwand von Existenzgründern lautet, dass man doch die Zukunft nicht vorhersehen könne. Man müsse einfach abwarten, wie sich die Sache dann entwickelt. Nun, es wird vom Gründer nicht verlangt, dass er in eine Glaskugel schaut und dort die Zukunft sieht, sondern es wird verlangt, dass er seine Planung darlegt. Einige Größen sind durchaus vorhersehbar, zumal die Miete anhand des Mietvertrages. Für einen Praktiker einschätzbar ist auch die je nach Branche und Produkt recht unterschiedliche Handelsspanne, das heißt die prozentuale Differenz zwischen Einkaufs- und Verkaufspreis. Sie wurde hier zu 40 Prozent angenommen, das heißt eine Ware, die für 100 Euro verkauft wird, kostet im Einkauf 60 Euro, und auf den Einkaufspreis werden zwei Drittel (66,6 Prozent) aufgeschlagen.

Die eigentliche Unbekannte in dieser Vorschau ist natürlich der Umsatz: ist dieser in der geplanten Höhe wirklich zu erreichen? Eine kleine Hilfsrechnung lautet: angenommen, der Betrieb ist 300 Tage im Jahr geöffnet. Dann bedeutet ein Jahresumsatz von 200.000 Euro, dass pro Tag ein durchschnittlicher Umsatz von 660 Euro erreicht werden muss. Wenn der durchschnittliche Warenpreis 66 Euro beträgt, brauche ich also etwa zehn Kunden pro Tag, oder bei einem Warenpreis von 6,60 Euro einhundert Kunden. Ist dies realistisch?

Beim Aufstellen dieser Vorschau gibt es zwei Methoden: entweder kann vom realisierbaren Umsatz ausgegangen werden, von dem dann die vorhersehbaren Kosten abgezogen werden. Es kann aber auch umgekehrt vorgegangen werden: mir schwebt vor, dass ich mindestens einen Gewinn, ein Unternehmereinkommen, von 50.000 Euro erreichen möchte und zähle dann die vorhersehbaren Kosten hinzu. Ich errechne, dass die Differenz zwischen Verkauf und Einkauf dann rund 80.000 Euro betragen müsste. Bei einer Handelsspanne von 40 Prozent entspräche dies einem Umsatz von 200.000 Euro. Dann wird überlegt, ob dieser Umsatz und demgemäß dieses Einkommen erreichbar scheint.

Einmal angenommen, die obige Vorschau wird als realistisch betrachtet. Die Frage, ob das Ganze sinnvollerweise gestartet wird, hängt dann wesentlich von der jetzigen Situation des Existenzgründers ab. Verdient er zurzeit in abhängiger Stellung brutto rund 50.000 Euro, so wäre es aus rein wirtschaftlicher Sicht unsinnig, sich in dem hier vorgestellten Rahmen selbstständig zu machen, denn der Gründer würde etwa dasselbe verdienen wie bisher, jedoch mit wesentlich größerem Arbeitsaufwand und vor allem Risiko. Beträgt hingegen das jetzige Einkommen rund 30.000 Euro, so wäre die Sache zu überlegen. Der Gewinn aus selbstständiger Tätigkeit muss wegen des Risikos und der persönlichen Haftung weit über dem Einkommen in abhängiger Stellung liegen – es sei denn, jemand hält es in der jetzigen Stellung nun gar nicht mehr aus und er will unbedingt auf eigenen Füßen stehen ohne viel Rücksicht auf die rein wirtschaftlichen Erwägungen. Mancher überschlägt auch, wie sich der Verdienst pro Stunde einerseits bei abhängiger und andererseits bei selbstständiger Tätigkeit stellt. Auch in dieser Betrachtungsweise ist es nicht verlockend, das gleiche Einkommen bei weit höherer Arbeitszeit zu erzielen.

Die obige Rechnung kann dabei nur als erster Überschlag gelten. Personalkosten sind hier noch nicht berücksichtigt. Der Existenzgründer kann meist nur in der ersten Zeit alles allein bewerkstelligen und muss später überlegen, ob er Hilfskräfte, Vollzeitkräfte oder Auszubildende einstellt. Bei genauerer Betrachtung der Vorschau wäre ferner die Umsatzsteuer einzubeziehen, außerdem die Bankzinsen, deren Höhe davon abhängt, wie viel Kapital eingesetzt und wie dieses finanziert wurde. Noch nicht berücksichtigt sind ebenfalls die Abschreibungen. Angenommen, das Geschäft wurde für 40.000 Euro eingerichtet, und die Einrichtung soll etwa zehn Jahre halten, dann werden pro Jahr rund 4.000 Euro an Kapital „verbraucht" und wären unternehmerisch als Kosten mit zu berücksichtigen, auch wenn zunächst keine Ausgaben anfallen. Existenzgründer, die im eigenen Hause ein Geschäft einrichten oder übernehmen wollen, vergessen häufig, die kalkulatorische Miete als Kosten zu berücksichtigen. Denn indem sie die Räume selbst nutzen, entgeht ihnen eine sonst mögliche Mieteinnahme, werden also Kosten verursacht. Liegt gar die mögliche Mieteinnahme in derselben Größenordnung wie der selbst zu erzielende Gewinn oder gar darüber, so wäre es nicht sinnvoll, das eigene Geschäft zu gründen oder fortzuführen.

Häufig werden von den Existenzgründern Businesspläne vorgelegt, in denen unter den Kosten ein Unternehmergehalt ausgewiesen ist und der Gewinn bei null liegt. Hierbei handelt es sich um ein prinzipielles Missverständnis. Das Einkommen des Unternehmers ist eben nicht ein Gehalt ähnlich wie das Gehalt eines Angestellten. Der Unternehmer bezieht kein Vertragseinkommen, sondern ein Resteinkommen: den Rest, der allmonatlich zwischen Einnahmen und Ausgaben übrig bleibt und daher stark schwankt. Beim Inhaberunternehmen, der üblichen Rechtsform für fast alle Existenzgründer, gibt es auch aus steuerlicher Sicht kein Unternehmergehalt als Kostengröße.

Zum Businessplan gehört auch ein **Liquiditätsplan,** woraus hervorgehen soll, ob das Unternehmen künftig in der Lage sein wird, die laufenden Kosten für Versicherungen, Steuern, Zins und Tilgung, Leasing und Miete und alle sonstigen festen Verpflichtungen zu bezahlen. Hiervon hängt das Fortbestehen des Unternehmens ab. In der Liquiditätsplanung werden die zu erwartenden Ausgaben und Einnahmen der nächsten zwölf Monate einander gegenübergestellt, so auch, zu welchen Terminen die Rechnungen der Lieferanten zu bezahlen sind und wann die Kunden ihre Rechnungen zu begleichen haben. Wichtig ist, welchen Rahmen der Kontokorrentkredit bei der Bank hat und welche weiteren Kreditspielräume zur Verfügung stehen. Bei drohendem Engpass gilt es, den Kunden kein zu langes Zahlungsziel einzuräumen, Skonto anzubieten, Anzahlungen oder Teilzahlung zu vereinbaren, notfalls Inkassounternehmen zu beauftragen.

Das erste Erfordernis, man traut es sich kaum zu sagen, ist natürlich, dass überhaupt daran gedacht wird, nach getaner Arbeit dem Kunden eine Rechnung zu schicken. Dieser Hinweis ist, zumal beim Handwerk, nicht überflüssig, wie der Geschäftsführer der örtlichen Kreishandwerkerschaft vermutlich bestätigen kann. Am Ende eines jeden Arbeitstages wird notiert, was gemacht wurde, wie viele Stunden und welche Materialien verbraucht wurden, und eine Kopie dieses Lieferzettels zeichnet der Kunde ab. Sobald der Auftrag erledigt ist, wird auf Grund dieser Zettel die Rechnung versandt. Eine Kopie dieser Rechnung kommt in den Ordner „Offene Forderungen" und wird gegebenenfalls nach vier Wochen angemahnt.

Ein Auftrag ist nicht dann erledigt, wenn ich am Feierabend die Kelle aus der Hand lege, sondern dann, wenn der Kunde die Rechnung bezahlt hat.

Zur Liquiditätsplanung gehört auch die spätere liquiditätsorientierte Bearbeitung von Aufträgen. Damit ist gemeint: Über jeden Kunden wird eine Akte angelegt, in der festgehalten wird, was für ihn gemacht wurde, wann die Rechnung versandt und wann sie bezahlt wurde oder ob sie noch offen ist. Kommt dieser Kunde mit einem Auftrag, so wird nachgeschaut, wie bisher sein Zahlungsverhalten aussah. Die Erledigung des neuen Auftrages wird gegebenenfalls davon abhängig gemacht, dass zunächst der vorige bezahlt wird. Bei Kunden, die sich in dieser Hinsicht als schwierig erweisen, wird bei einem Angebot ein Risikozuschlag einkalkuliert. Häufen sich in der Saison die Aufträge, so werden zuerst diejenigen Kunden bedient, die immer sofort bezahlt haben.

Am einfachsten werden die **Kunden in die fünf Gruppen A bis E eingeteilt** und diese Buchstaben mit einem roten Stift auf der Kundenakte verzeichnet, wobei bedeuten:

A: bezahlt sofort oder mit Skonto, angenehme Zusammenarbeit
B: bezahlt nach einigen Wochen, nach einmaliger Erinnerung
C: macht Schwierigkeiten: bezahlt erst nach mehrmaliger Mahnung oder versucht, Mängel zu konstruieren, um sich vor Zahlung zu drücken
D: Kunde wirkt unseriös, hat anscheinend Liquiditätsprobleme, Pleitegerüchte sind zu hören: Lieferung nur gegen Vorkasse
E: Kunde ist pleite, Insolvenzverfahren läuft oder Kunde ist verzeichnet auf Schuldnerliste: keine Lieferung.

IV. Unternehmerische Aufgaben

Der Existenzgründer hat, zumindest in der ersten Zeit, sämtliche unternehmerischen Aufgaben selbst zu erledigen, auch solche, die in seinem bisherigen Werdegang nicht vorkamen oder die ihm weniger liegen. Er kann aber überlegen, welche Gebiete er gefahrlos an Spezialisten abgeben kann, wie zum Beispiel das gesamte Gebiet „Steuern", und welche mehr ausführender Art sind, also an Hilfskräfte abgegeben werden können. Wichtig ist nur, vor lauter Geschäftigkeit das zentrale Anliegen nicht aus dem Auge zu verlieren, nämlich die Kundenwünsche zu erforschen und ihnen weitestgehend entgegenzukommen. Alles andere ist Begleitmusik.

1. Gewinnerzielung, Kalkulation

Es mag sein, dass der eine oder andere das Bestreben, Gewinne zu erzielen und überhaupt das Erwerbsstreben als unmoralisch oder gar asozial betrachtet. Dafür mag es gute Gründe geben, nur ist derselbe für den Beruf des Unternehmers nicht geeignet. Außerdem lässt sich ja der Gewinn gerade nur dadurch erzielen, dass den Wünschen der Anderen entgegengekommen wird, dass man sich in die Wünsche der Anderen einfühlt und überhaupt möglichst jederzeit für die anderen Menschen da ist, was nicht gerade als asozial betrachtet werden kann. Zudem läuft ein gewinnorientiertes Wirtschaften auf ein rationales Wirtschaften hinaus, beispielsweise auf einen sparsamen Einsatz von Material und Arbeitskraft: der Gewinn ist weniger ein Zeichen der Geldgier als vielmehr ein objektiver Erfolgsmaßstab. Dabei gibt es das wirtschaftliche Prinzip in zwei verschiedenen Formen: entweder gilt es, einen gegebenen Erfolg mit möglichst geringem Aufwand zu erreichen. Dieses Denken dürfte bei den Unternehmern eher die Ausnahme sein: kaum einer hört auf zu arbeiten, wenn der gewünschte Gewinn erreicht ist. Vielmehr gilt das wirtschaftliche Prinzip in seiner zweiten Form: mit gegebenem Aufwand einen möglichst hohen Ertrag zu erreichen. Der Gründer möchte mit der Arbeitszeit und dem Kapital, die ihm zur Verfügung stehen, einen möglichst hohen Gewinn realisieren.

Bei der Festlegung ihrer Preise tun sich die Anfänger gewöhnlich schwer. Verbreitet ist die Vorstellung, jedes Produkt oder jede Dienstleistung hätte einen bestimmten Wert. Daher sei es unredlich, einen Preis weit über dem Wert zu nehmen, also den Kunden zu übervorteilen, und andererseits unzumutbar, eine Ware weit unter Wert zu verkaufen. Beim angeblichen Wert einer Ware wird entweder vom Einkaufspreis ausgegangen oder auch von der Anzahl der Arbeitsstunden, die zur Herstellung nötig waren. Der Existenzgründer ist gut beraten, sich von derartigen Vorstellungen ganz zu lösen. Einen wie auch immer zu definierenden objektiven Wert gibt es nicht, es gibt nur den erzielbaren Preis. Dies wird beispielsweise an den wild schwankenden Rohstoffpreisen deutlich: wenn ein Kilogramm eines bestimmten Rohstoffs mal 900 und mal 300 Dollar kostet, ist kaum zu sagen, dass dieses oder jenes der wirkliche Wert ist. Ähnlich ist es bei modischer Kleidung: heute teuer, morgen billig, übermorgen in der Kleidersammlung. In der DDR, in der sozialistischen Ideologie, galt ein Produkt als geronnene Arbeit mit der grotesken Folge, dass es angeblich umso wertvoller war, je länger man daran gewerkelt hatte. Dass es keinen objektiven Wert gibt, sondern nur einen Preis, wird beispielsweise auch im Kunsthandel deutlich: wenn die Sammler ein Werk, aus welchen Gründen auch immer, gut und überzeugend finden und hierfür tausende ausgeben, ist dies der Wert, der Preis, und wenn ein anderes Kunstwerk sich in Jahren als unverkäuflich erweist, hat es den Wert null, und mag es noch so sorgfältig gearbeitet sein. Falls es überhaupt so etwas wie den Wert einer Ware gibt, dann nur denjenigen, der sich aus der Wertschätzung durch die Kunden und aus der Verwertbarkeit ergibt, nicht aus dem Aufwand, der zur Herstellung notwendig war. Hat ein Erfinder eine tolle Idee, lässt er sie patentieren und verkauft sie für 50.000 Euro an eine Fabrik, so ist diese Idee 50.000 Euro wert, auch wenn der Erfinder nur einen Tag hiermit beschäftigt war.

Andere Existenzgründer meinen, der richtige Verkaufspreis ließe sich in einem komplizierten Verfahren errechnen. Auch dies stimmt nicht. Wie sich tatsächlich der Preis bildet, mag an einem Beispiel deutlich werden:

Bauersfrau Meyerhuber nimmt zum ersten Mal mit einem Wagen voller Obst und Gemüse am Wochenmarkt teil, der jeden Samstag von 8 bis 13 Uhr stattfindet, und ist unsicher in der Festlegung der Preise. Bereits um 11 Uhr hat sie ihre meiste Ware verkauft. Dies bringt sie auf den Gedanken, am nächsten Samstag deutlich höhere Preise auszuzeichnen. Jedoch muss sie bei Marktschluss das meiste wieder mitnehmen, ist also anscheinend übers Ziel hinaus geschossen. Nach mehreren weiteren Samstagen hat sie ein Gefühl dafür entwickelt, bei welchen Preisen ihr Stand in etwa bis in die Mittagszeit geräumt wird. Dies sind ungefähr die Preise, die auch auf den benachbarten Ständen verlangt werden. Nach einigen Wochen fällt Frau Meyerhuber auf, dass sich Zwiebeln recht gut verkaufen lassen, zumal sie die einzige Marktfrau ist, die Zwiebeln anbietet. Kartoffeln und Spargel hingegen verkaufen sich schleppend, weil sich bei den hiesigen sandigen Böden die meisten Kollegen hierauf konzentrieren und dies reichlich angeboten wird. Notgedrungen muss sie bei Spargel und Kartoffeln die Preise senken. Bei Zwiebeln hingegen setzt sie die Preise kräftig hinauf. Im Herbst beschließt das Ehepaar, im kommenden Jahr den Anbau von Zwiebeln kräftig auszuweiten, hier mehrere verschiedene Sorten anzubieten, und die anderen Gemüse einzuschränken. Im übernächsten Jahr wird mit einer benachbarten Fabrik für Sauerkonserven ein Vertrag über die Lieferung einer größeren Menge an Silberzwiebeln geschlossen, was sich als durchaus lukrativ erweist.

Aus diesem Beispiel soll zunächst einmal deutlich werden, dass für die selbstständige Existenz kein betriebswirtschaftliches Studium notwendig ist, sondern dass ein reiner Praktiker erfolgreich sein kann, wenn er die Marktsignale erkennt und hierauf reagiert. Weiterhin wird aus diesem Beispiel deutlich, dass die Preise nicht errechnet werden, sondern sich im Wettbewerb bilden. Tritt irgendwo eine Knappheit auf, so wird zunächst der Preis erhöht, einfach deshalb, weil ein höherer Preis durchsetzbar ist. Diese Preiserhöhung und damit gegebene Gewinnchance bewirkt in der nächsten Wirtschaftsperiode eine Ausweitung des mengenmäßigen Angebots mit einer Tendenz zur Preissenkung. So kommt auf vielen Märkten eine Pendelbewegung zustande, die in der Fachwelt als „Schweinezyklus“ bekannt ist: bei hohen Schweinepreisen werden viele Ferkel aufgezogen, was zwei, drei Jahre später einen Verfall der Preise für

Schweinefleisch bewirkt. Nun denken die Bauern, hiermit lasse sich kein Geld verdienen, und schlachten die meisten Ferkel. Zwei, drei Jahre später ist Schweinefleisch knapp, steigt im Preis und so fort.

Die Preise sind ständig in Bewegung und pendeln um den Gleichgewichtspreis herum, das heißt um den Preis, bei dem Angebot und Nachfrage sich langfristig ausgleichen. Hinzu kommen ständige schwer vorhersehbare Mode- und Geschmackswandel: was heute „in“ ist, ist morgen „out“ und umgekehrt, worauf jeweils mit steigenden oder fallenden Preisen und mit einer Anpassung des Angebots zu reagieren ist. Etwas besser überschaubar ist das konjunkturelle Risiko. Bei schlechter Konjunkturlage, das heißt bei generell sinkender Nachfrage, vielen Pleiten, hoher Arbeitslosigkeit und besorgter Gesamtstimmung, werden die Käufe solcher Güter aufgeschoben oder unterlassen, die der Konsument nicht unbedingt benötigt, beispielsweise teuere Antiquitäten, Kraftfahrzeuge der oberen Klasse, Schmuck etc. Das Geschehen auf dem Wochenmarkt hingegen geht weiter wie gewohnt: der Grundbedarf bleibt gleich. Noch weit stärker sind die konjunkturellen Ausschläge bei den Investitionen der gewerblichen Wirtschaft: die Unternehmer neigen zur Anschaffung neuer Maschinen, zu Neubauten und zur Aufstockung der Lager nur dann, wenn sie einen entsprechend lebhaften Absatz erwarten. Wer also für Betriebe arbeitet, muss tendenziell mit einem höheren konjunkturellen Risiko rechnen, als wer für Privatleute arbeitet. Die sämtlichen Branchen der Wirtschaft lassen sich nach ihrer Konjunkturempfindlichkeit einteilen mit entsprechenden Folgen für die Preisbildung.

Der Hotelier erhöht also seine Übernachtungspreise, wenn sich unten eine Schlange bildet und wenn viele Gäste abgewiesen werden müssen, weil bereits alles belegt ist, und er bietet im nebligen November, wenn wenig los ist, günstiger an. Aber er muss wissen, ab welchem Preis er Gewinn macht und bis zu welchem Preis er sinnvoll noch hinunter gehen darf. Eine Kalkulation ist also notwendig. Umso mehr gilt dies für alle Unternehmer, die eine Mehrzahl von Produkten anbieten und die wissen möchten, welche hiervon sich gut rentieren, also auszubauen sind, und welche Verlust einfahren, also entweder eingestellt oder nur deshalb aufrechterhalten werden, weil der Kunde dies erwartet. Ein Autohaus bietet Neuwagen, Gebrauchtwagen und die Werkstatt. Schleppt der Neuwagenverkauf die Werkstatt mit durch oder umgekehrt?

Die verschiedenen Kalkulationsverfahren können hier nur in der Grundidee vorgestellt werden. Wird nur ein einziges Produkt angeboten, wie im Hotel oder beim Milchbauern, so ist eine Vollkostenkalkulation nahe liegend nach folgendem Muster: Die Gesamtkosten des Hotelbetriebs belaufen sich auf 500.000 Euro pro Jahr. Es werden 40 Betten angeboten, die durchschnittliche Auslastung ist 50 Prozent. Pro Jahr geht es also um 365 Tage mal 40 Betten mal 0,5 gleich 7.300 Übernachtungen. Die Gesamtkosten von 500.000 Euro geteilt durch 7.300 ergeben rund 68. Ab diesem Übernachtungspreis wird also Gewinn gemacht. Wenn möglich, setzt der Hotelier den Übernachtungspreis in der Hauptsaison auf 130 und in der Nebensaison auf 80 und wird damit sein Auskommen haben. – Schwieriger wird es, wenn der Verkaufspreis nicht beeinflussbar ist, wie beim Milchbauern und anderen Rohstoffproduzenten. Errechnet der Bauer 23 Cent pro Kilogramm Milch als Kosten und steht der Abgabepreis bei 18 Cent, so weiß er immerhin, wie viel er zusetzt. Er muss sich dann eine Meinung darüber bilden, wie sich der Preis langfristig entwickeln wird und ob es daher sinnvoll ist, die Milchproduktion fortzusetzen. Es könnte beispielsweise sein, dass sich langfristig der Preis bei einem Weltmarktpreis von 15 Cent einpendelt und dass der Weizenpreis langfristig steigt wegen des zunehmenden Verbrauchs in den Schwellen- und Entwicklungsländern. Dies wäre ein Argument, die Produktion umzustellen. – Nach dem Prinzip der **Vollkostenkalkulation** kann ein Dienstleister seinen Stundensatz errechnen, indem er einfach die Gesamtkosten des Betriebs durch die Anzahl der jährlichen Arbeitsstunden dividiert und dann einen Zuschlag für den erstrebten Gewinn aufschlägt.

Etwas komplizierter ist die **Zuschlagskalkulation**, jedoch für einen Betrieb, der mehrere verschiedene Produkte oder Leistungen anbietet, unentbehrlich. Hier wird gedanklich getrennt zwischen den variablen und den fixen Kosten. Variable Kosten sind diejenigen, die einem Produkt unmittelbar zuzurechnen sind und deren Höhe mit der Menge der Produkte veränderlich ist, beispielsweise der Einkaufsaufwand. Fix heißen hingegen die Kosten, die kurzfristig nicht veränderlich sind, sondern für das Geschäft insgesamt anfallen, beispielsweise die Miete oder die Kosten der Geschäftsleitung. Diese fixen Kosten werden auf die einzelnen Produkte verteilt. Zu den variablen Kosten eines jeden Produktes kommt also noch ein Fixkostenzuschlag hinzu, um die Gesamtkosten dieses Produktes festzustellen. Bei einem Verkauf oberhalb dieser Kosten beginnt der Gewinn, und der Unternehmer kann feststellen, welche Produkte besonders gewinnträchtig sind.

Dabei bleibt es ihm überlassen, nach welchem Maßstab er die **Fixkosten** verteilt. Hat er ein Problem der zeitlichen Überlastung und will er pro Stunde möglichst viel Gewinn machen, so verteilt er die Fixkosten danach, wie viel Zeit er für die einzelnen Produkte aufzuwenden hat. Bildet hingegen die Geschäftsfläche den Engpass, so kann er hiernach verteilen. Einmal angenommen, ein Autohaus bietet Neuwagen, Gebrauchtwagen und Reparaturen an und sitzt in der Innenstadt in beengter Lage, also mit der Fläche als Engpass. Dann könnte die Rechnung aussehen wie folgt.

Zeile	Gegenstand	Neuwagen	Gebrauchtwagen	Reparaturen
(1)	Variable Kosten pro Stück	30.000	10.000	1.000
(2)	Anzahl pro Jahr	10	35	120
(3) = (1) × (2)	Variable Kosten gesamt	300.000	350.000	120.000
(4)	Fixkosten insgesamt: 200.000			
(5)	Flächenanteil in Prozent	25	60	15
(6) = (4) × (5)	Fixkostenanteil	50.000	120.000	30.000
(7) = (3) + (6)	Gesamtkosten	350.000	470.000	150.000
(8) = (7) : (2)	Gesamtkosten pro Stück	35.000	13.429	1.250
(9) = (8) : (1) × 100 – 100 Zuschlagsatz in Prozent		17	34	25

Hier ist also der Fixkostenblock von 200.000 Euro auf die drei Sparten Neuwagenverkauf, Gebrauchtwagenverkauf und Reparaturen aufgeteilt worden, und zwar entsprechend dem Anteil an Fläche, den diese drei Sparten im Autohaus einnehmen. Für jede Sparte sind die Gesamtkosten errechnet worden, und zwar als Summe der variablen Kosten und des Fixkostenanteils dieser Sparte. Diese Gesamtkosten werden pro Stück errechnet. Der Vergleich der variablen Kosten pro Stück mit den Gesamtkosten pro Stück ergibt dann einen Zuschlagsatz in Prozent. Dieser ist bei den Gebrauchtwagen relativ hoch, weil diese im Verhältnis zu ihrem Wert viel Fläche beanspruchen.

Auf Grund dieser Rechnung weiß jetzt der Unternehmer, dass er bei den Gebrauchtwagen mindestens ein Drittel aufschlagen muss, um auf seine Kosten zu kommen, bei den Reparaturen ein Viertel zu den Werkstattkosten, bei den Neuwagen hingegen nur 17 Prozent.

2. Vertrieb

Wir haben dargelegt, dass sich die Unternehmerpersönlichkeit durch Verkaufsorientierung auszeichnet, dass sich also der Existenzgründer ganz in die Lage des Kunden hineinversetzen muss. Er muss ein Produkt oder eine Dienstleistung anbieten, die zu dem Wunsch oder dem Problem des Kunden passt wie ein Schlüssel zum Schloss. Ferner haben wir die Notwendigkeit geschildert, die ins Auge gefasste Zielgruppe fachlich, regional und nach ihrer Höhenlage, das heißt nach Preis- und Einkommensniveau, einzugrenzen.

Beim Vertrieb geht es zunächst um die Aufgabe, sich bei dieser Zielgruppe, den möglichen Kunden, bekannt zu machen. Hierzu stehen verschiedene Mittel bereit, beispielsweise die Gestaltung der Fassade und der Schaufester, ferner Werbung in Zeitungen und Zeitschriften sowie das Internet. Letztere werden als Medien bezeichnet, Zeitungen und Zeitschriften als Printmedien. Das Problem besteht jetzt darin, diejenigen Medien auszuwählen, mit denen sich die angepeilte Zielgruppe erreichen lässt, die dort also zur Kenntnis genommen werden. Ein weiteres oft unterschätztes Problem ist die Gestaltung der Anzeigen, nämlich so, dass sich diese Kunden angesprochen fühlen. Und schließlich sollen die Kosten der Werbung in einem tragbaren Verhältnis zum Umsatz stehen.

Bei der **Laufkundschaft** geht es darum, aus dem Strom der Menschen, die auf der Straße vorbeikommen, einen möglichst großen

Teil abzuzweigen. Zunächst müssen sie darauf aufmerksam gemacht werden, dass hier etwas angeboten wird, das ihrem aktuellen Bedürfnis entgegenkommt. Ist beispielsweise bei uns eine Glasscheibe eingeworfen worden, so suche ich jetzt eine Glaserei. Es ist also hilfreich, wenn ich auf der Fahrt zur Arbeit eine Aufschrift „Glaserei Müller“ an einer Fassade entdecke. Dabei muss das Wort „Glaserei“ so groß geschrieben sein, das es vom fahrenden Auto aus problemlos gelesen wird, gegebenenfalls auch von vorbeifahrenden Fahrgästen der U-Bahn oder S-Bahn. Die Buchstaben können 50 Zentimeter hoch sein. Der Name des Inhabers ist für den ersten Kontakt weniger wichtig. In der Stadt bildet es rechtlich kein Problem, eine solche Schrift anzubringen, natürlich immer im Einvernehmen mit dem Hauseigentümer. Problematisch sind Elemente, die in den Straßenraum hineinragen. Sie werden gewöhnlich nicht genehmigt. Problematisch sind auch Werbeschilder draußen an der Landstraße, beispielsweise mit der Werbung für einen Landgasthof. Diese Schilder werden von den Straßenverkehrsbehörden meist nicht geduldet, weil sie den Blick des Autofahrers ablenken. Entscheidend ist dabei, ob das Schild auf öffentlichem oder privatem Grundstück steht. Der Gastronom kann sich mit einem privaten Eigentümer dahin einigen, dass dort gegen Entgelt ein Schild „Gasthof Waldesruh 500 Meter“ im Vorgarten aufgebaut und abends beleuchtet wird. Meist wird der Fehler gemacht, noch zusätzlichen Text in kleinerer Schrift anzubringen, was von einem Auto, das mit 70 km/h vorbeifährt, nicht zur Kenntnis genommen werden kann und nur verwirrt.

Die **Gestaltung der Fassade** muss bereits zur Zielgruppe passen: beim Juweliergeschäft mit Marmor, beim Jugendtreff mit Kistenbrettern. Bei der Gestaltung des Schaufensters ist zu überlegen, ob es sich empfiehlt, möglichst umfassend das ganze Sortiment vorzustellen, beispielsweise bei einem Uhren- und Juweliergeschäft mehrere Dutzend Uhren zur Auswahl. Einerseits hat der Kunde dann die Chance, sich bereits von der Straße aus eine Uhr auszusuchen. Andererseits könnte er durch die Vielgestaltigkeit des Angebots verwirrt werden. Oft genügt es, durch einige wenige ausgewählte Artikel auf das Angebot des Geschäfts aufmerksam zu machen, den Passanten neugierig zu machen, so dass er zunächst einmal hereinkommt.

Die **Gestaltung des Eingangsbereiches** ist sehr wichtig, um ein möglichst umstandsloses Eintreten zu erleichtern und den Passanten fast unmerklich in das Geschäft hineinzuführen. Wenn es das Wetter irgend erlaubt, steht die Tür weit offen. Oft sind im Eingangsbereich Wühlkörbe angebracht, um die Kunden zum Stehenbleiben zu ermuntern. Wenn dort wirklich einige Personen stehen bleiben, wird dies nicht als Behinderung der Eintretenden betrachtet, sondern bildet eher einen Anziehungspunkt: Wo einige stehen, ist was los, und weitere bleiben ebenfalls stehen. In den Wühlkörben liegen Artikel, die bereits einige Wochen liegen geblieben und daher kräftig im Preis herabgesetzt worden sind. Als schwierig gilt ein Laden, bei dem der Kunde erst mehrere Stufen hinaufsteigen muss. Psychologisch erleichtert wird das Eintreten hingegen durch alles, was den Unterschied zwischen Drinnen und Draußen verwischt, beispielsweise wenn auf ein gesondertes Schaufester verzichtet wird und der Passant von der Straße aus das Geschehen im Laden überblicken kann. Dabei ist der Laden so beleuchtet, dass der Passant auf der Straße sofort sieht, dass jetzt geöffnet ist. Durch Schilder in der Tür werden die Öffnungszeiten und der Name des Inhabers angegeben. Besonders bei hochpreisigen Geschäften (Autohaus, Juwelier, Herrenausstatter, Antiquitäten) ist diese Schwellenangst ein großes Problem: Viele Leute trauen sich ganz einfach nicht hinein. Dieses Problem kann umgangen werden, indem im Schaufenster oder im Eingangsbereich preiswerte Kleinartikel ausliegen. Die Schwellenangst des Kunden wird vertieft, wenn er im Laden auf eine Person trifft, die sehr viel besser angezogen ist als er selbst. Die meisten Leute kommen mit einem Mann im Pulli eher ins Gespräch als mit einem Mann im dunklen Anzug. Im Mercedes-Autohaus ist im Verkauf von Personenwagen vermutlich ein dunkelgrauer Anzug angesagt, in der Abteilung Nutzfahrzeuge, wo mit Handwerkern verhandelt wird, hingegen eher Jeans und Lederjacke.

Im Laden selbst besteht die Kunst darin, mit dem Kunden unmerklich ins Gespräch zu kommen, etwa indem man gerade dort etwas zu tun hat, wo er stehen bleibt. Oder der Inhaber macht zu dem Artikel, den der Kunde anschaut, eine erläuternde Bemerkung. Ein gesonderter Gruß ist nicht nötig, sondern wird womöglich als Zurechtweisung aufgefasst: als ob der Kunde darauf aufmerksam gemacht werden solle, dass er nicht gegrüßt habe. In vielen Geschäften und Restaurants hat es sich eingebürgert, einfach den Blick des Kunden zu suchen. Treffen sich die Blicke, so fühlt er sich aufgefordert, seinen Wunsch zu äußern. Absolut tödlich ist es, wenn der Kunde sich hochnäsig oder herablassend behandelt fühlt; passiert ihm dies ein einziges Mal, so kommt er nie wieder, sondern fährt lieber eine Stunde mit dem Auto zum Einkaufen in die Nachbarstadt. Gefährlich ist es auch, wie früher üblich, den Kunden nach seinem Auftreten einzuschätzen, das heißt dem nachlässig Gekleideten nur Billiges und dem geschniegelten Kunden nur Teures anzubieten. Denn es gibt heute keine Einkommensschichten mehr, die sich nach ihrem Äußeren unterscheiden lassen. Der nachlässig Gekleidete kann ein Mann hohen Einkommens sein, dem sein Aussehen egal ist, der das teuerste Stück im Laden kauft und bar bezahlt, während der elegant Gekleidete hierfür schon sein ganzes Geld verbraucht hat und jetzt etwas Billiges sucht.

Beim einzigen **Fachgeschäft** am Ort, etwa beim einzigen Angelgeschäft, oder bei einem Handwerker ist diese Frage der Eingangsgestaltung, der Kleidung und des Gesprächsbeginns weniger bedeutsam, weil die Kunden meist mit einem konkreten Wunsch kommen. Aber natürlich muss jemand im Laden sein, der sich um den Eintretenden kümmert und sich mit ihm sachkundig unterhalten kann.

Gedruckte Medien, um die Zielgruppe auf die Geschäftsgründung und später auf das laufende Angebot aufmerksam zu machen, sind Handzettel, Zeitung und Zeitschrift. Ist die Zielgruppe örtlich auf die nähere Umgebung beschränkt, so können Handzettel auf die Briefkästen verteilt werden, soweit diese nicht die Aufkleber „Keine Werbung!“ tragen. Bei den Printmedien ist vielen Laien der Unterschied zwischen Zeitung und Zeitschrift nicht klar. Die Zeitung erscheint gewöhnlich täglich und wendet sich mit Nachrichten aller Art an das allgemeine Publikum. Sie ist auf saugfähigem Papier gedruckt, das bei Fotos nur einen groben Raster, keine Brillanz, erlaubt. Die Zeitschrift hingegen erscheint gewöhnlich monatlich und wendet sich in der Regel an ein eng umgrenztes Fachpublikum, entweder Yacht oder Jagd oder Golf oder Byzantinistik. Sie ist auf glatt gestrichenem Papier gedruckt, erlaubt also ein feines Raster mit brillanten Fotos.

Für die **Werbung** kommt demgemäß die Zeitung in Betracht, wenn das allgemeine Publikum in einer Stadt oder einer bestimmten Region angesprochen werden soll. In jeder Ausgabe der Zeitung gibt es ein Impressum mit Angaben über die Werbeleitung. Hier sind die Media-Daten erhältlich, das heißt genaue Angaben über Auflage, Verbreitungsgebiet und Anzeigenpreise. Meist wird sich das Verbreitungsgebiet nicht genau mit der regionalen Abgrenzung der anzusprechenden Zielgruppe decken. Es ist also ein gewisser Streuverlust in Kauf zu nehmen. Ebenso hat jede Ausgabe einer Zeitschrift ein Impressum und versendet Media-Daten. Das Verbreitungsgebiet ist hier gewöhnlich das ganze Bundesgebiet. Dieses Medium kommt also für den überregionalen Absatz in Betracht. Aus dem Anzeigenpreis, dividiert durch die Auflage, lässt sich leicht errechnen, wie viel ein Kundenkontakt, das Erreichen eines Lesers, kostet. Weitere Werbemöglichkeiten sind Zeitungsbeilagen, Plakate, Telefonbücher und Branchenbücher. Einen umfassenden Überblick über alle Werbemedien gibt der STAMM Leitfaden für Presse und Werbung (www.stamm.de). Für viele Geschäftsleute, vor allem Handwerker, bildet das örtliche Telefonbuch das wichtigste Medium, worin der Kunde sie findet oder auch nicht. Wer eine Glaserei sucht, wird sie unter G wie Glas-Meyer eher finden als unter M wie Meyer, Glaserei. Nicht jeder Kurgast in Cuxhaven kommt auf den Gedanken, ein Taxi unter N (Nordsee-Taxen) zu suchen. Es ist also sorgfältig zu überlegen, unter welchem Stichwort der Betrieb von Ortsfremden am ehesten zu finden ist.

Vielen Außenstehenden ist nicht klar, dass in der Presse nachdrücklich zwischen dem redaktionellen Teil und dem Anzeigenteil unterschieden wird. Beide werden von verschiedenen Personen nach ganz verschiedenen Grundsätzen bearbeitet. Der redaktionelle Teil ist der Raum der Pressefreiheit: Hier entscheidet der Redakteur ganz souverän, was geschrieben und gedruckt wird. Nachrichten aus der gewerblichen Wirtschaft, dem örtlichen Geschäftsleben, bringt er allenfalls am Rande, beispielsweise bei Jubiläen, selten bei einer Geschäftsgründung. Der Existenzgründer kann also einen kleinen hinweisenden Artikel bei der Redaktion einreichen, darf sich aber nicht beschweren, wenn dieser Artikel unveröffentlicht bleibt. Ganz anders geht es im Anzeigenteil zu: Hier kaufe ich einen bestimmten Platz, beispielsweise zehn Zentimeter hoch und zweispaltig breit, und entscheide dann, was hier erscheint. Die Anzeigenleitung wird bei der Gestaltung behilflich sein. Wichtig ist eine nicht nur einmalige, sondern kontinuierliche Werbung, und zwar möglichst in gleich bleibender Aufmachung. Die Tatsache, dass ein Geschäftsmann regelmäßig Anzeigen schaltet, verleiht ihm keineswegs das Recht, im redaktionellen Teil berücksichtigt zu werden. Im Gegenteil: jeder Versuch, mit finanziellen Mitteln auf den redaktionellen Teil Einfluss nehmen zu wollen, gilt dort als beleidigend und ehrenrührig.

Der **eigene Auftritt im Internet** ist das Medium der Wahl, wenn die Kundschaft sehr zerstreut im ganzen Bundesgebiet lebt und wenn es für das angebotene Produkt keine eigene Fachzeitschrift gibt, beispielsweise wenn ein Versandhandel für schottische Whiskys, für historische Rasenmähmaschinen oder was auch immer eröffnet werden soll, außerdem im Fremdenverkehr, wenn es gilt, entlegene Gäste für unseren Ferienort zu interessieren. Durch passende Suchworte wird dafür gesorgt, dass man diesen in Google auch findet. Existenzgründer, die den Umgang mit dem Internet gewohnt sind, trauen sich zu, den eigenen Auftritt dort einzurichten. Dabei handelt es sich allerdings nicht um eine technische Aufgabe, sondern um eine gestalterische, so dass es doch nahe liegt, einen Fachmann zu beauftragen. Ergänzend kann in den gedruckten Medien, vor allem Fachblättern, auf die Internet-Adresse hingewiesen werden etwa in folgender Art:

Whiskey: 140 Sorten bei www.whiskeyfreund.de

In der Werbung geht es zwar um den Verkauf der Produkte, was aber nicht heißt, dass immer nur das Produkt als solches vorgestellt wird. Eine Werbung nach dem Muster:

Fenstergitter
liefert Firma Meyer & Müller

dürfte weniger empfehlenswert sein, denn sie provoziert die Frage: wozu brauchen wir Gitter am Fenster, wenn wir nicht im Gefängnis leben? Die Werbung:

Meyer & Müller
liefert ... ...

spricht alle an, die schon immer wissen wollten, was diese Firma liefert, also niemanden. Schon geschickter ist die Werbung:

Sicherheit vor Einbrechern!
Firma Meyer & Müller liefert Fenstergitter, Sicherheitsschlösser, Alarmanlagen ...

Hier wird also nicht vom Produkt und auch nicht von der Firma ausgegangen, sondern von einem Herzensbedürfnis des Kunden.

Wichtig im Vertrieb ist ein **Logo, ein Bildsymbol oder ein bestimmter Schriftzug,** die nicht nur in allen Anzeigen auftauchen, sondern auch auf den Briefbogen, auf der Lackierung des Lieferwagens und überhaupt in allen öffentlichen Äußerungen der Firma. Dies gilt ebenso für die verwendeten Farben. Das Ganze wird zweckmäßigerweise von einer kleinen örtlichen Werbeagentur entworfen, damit es nicht allzu selbst gestrickt aussieht. Unbedingt zu empfehlen ist die Beauftragung einer Agentur, wenn ein Hausprospekt entworfen und versandt werden soll, beispielsweise bei einer Fremdenpension. Es ist gar nicht leicht, einige wenige professionelle Fotos und einige Sätze einprägsamen Text so zusammenzustellen, dass der auswärtige Kunde sich angesprochen fühlt.

Schwierig und je nach Produkt unterschiedlich zu beantworten ist die Frage, wieweit mit dem Preis, mit dem günstigen Angebot, geworben werden soll. In der Wirtschaftstheorie wird von einem streng rational handelnden Menschen ausgegangen, außerdem von völliger Markttransparenz, das heißt der Kunde hat einen völligen Überblick über alle Angebote und Preise und wählt dann das Günstigste aus. In der Wirklichkeit ist dies allenfalls im Großhandel, das heißt wenn die gewerblichen Unternehmen unter sich sind, der Fall. Da ist jeder Mann für einen bestimmten Bereich zuständig, etwa nur für Molkereiprodukte oder nur für Spielwaren, und kennt diesen speziellen Markt genau. Da wird dann um kleine Preisunterschiede und Rabatte gerungen. Im Einzelhandel und bei allen Dienstleistungen, die sich an Endverbraucher richten, ist von einer Übersicht über den Markt gar keine Rede, zumal ja jedes Geschäft eine eigene Nische besetzt und sich von den anderen abheben will. Ebenso ist von einem rationalen Handeln des Konsumenten keine Rede. Es gibt Kunden, die sich etwas leisten wollen, die sich oder andere verwöhnen wollen, und dies darf dann auch etwas kosten. Es gibt sogar Kunden, die von mehreren Angeboten stets das Teuerste nehmen in der Annahme, dies sei das Beste und machen obendrein auf die Nachbarn den meisten Eindruck. Ein Vergleich der Preise wird bei oft gekauften Waren, vor allem Lebensmitteln, eher angestellt als bei Möbeln oder anderen selten gekauften Waren. Männer, die seltener einkaufen als Frauen, geben mehr Geld aus. In den Ferien, im Badeort, sitzt das Geld lockerer als daheim. Bei den meisten Produkten ist es daher allenfalls beim Räumungsverkauf oder bei Auslaufartikeln angebracht, mit großen Preisschildern auf das günstige Angebot hinzuweisen.

Beim Vertrieb im Handel geht es vor allem darum, herauszufinden, welche Artikel sich flott verkaufen und welche liegen bleiben, und hieraus die Konsequenzen zu ziehen. Angenommen, im Regal liegen zwei Artikel zum Preis von 100 Euro, und bei jedem wird ein Gewinn von 10 Euro gemacht. Artikel A verkauft sich pro Jahr zwölfmal, Artikel B einmal. Dann mache ich mit Artikel A pro Jahr einen Gewinn von 120 Euro, mit Artikel B einen Gewinn von 10 Euro. Artikel A ist also ein gewinnträchtiger „Schnelldreher", B ein lahmer Ladenhüter. Derartige Artikel, die im Laden langsam einstauben, sind außerdem unattraktiv für die Stammkundin, die alle paar Wochen hereinschaut und immer etwas Neues sehen will. Bei einem Sortiment von 150 Artikeln ist es allerdings nicht ganz einfach, die Umschlaggeschwindigkeit eines jeden Einzelnen im Auge zu behalten. Da helfen einfache Tricks, beispielsweise indem im Januar rote, im Februar grüne und im März gelbe Preisschildchen aufgeklebt werden. Was im April immer noch mit einem roten Schildchen herumsteht, kommt in die Wühlkiste und wird billig verramscht, notfalls weit unter Einkaufspreis, denn es ist ja nicht damit zu rechnen, dass dieser Artikel eines Tages wieder wertvoller wird. Ist er auch als Ramsch nicht los zu schlagen, wird er verschenkt oder weggeworfen. Welche Artikel sich gut und welche sich schlecht verkaufen, wird in einer Positiv- und in einer Negativliste festgehalten, und anhand dieser Listen kauft der Geschäftsmann seinerseits ein.

Der Vertrieb hat mithin nicht nur die Aufgabe, die Waren abzusetzen, sondern ebenso wichtig ist seine Funktion, das ganze Geschäft zu steuern, das heißt im Handel den Einkauf und in der Industrie die Produktion. Der Vertrieb hat den unmittelbaren Kundenkontakt, und alle dort empfangenen Signale müssen von dort an die Geschäftsleitung weitergegeben und vom ganzen Unternehmen umgesetzt werden. Für den Existenzgründer, der zunächst alle Aufgaben selbst übernimmt, ist dies noch relativ einfach, aber auch er muss ständig besorgt sein, wie er sein Angebot noch feiner auf die Kundenwünsche ausrichtet. Schon schwieriger wird dies, wenn in der größeren Firma diese Aufgaben in verschiedenen Händen liegen und eine Eigendynamik entfalten. Es kommt vor, dass die Technik immer perfektere Produkte herstellt, mit lauter Sonderfunktionen, die kaum jemand braucht. Die Produkte werden dann immer anspruchsvoller, komplizierter, erklärungsbedürftiger und schließlich nur noch für eine kleine Gemeinde von Fans attraktiv. Umgekehrt kommt es vor, dass der Vertrieb dem Kundenwunsch allzu sehr entgegen kommt und Sonderwünsche und Liefertermine zusagt, die die Produktion nicht einhalten kann. Für den Existenzgründer kommt es zunächst nur darauf an, ausgehend vom Vertrieb die anderen Aufgaben, vor allem Produktion, Einkauf und Kosten, im Blick zu behalten.

3. Einkauf

Der Existenzgründer steht häufig vor dem Problem, Einkaufsmöglichkeiten zu finden, das heißt Anschriften von möglichen Lieferanten. Diese Frage lässt sich relativ einfach lösen: im **Internet** (www.wlw.de) gibt es die große Übersicht „Wer liefert was?“ mit einem umfassenden Lieferantenachweis. Außerdem gehört es zu den traditionellen Aufgaben der Industrie- und Handelskammern, in- und ausländische Lieferanten zu benennen.

Zweite große Einkaufsmöglichkeit sind die **Messen**, wozu der Ausstellungs- und Messeausschuss der deutschen Wirtschaft e.V. (AUMA) unter www.auma.de eine umfassende Übersicht aller Messetermine veröffentlicht. Auf der Messe lässt sich ferner ein umfassender Überblick über die gesamte Branche und das Angebot aller wichtigen Lieferanten gewinnen. Wer sich als Bestattungsunternehmer selbstständig machen will, fährt zur PIETA, der Fachmesse für Bestattungsbedarf und Friedhofstechnik, und wer sich mit einem Leuchtengeschäft selbstständig machen will, hat die Auswahl zwischen zwanzig Fachmessen für Möbel, Design, Inneneinrichtung und Ähnlichem.

Das Problem besteht weniger darin, einen Lieferanten zu finden, als vielmehr darin, aus einem unüberschaubaren Angebot die richtigen Artikel auszuwählen, die bei der Kundschaft des Gründers voraussichtlich gefragt sein werden. Jeder Buchhändler kennt dieses Problem: Auf der Frankfurter Buchmesse werden von hunderten von Verlagen zehntausende von Büchern angeboten. Es gilt also, einerseits das gängige Sortiment zu führen, die aktuellen Bestseller, die jedermann in der Buchhandlung erwartet. Andererseits gilt es, eigene Schwerpunkte zu setzen, um sich von den Wettbewerbern am Ort abzusetzen. Hierbei werden, wie geschildert, die im Vertrieb gewonnenen Erfahrungen umgesetzt. Stets wird mit den Augen des Kunden, nicht nach eigenem Geschmack, eingekauft. Das Ziel sollte ein einigermaßen übersichtliches und geschlossenes Sortiment sein. Sind die Artikel ausgewählt, so beginnen die Verhandlungen über Preise, Konditionen und Liefertermine. Wichtig ist es in jedem Falle, sich von der Fülle der attraktiven Angebote nicht überwältigen zu lassen, sondern ein ganz bestimmtes Budget einzuplanen: Nicht mehr als dieser Geldbetrag darf für den Einkauf verwendet werden.

In vielen Branchen kann es reizvoll sein, neben den für jedermann zugänglichen Lieferanten **eigene Einkaufsquellen zu erschließen** und möglichst exklusiv Artikel zu vertreiben, die den Wettbewerbern verschlossen sind. Der Galerist nimmt einige Künstler unter Vertrag, die nur über ihn absetzen. Der Weinhändler schließt exklusive Verträge mit einigen Weingütern. Der Bio-Lebensmittelhändler ist einziger Vertreiber von Obst und Gemüse einiger Bauern aus der Umgebung, die sich zu einem entsprechenden Anbau verpflichtet haben. Oder jemand stöbert im Internet einen indonesischen Lieferanten von Rattan-Möbeln auf, den sonst niemand kennt. Die begehrte Alleinstellung des Unternehmers lässt sich also auch über den Einkauf erreichen.

Für einen Versicherungsvertreter oder einen Handelsvertreter ist es sehr wichtig, ob er einen bestimmten Bezirk zur alleinigen Bearbeitung zugewiesen bekommt oder ob alle Vertreter überall tätig werden können. Ebenso ist es bei den Autohäusern: Gibt es einen Konkurrenzschutz am Ort, oder kann das Werk einem weiteren Händler am gleichen Standort eine Lizenz geben?

4. Planung, Organisation

Der Unternehmer lässt sich nicht einfach von den Herausforderungen des Tages überraschen, sondern er muss das betriebliche Geschehen vorausschauend vorwegnehmen, planen und organisieren. Insofern besteht ein prinzipieller Unterschied zum Angestellten, der jeden Tag zur Arbeit gehen kann und abwartet, was heute auf ihn zukommt. Allerdings muss auch der Angestellte einteilen, in welcher Reihenfolge und mit welchem Aufwand er einige größere Arbeiten erledigt; aber er findet einen festen Rahmen von Personal und Büroausstattung vor. Der Unternehmer hingegen muss an alles selbst denken. Dies beginnt mit der Frage des Existenzgründers, wann die Vorbereitungen beendet sein werden und das Geschäft eröffnet werden soll. Es geht weiter mit der Frage, wann der Inhaber im Geschäft anwesend sein will und wer ihn vertritt, wenn er auswärtige Termine wahrnimmt.

In der **kurzfristigen Planung** des betrieblichen Geschehens ist beispielsweise in einem Handwerksbetrieb festzulegen, wann Ware, Werkzeug, Maschinen und Begleitmaterial eingekauft und geliefert werden sollen, in welcher Reihenfolge und mit welchem Personal und Gerät die Aufträge abgearbeitet werden und wie die vorhandenen Kapazitäten ausgelastet werden. Besonders schwierig wird dies in der Phase der Hochkonjunktur, wenn mehrere größere Aufträge an das Unternehmen herangetragen werden – wenn der Kunde mit Auftrag droht, wie die Unternehmer scherzhaft sagen. Die Frage stellt sich dann, ob ein weiterer Auftrag noch zu wuppen, mit den vorhandenen Mitteln noch zu erledigen ist oder ob kurzfristig die Kapazität erweitert werden kann. Oder ist der Auftrag zu schaffen, indem Teilarbeiten an Kollegen vergeben werden?

In der langfristigen Planung, die sich über die nächsten Jahre erstreckt, geht es um die größeren Investitionen, beispielsweise bei einem Omnibusunternehmen um die Frage, ob ein zusätzlicher Reisebus anzuschaffen ist – entweder als Ersatz für einen bisherigen, der absehbar nicht mehr eingesetzt werden kann, oder als Erweiterungsinvestition, wenn die bisherige Kapazität nicht ausreicht und zahlreiche Anfragen abgelehnt werden müssen. Ebenso gehört hierzu die Personalplanung, das heißt die Frage, ob der bisherige Bestand an Mitarbeitern beibehalten, verkleinert oder vergrößert werden soll und ob befristete oder unbefristete Verträge eingegangen werden sollen.

Zur **langfristigen Planung,** schon des Existenzgründers, gehört auch die heikle Frage des Mietvertrages. In aller Regel wird er das Geschäft nicht in eigenen Räumen eröffnen, sondern Flächen mieten, wenn er einen geeigneten Standort gefunden hat. Hier ist zunächst zu klären, wie viel Fläche benötigt wird, vor allem im Einzelhandel. Ist der Laden zu klein, so erlaubt er keine ausreichende Auswahl. Ist er zu groß, so ist ein umfangreicher Warenbestand notwendig, um die Fläche zu füllen, und mehrere Mitarbeiter sind notwendig für den Fall, dass sich ein Dutzend Kunden über die Fläche mit den vielen Regalen verteilt. Für die Höhe der Miete gibt es nicht, wie bei privatem Wohnraum, einen Mietspiegel. Vielmehr werden die gewerblichen Mietverträge frei ausgehandelt. Dies gilt sowohl für die Höhe der Miete und der Nebenkosten als auch für die Frage, ob der Vertrag auf unbestimmte Zeit mit einer bestimmten Kündigungsfrist oder auf einen bestimmten Zeitraum geschlossen wird.

Zur Höhe der an einem Standort üblichen Geschäftsmiete kann der Immobilienmakler etwas sagen. Allerdings ist der Immobilienmarkt sehr schwer überschaubar, extrem intransparent, weil jedes Objekt eine andere Lage und Ausstattung hat als alle anderen: Die Höhe und Zugänglichkeit der Räume, Alter und Bauzustand und die Zuwegung spielen eine Rolle, ferner, wo und wie viele Parkplätze vorhanden sind. Wichtig ist auch die entweder gehobene, mittlere oder schmuddelige Nachbarschaft, überhaupt das Prestige der jeweiligen Gegend. Den rechtlichen Rahmen bildet die Bauplanung, das heißt welche Nutzungen in dem jeweiligen Objekt überhaupt zulässig sind. Wurde die Fläche bisher zum Wohnen genutzt, so ist eine Umwandlung in gewerbliche Nutzung nicht ohne weiteres möglich, sondern muss vom Bauamt genehmigt werden. Der Existenzgründer hat also bei der vom Eigentümer geforderten Miete zu überlegen, ob sich unter diesen Umständen das Geschäft überhaupt lohnt – nicht wenige Einzelhändler meinen, überhaupt nur für die Miete und den Hauseigentümer zu arbeiten.

Ebenso schwierig zu entscheiden ist die Frage, für welchen Zeitraum der Vertrag abgeschlossen werden soll. Verwendet der Existenzgründer viel Zeit, Kapital und Mühe auf die erste Ausstattung, so möchte er sicher sein, nicht etwa nach einem Jahr schon wieder ausziehen zu müssen. Oft wird daher auf fünf Jahre gemietet, und zwar mit einer Option auf weitere fünf Jahre: Nach Ablauf der ersten Periode soll der Hauseigentümer zunächst mit dem bisherigen Mieter über weitere fünf Jahre verhandeln, bevor er sich an Außenstehende wendet. Der Mietvertrag gilt selbstverständlich für die ganze fest vereinbarte Zeit – auch dann, wenn der Mieter vorzeitig das Geschäft aufgibt. Bricht er nach einem Jahr zusammen, so hat er noch weitere vier Jahre die Miete zu zahlen, wenn es ihm nicht gelingt, einen Ersatzmieter zu finden, der dem Eigentümer passt.

Viele Mietverträge enthalten eine Inflationsklausel, die dem Eigentümer einen gleich bleibenden Lebensstandard sichern soll, auch wenn die Preise steigen. Es wird beispielsweise vereinbart: Wenn der Preisindex für die Lebenshaltung sich seit Abschluss des Vertrages um zehn Prozent erhöht, soll über eine neue Vereinbarung der Miethöhe verhandelt werden. Schon diese Berechnung macht vielen Mietparteien Schwierigkeiten. Gemeint ist nicht eine Erhöhung von 150 auf 160, also um zehn Punkte, sondern eine Erhöhung um zehn Prozent von 150, also um 15 Punkte von 150 auf 165. Über die Höhe des Index zur Zeit des Vertragsabschlusses und aktuell gibt die Industrie- und Handelskammer Auskunft. Verzwickt wird es, wenn der Index inzwischen auf ein neues Basisjahr umgestellt ist. Wohlgemerkt heißt es im Vertrag, dass gegebenenfalls über die Miethöhe neu verhandelt werden soll, nicht etwa, dass sie ebenfalls und automatisch um zehn Prozent zu erhöhen ist. Eine derartige Gleitklausel wäre unzulässig.

Zentraler Teil der kurzfristigen und der langfristigen Planung ist die Liquiditätsplanung. Der Kaufmann muss jederzeit in der Lage sein, seine Zahlungsverpflichtungen zu erfüllen. Ist dies nicht mehr der Fall, so ist er insolvent und muss die Führung des Geschäfts an einen gerichtlich bestellten Insolvenzverwalter abtreten. Alle größeren Zahlungsein- und -ausgänge müssen also vorausschauend bedacht und aufeinander abgestimmt werden. Vor allem dürfen keine Verpflichtungen eingegangen werden, die nicht sicher erfüllt werden können. Entscheidend wichtig ist, ein festes Vertrauensverhältnis zur Bank aufzubauen, beispielsweise indem möglichst bald nach Beginn des Jahres unaufgefordert ein vollständiger Abschluss über das vergangene Jahr vorgelegt und mit dem Kreditsachbearbeiter besprochen wird. Nur wenn dieses Vertrauensverhältnis besteht, kann der Geschäftsmann darauf hoffen, dass die Bank ihm auch in bedrängter Lage hilft. Keinesfalls sollte wegen eines momentanen Zinsvorteils die Hausbank gewechselt werden.

5. Personal

Eine Frau, die sich als Übersetzerin selbstständig macht, kann in der Dachkammer in Ruhe allein arbeiten. Bei den meisten anderen Geschäftsgründungen wird allenfalls in der ersten Zeit ohne Angestellte auszukommen sein. Wer als Gründer ein laufendes Geschäft übernimmt, hat sich von Anfang an auch mit Personalfragen zu beschäftigen.

Dazu ist es zunächst einmal wichtig, dass alle Angestellten und Arbeiter, auch Mini-Jobber, offiziell gemeldet und nicht in Schwarzarbeit beschäftigt werden. Andernfalls sind Bußgelder zu erwarten, und der Arbeitgeber hat die Kosten eines Unfalls selbst zu tragen. Jeder Betrieb ist einer gesetzlichen Unfallversicherung, der Berufsgenossenschaft, angeschlossen. Welche dies ist, kann beim Bundesverband (Deutsche Gesetzliche Unfallversicherung, www.dguv.de) erfragt werden. Hierhin werden alle Angestellten gemeldet. Ferner ist jeder von Gesetzes wegen krankenversichert, muss also bei einer Krankenkasse seiner Wahl gemeldet werden, und über die Krankenkasse wird er bei der ebenfalls gesetzlichen Rentenversicherung erfasst. Außerdem sind für jeden Angestellten die Lohnsteuer an das Finanzamt und der Beitrag zur Arbeitslosenversicherung an die Agentur für Arbeit abzuführen. Oft sind die Angestellten enttäuscht darüber, wie wenig vom vereinbarten Bruttogehalt netto zur Auszahlung, übrig bleibt. Dafür genießen sie allerdings einen umfassenden sozialen Schutz vor Risiken des Unfalls, der Krankheit, des Alters und der Arbeitslosigkeit. Die Brutto/Netto-Rechnung ist im Einzelnen etwas kompliziert und kann im Bedarfsfall einer selbstständigen Buchhalterin übertragen werden. Gerät das Unternehmen in finanzielle Verlegenheit, so darf keinesfalls die Abführung dieser Sozialbeiträge unterlassen werden. Denn sie sind Einkommensteile des Arbeitnehmers, also dessen Eigentum, und dürfen nicht unterschlagen werden.

Die Arbeitsverträge werden gewöhnlich auf unbestimmte Zeit, jedoch mit einer drei- oder sechsmonatigen Probezeit, abgeschlossen. Während der Probezeit gilt eine kurze Kündigungsfrist von drei Tagen, nach der Probezeit ein weitgehender Kündigungsschutz ähnlich wie im öffentlichen Dienst. Deshalb gehen immer mehr Arbeitgeber zu befristeten Arbeitsverträgen über. Nach Ablauf dieser Frist endet das Arbeitsverhältnis. Der Arbeitgeber bleibt also flexibel, muss allerdings damit rechnen, dass der Angestellte eine höhere Besoldung fordert als bei einem unbefristeten Arbeitsverhältnis, weil das Risiko für den Angestellten höher ist.

Arbeitgeberverbände und Gewerkschaften haben zur Höhe des Entgelts, zur Länge des Urlaubs und den weiteren Bedingungen des Arbeitsverhältnisses Tarifverträge geschlossen. Diese Verträge sind gewöhnlich nur für die Mitglieder dieser Verbände verbindlich, können aber auch durch das Arbeitsministerium für allgemein verbindlich erklärt werden und gelten dann für alle Betriebe. Ein Verzeichnis der für allgemeinverbindlich erklärten Tarifverträge wird beim Bundesministerium für Arbeit und Soziales (www.bmas.de) geführt, nähere Auskunft gibt dort das Referat IIIa3 mit der Anschrift 53107 Bonn. Es bleibt jedem Unternehmer überlassen, ob er sich dem örtlichen Arbeitgeberverband anschließen will. Wenn ja, erhält er dort arbeitsrechtliche Auskunft, und der Verbandsgeschäftsführer, gewöhnlich ein Rechtsanwalt, führt beim Arbeitsgericht die Prozesse für die Verbandsmitglieder.

Wer ein wenig Talent zum Umgang mit Jugendlichen und Neigung zum Pädagogischen hat, kann darüber hinaus Lehrlinge (im Amtsdeutsch: Auszubildende, im Jugenddeutsch: Azubis) einstellen. Dies ist besonders für Betriebe von Interesse, die langfristig den Nachwuchs an Fachkräften sichern wollen. Wenn der Betrieb zu einer etwas selteneren Branche gehört, die sonst am Standort nicht vorkommt, ist der Nachwuchs überhaupt nur im eigenen Betrieb heranzuziehen. Hierzu gibt es eine große Vielzahl von kaufmännischen und technischen Ausbildungsberufen, wodurch nahezu alle Branchen abgedeckt sind. Für die Begründung eines Ausbildungsverhältnisses müssen im Prinzip drei Bedingungen erfüllt sein:

(1) Im Betrieb muss ein Ausbilder vorhanden sein, der seinerseits die Fachkenntnis hat,

(2) im Betriebsgeschehen müssen die Dinge vorkommen, die zum Ausbildungsberuf gehören,

(3) der Ausbilder muss die Ausbildereignungsprüfung ablegen.

Die Ausbildung wird je nach Zugehörigkeit des Betriebes von der entsprechenden Standesorganisation (Handwerkskammer, Industrie- und Handelskammer, Rechtsanwaltskammer etc) organisiert. Diese Kammern beschäftigen im Außendienst Ausbildungsberater, die im Einzelnen beraten, welche Ausbildungsberufe in Betracht kommen und ob von einer der drei obigen Bedingungen befreit werden kann.

Wichtiger als diese mehr formalen Fragen der Personalführung sind die inhaltlichen Fragen, wer beim Einstellungsgespräch als neuer Mitarbeiter ausgewählt wird. Die Führungsaufgabe besteht dann darin, einen Stil zu finden, in welcher Form mit den Angestellten und Arbeitern umgegangen und wie die Zusammenarbeit organisiert wird. Die Bewerber haben gewöhnlich den Schwerpunkt ihrer Ausbildung entweder im Kaufmännischen oder im Technischen, sollten aber für das jeweils andere so viel Verständnis haben, dass eine reibungslose Zusammenarbeit gewährleistet ist. Hinzu kommen charakterliche Erfordernisse wie vor allem Zuverlässigkeit und Loyalität, die allerdings im Einstellungsgespräch schwer festzustellen sind und höchstens in Seitenbemerkungen aufblitzen. Drittes ist die soziale Kompetenz, das heißt die Fähigkeit zu einem einvernehmlichen Umgang mit den Kollegen im Interesse der gemeinsamen Sache. Wichtig ist für den Inhaber, immer nur den einzelnen Bewerber zu betrachten und sich nicht von Vorurteilen gegenüber

Personengruppen leiten zu lassen. Völlig unsinnig ist beispielsweise das Vorurteil gegen Ältere und das Bestreben nach einem möglichst niedrigen Durchschnittsalter des Betriebes: das bloße Alter in Jahren sagt nichts über die Qualifikation des Bewerbers. Ebenso unsinnig sind Vorurteile gegen Frauen, gegen Ausländer etc.

Bei der Einteilung, wer welche Aufgaben übernimmt, also in der Betriebsorganisation, ist entscheidend, alles darauf auszurichten, dass die Wünsche und Vorstellungen der Kunden berücksichtigt werden. In vielen kleinen Betrieben ist es daher üblich, dass nur der Inhaber mit dem Kunden verhandelt und dann festlegt, in welcher Form und von wem der Auftrag erledigt werden soll. Liegt der Kundenkontakt nicht beim Inhaber, sondern beim Verkaufspersonal, so soll dieses nicht nur freundlich und zuvorkommend bedienen, sondern seine Beobachtungen und Gesprächsergebnisse an den Chef und an die Technik weitergeben. Ein weiterer Grundsatz geht dahin, jeden Mitarbeiter entsprechend seinen Talenten einzusetzen. Nichts spricht für den Grundsatz, eine einmal gewählte Organisation müsse von den Personen unabhängig sein.

Vor allem Anfänger machen leicht den Fehler, alles selbst bestimmen zu wollen und die Mitarbeiter als bloße Ausführungsorgane zu betrachten. Im extremen Fall meint der Inhaber gar, im Betrieb dürfe nichts geschehen, was er nicht angeordnet habe. Er wundert sich dann sehr, wenn er wegen eines Unfalls für zwei Wochen ins Krankenhaus muss und bei seiner Rückkehr feststellt, dass alles glatt weitergelaufen ist – beinahe noch glatter als bei Anwesenheit des Chefs, der überall hineinredet und oft nur stört. Bei den Mitarbeitern handelt es sich um erwachsene Menschen, die – zumindest am Anfang – viel guten Willen mitbringen. Sie dürfen also nicht in eine resignative Grundhaltung nach dem Motto „Der Chef weiß ja doch alles besser – ich halte meinen Mund" getrieben werden. Sehr viel besser ist es, den Einfallsreichtum und die Ideen der Mitarbeiter für den Betrieb nutzbar zu machen, etwa indem der Inhaber sich an sie wendet: „Wir haben ein Problem – was meinen Sie, was schlagen Sie vor?" Oft kann sich der Inhaber dann darauf beschränken, das von den Mitarbeitern Vorgeschlagene nur noch abzunicken. Ebenso empfiehlt es sich, zumal bei den erfahrenen und qualifizierten Mitarbeitern, nicht das Vorgehen im Einzelnen vorzuschreiben, sondern nur ein allgemein gefasstes Ziel vorzugeben. Oder es wird nicht jeder Einzelne eingewiesen, sondern der Auftrag an eine Gruppe erteilt in der Erwartung, dass diese sich untereinander organisiert.

6. Steuern

Viele Existenzgründer neigen dazu, die Bedeutung des Sachgebiets „Steuern“ stark zu überschätzen. Dies beginnt damit, dass einer die Prüfung zum Steuergehilfen abgelegt hat und meint, hiermit ausreichende Kenntnisse für die Führung eines Unternehmens erworben zu haben – obwohl dies tatsächlich nur einen kleinen Teil, und bei weitem nicht den wichtigsten, der unternehmerischen Tätigkeit ausmacht. Bei vielen ist das Thema „Steuern“ hoch emotional besetzt, so dass sie zu irrationalen Reaktionen neigen. Dies beginnt bei dem Versuch, die Tatsache der gewerblichen Tätigkeit geheim zu halten, zu diesem Zweck keine schriftlichen Aufzeichnungen anzufertigen und eine Gewerbeanmeldung zu vermeiden, weil man dann angeblich nur für das Finanzamt arbeitet. Das Fehlen schriftlicher Aufzeichnungen hat allerdings zur ersten Folge, dass der Betroffene selbst den Überblick verliert. Andere versuchen mit allerlei Tricks, die Steuerlast zu vermindern. Allerdings fällt den Sekretären auf dem Finanzamt auf, dass die Steuerpflichtigen hierzu immer wieder auf dieselben Ideen kommen. Diese sind also schnell zu durchschauen. Beispielsweise kann der Beamte aus seiner Tabelle entnehmen, welche Fahrt-Einnahmen ein Taxi pro 100 Liter bezogenes Dieselöl gewöhnlich erreicht. Der Taxiunternehmer, der seine sämtlichen beruflichen und privaten Tankstellenrechnungen einreicht, aber nur einen Teil der Einnahmen angibt, kommt also nicht weit. Vor allem wird er beim Finanzamt wegen derartiger Versuche als „Problemkunde“ eingestuft mit der Folge, dass bei Gelegenheit eine Außenprüfung angesetzt wird und das Amt seinerseits die Einnahmen schätzt, und zwar mit der Kneifzange, also schmerzhaft für den Steuerpflichtigen. Ebenso geht es denen, die gar keine Steuererklärung abgeben in der unsinnigen Hoffnung, vom Finanzamt vergessen zu werden. Jedoch wird in der perfektionierten und längst auf Datenverarbeitung umgestellten Buchhaltung des Finanzamtes niemand vergessen, sondern es wird routinemäßig gemahnt und notfalls vollstreckt. Und dann gibt es noch die Gewerbetreibenden, die jahrelang auf kein Schreiben des Finanzamtes reagieren und sich dann darüber wundern, dass eines Tages der Betrieb von Amts wegen geschlossen wird.

Der Existenzgründer sollte von Anfang an, schon in der Phase der Vorbereitung, mit einem Steuerberater zusammenarbeiten! Die Kosten hierfür lohnen sich – nicht nur deshalb, weil der Steuerberater sich auskennt und allerlei Möglichkeiten der Steuerminderung ausnutzt, die ein Laie nicht sieht. Sondern auch deshalb, weil es mühevoll, zeitraubend und vergeblich ist, als Laie im Steuerrecht auf dem Laufenden bleiben zu wollen. Die Steuergesetzgebung ist kompliziert, ändert sich dauernd, und es gibt allerlei wechselvolle Entscheidungen der Finanzgerichte. Selbst den Fachleuten fällt es sehr schwer, den Überblick zu behalten. Die Probleme beginnen bereits für den Existenzgründer bei der Frage, welche Abschreibungen in Anspruch genommen werden können. Was soll er mit der Nachricht anfangen, dass 2008 die bisherige Ansparabschreibung durch den Investitionsabzugsbetrag ersetzt wurde? Allein die Gesetzestexte (im Beck-Taschenbuch „Steuergesetze") umfassen rund 1.400 Seiten Kleingedrucktes. Darunter sind beispielsweise zwei ganze Seiten für § 4h des Einkommensteuergesetzes zum Thema „Betriebsausgabenabzug für Zinsaufwendungen (Zinsschranke)". Wer soll sich da hindurch kämpfen?

Der Unternehmer tut gut daran, seine knappe Zeit lieber mit seiner eigentlichen Aufgabe, der Erfüllung der Kundenwünsche, zu verbringen und sich nicht allein in den Dschungel des Steuerrechts zu wagen, in dem Würgeschlagen und giftige Stechmücken auf ihn warten. Ein rational handelnder Unternehmer konzentriert sich auf das, was er am besten kann, und gibt alles andere ab an Fachleute. Auf diese Weise nutzt er seine knappe Zeit am wirtschaftlichsten.

Allerdings ist die Auswahl des Steuerberaters sehr wichtig, denn dieser ist auf die Dauer der einzige kompetente Gesprächspartner und Vertrauensmann des mittelständischen Unternehmers. Unter den Steuerberatern gibt es **drei Persönlichkeitstypen:** den Historiker, den Verführer und den Beichtvater.

- Der Historiker schreibt einfach nur auf, was gewesen ist, stellt alles sauber zusammen und liefert es beim Finanzamt ab. Im Stillen wundert er sich manchmal, wenn er aus den Belegen sieht, was alles schief läuft, beispielsweise, dass sich Verluste anhäufen und das Kapital allmählich aufgezehrt wird, weil der Unternehmer falsch kalkuliert. Der Historiker hält es jedoch nicht für seine Aufgabe, den Unternehmer auf dergleichen aufmerksam zu machen, sondern er achtet nur auf die formale Korrektheit der Steuererklärung.
- Ganz anders der Verführer. Er gibt eifrig Ratschläge zum richtigen Verhalten, hauptsächlich dahin gehend, Steuern zu vermeiden, indem Gewinne vermieden werden. Wenn ein hoher Jahresgewinn „droht", wird dazu geraten, noch im Dezember eine betrieblich nicht notwendige hohe Ausgabe zu tätigen, um den Gewinn und damit die Steuern zu vermindern. Das rationale betriebliche Bestreben, Gewinne zu machen, wird also von Grund auf korrumpiert: der Unternehmer hat gelernt, auf den Händen zu laufen. Er wundert sich darüber, dass er bei der Hausbank als ertragsschwacher Problembetrieb eingestuft wird und keinen Kredit bekommt.

Unternehmer und Steuerberater, die auf das verhängnisvolle Prinzip „Steuern vermeiden durch Gewinn vermeiden" fixiert sind, kommen häufig auf die Idee, aus steuerlicher Sicht empfehle sich die Rechtsform der GmbH. Denn dann setzt der Unternehmer, als Gesellschafter, sich selbst als GmbH-Geschäftsführer ein und zahlt sich ein möglichst hohes Gehalt mit der Folge, dass die GmbH nur einen winzigen Gewinn macht und so gut wie keine Steuern zahlt. Dies ist allerdings eher kurzsichtig gedacht. Denn dies läuft darauf hinaus, den im Unternehmen erwirtschafteten Gewinn in Gestalt des Gehalts an den Geschäftsführer auszuzahlen, also aus dem Unternehmen herauszuziehen, und in einer aufwändigen privaten Lebensführung des Geschäftsführers zu verbrauchen. Der Betrieb ist dann nicht nur ertragsschwach, sondern bleibt auch eigenkapitalschwach, weil keine Reserven angelegt werden. Beim nächstbesten konjunkturellen Sturmwind wird er dahingerafft. Sehr viel weitblickender ist es, falls denn überhaupt eine GmbH gebildet werden soll, ein möglichst niedriges Geschäftsführergehalt auszuweisen und auch tatsächlich sehr bescheiden zu leben. Dann ist zwar der GmbH-Gewinn entsprechend höher, und in der Tat sind einige Steuern zu zahlen. Der ganze Rest des Gewinns wird jedoch zur Eigenkapitalstärkung, etwa zur Rückzahlung von Krediten, verwandt. Die Bank stuft diesen Betrieb als ertragsstark, eigenkapitalstark und kreditwürdig ein.

- Der dritte Typ des Steuerberaters ist der Beichtvater. Mit ihm kann der Unternehmer im Vertrauen durchsprechen, was ihn bedrückt, und gemeinsam wird beraten, was erkennbar schief läuft und wie man dies ändern könnte. Dieser Typ von Steuerberater hat aus dem Zahlenwerk den Überblick über das Unternehmen gewonnen – oft deutlicher als der Unternehmer selbst, der von der Tagesarbeit aufgefressen wird. Obendrein hat der Steuerberater den Vergleich mit den anderen Mandanten. Natürlich spricht er über diese nicht, aber er sieht, welche betriebswirtschaftlichen Gefahren in bestimmten Branchen immer wieder drohen und welche Fehlreaktionen sich wiederholen. Daher geleitet er den Unternehmer mit sanfter Überredung auf den richtigen Weg, wobei die im engeren Sinne steuerlichen Fragen nur den Ausgangspunkt der Überlegungen bilden.

Für den Existenzgründer ist es nicht leicht, in diesem Sinne den richtigen Steuerberater zu finden. Dies geht nur auf Empfehlung, indem er sich mit anderen Unternehmern unterhält oder indem er bei zwei oder drei Steuerberatern probeweise vorspricht.

Gerade dem Anfänger ist dringend davon abzuraten, nur aus steuerlichen Gründen irgendwelche Manöver zu vollziehen, die darauf hinauslaufen, Steuern zu vermeiden oder auf spätere Jahre zu verschieben.

Ganz konkret geht es um die folgenden Steuern.

a) Umsatzsteuer

Auf nahezu jeden getätigten Umsatz (Warenverkauf, Dienstleistung) wird die Umsatzsteuer fällig. Der allgemeine Satz ist 19 Prozent, der ermäßigte Satz, zum Beispiel für Lebensmittel, ist 7 Prozent. Der Unternehmer ist verpflichtet, dem Kunden diese Umsatzsteuer in Rechnung zu stellen, indem auf den Nettopreis entweder

19 oder 7 Prozent aufgeschlagen werden, so dass der Kunde diesen erhöhten Bruttopreis, den Endpreis, zu zahlen hat. Die Umsatzsteuer hat der Unternehmer regelmäßig an das Finanzamt abzuführen, sie ist für ihn also ein durchlaufender Posten. Diese Zahlungsverpflichtung ist aber in der Liquiditätsplanung zu berücksichtigen. Existenzgründer müssen in den ersten zwei Jahren monatlich Umsatzsteuer-Voranmeldungen abgeben und die Umsatzsteuer bis zum 10. Tag des Folgemonats an das Finanzamt abführen. Dies gilt ausnahmslos auch bei kleinerem Umsatz. In dieser Frage verstehen die Finanzämter wenig Spaß: wer diese Steuern nicht oder nicht vollständig bezahlt, kann schlimmstenfalls eine hohe Geldbuße einfangen. Außerdem werden ab dem ersten Tag der Verspätung Säumniszuschläge fällig.

Andererseits darf der Unternehmer die Umsatzsteuer, die ihm wiederum von anderen Unternehmen in Rechnung gestellt wurde, von seinen Zahlungsverpflichtungen abziehen, als sogenannte Vorsteuer. Tatsächlich bezahlt er also die Umsatzsteuer nur auf den Wert, den er gegenüber seinen Einkäufen mehr geschaffen, den er hinzugefügt hat. Daher wird die Umsatzsteuer in Deutschland auch als Mehrwertsteuer bezeichnet. Falls für die Gründung hohe Investitionen getätigt worden sind, hat der Gründer im ersten Jahr hohe Vorsteuerbeträge, die er abziehen kann. Abzugsfähig ist auch die Mehrwertsteuer für ein betrieblich genutztes Fahrzeug. Wird dieses allerdings zu mehr als 5 Prozent privat genutzt, so kann die im Kaufpreis enthaltene Vorsteuer nur zu 50 Prozent als Vorsteuer geltend gemacht werden. – Es ist nicht empfehlenswert, dauerhaft eine Fristverlängerung zur Voranmeldung der Umsatzsteuer zu beantragen, denn dann kommen auch die Vorsteuer-Erstattungen erst einen Monat später.

Wichtig ist, dass die vom Unternehmer versandten und die von ihm empfangenen Rechnungen folgende Angaben enthalten:

- Vollständiger Name des Unternehmens. Dies ist beim Kleingewerbetreibenden, der nicht im Handelsregister eingetragen ist, der ausgeschriebene Vorname und Name. Beim handelsregisterlich eingetragenen Unternehmen ist es die Firma, das heißt der Geschäftsname.
- Vollständige Anschrift des Unternehmens,

- Datum der Rechnung (am einfachsten in der Form: 7. März 2010, und nicht in der albernen Form 2010-03-07, wo dann zu rätseln ist, ob der 7. März oder der 3. Juli gemeint ist),
- die Steuernummer oder die vom Bundeszentralamt für Steuern erteilte Umsatzsteuer-Identifikationsnummer des Unternehmens,
- fortlaufende Rechnungsnummer. Die Nummerierung braucht nicht bei 1 zu beginnen, denn es könnte ja einem Unternehmer peinlich sein, wenn er erst die vierte Rechnung ausstellt. Ebenso kann er bei 100, bei 500 oder sonst irgendwo beginnen. Nur müssen die Nummern dann ununterbrochen fortlaufen.
- Menge und Art der gelieferten Gegenstände oder Art und Umfang der sonstigen Leistung,
- Zeitpunkt der Lieferung oder sonstigen Leistung (Angabe des Kalendermonats reicht aus),
- Nettobetrag der Lieferung oder Leistung,
- Umsatzsteuersatz (19 Prozent oder 7 Prozent),
- die Höhe des Steuerbetrages (oder ein Hinweis im Falle der Steuerbefreiung),
- und schließlich der Bruttobetrag (Netto plus Mehrwertsteuer), also der Betrag, den der Kunde zu zahlen hat.

Ist die Rechnung für gekaufte Ware nicht ordnungsgemäß ausgefüllt, beispielsweise die Mehrwertsteuer nicht getrennt ausgewiesen, so wird der Vorsteuerabzug nicht anerkannt. Da wird bares Geld verschenkt.

Ein Kleinunternehmer, dessen Umsatz im laufenden Kalenderjahr voraussichtlich 50.000 Euro nicht übersteigen wird und der im Jahr zuvor nicht mehr als 17.500 Euro Umsatz gemacht hat (Stand: 2009), kann sich von der Erhebung der Umsatzsteuer befreien lassen. Er stellt dann auch keine Umsatzsteuer in Rechnung und kann keine Vorsteuer geltend machen. Diese Wahlmöglichkeit (Option) ist vor allem sinnvoll, wenn keine großen Investitionen getätigt wurden und daher keine hohe Vorsteuern geltend gemacht werden können. Diese Option lohnt sich vor allem für Unternehmen, die Dienstleistungen für Privatpersonen anbieten. Außerdem fällt der Verwaltungsaufwand der monatlichen Vorsteuer-Anmeldungen fort.

b) Einkommensteuer

Die Einkommensteuer muss von den natürlichen Personen entrichtet werden (damit meinen die Juristen die Menschen aus Fleisch und Blut, im Unterschied zu den juristischen Personen wie etwa den Kapitalgesellschaften). Der Existenzgründer sollte davon ausgehen, dass er zwei Jahresabschlüsse zu machen hat: den geschäftlichen und den persönlichen. Gleich zu Anfang, in der Vorbereitungsphase, hat er ein Geschäftskonto eingerichtet. Hier landen sämtliche Einnahmen: nicht nur die Überweisungen, sondern auch alles bar Eingenommene und in einer geschäftlichen Kasse Gesammelte wird hier eingezahlt. Ebenso werden von diesem Konto alle geschäftlichen Rechnungen bezahlt, und es werden Beträge für die geschäftliche Kasse oder für „privat" abgehoben. Sämtliche Belege über Einnahmen und Ausgaben werden geordnet, vor allem getrennt vom Privaten, aufbewahrt. Auf Grund dieser Unterlagen ist es nach Jahresschluss relativ einfach, eine Einnahme-Überschussrechnug aufzustellen. Im idealen Fall stellt der Unternehmer bereits zu jedem Monatsende eine solche Rechnung auf und überlegt, wie sich dieses Ergebnis verbessern ließe. Der Saldo zwischen Einnahmen und Ausgaben ist der Gewinn. Er müsste gleich der Summe der Privat-Abhebungen (zuzüglich der Änderung des Kassenbestandes) sein. Anhand dieses Gewinns überlegt der Existenzgründer spätestens nach einem Jahr, ob sich die Sache überhaupt lohnt. Wie viel Stunden habe ich im vergangenen Jahr für das Geschäft gearbeitet? Wie hoch ist also der Gewinn pro Stunde? Was wären die Alternativen zu dieser Tätigkeit? Wäre auch eine Angestelltentätigkeit möglich? Wäre dort ein vergleichbares Einkommen, aber mit weniger Arbeit und vor allem weniger Aufregung zu erwarten?

Die meisten Unternehmer haben ein Kraftfahrzeug, das sowohl betrieblich als auch privat genutzt wird. Die Kosten der betrieblichen Nutzung fallen unter die Betriebsausgaben, mindern also denn zu versteuernden Gewinn. Die Ausgaben für die private Nutzung hingegen gelten als private Entnahme aus dem Betriebsvermögen, also als Einkommen, und werden der Einkommensteuer unterworfen. Der Unternehmer ist also bestrebt, die betriebliche Nutzung möglichst hoch und vollständig nachzuweisen. Dabei gelten nicht nur alle betrieblich veranlassten Fahrten (zu Kunden und Lieferanten etc), sondern auch die Fahrten zwischen Wohnung und Arbeitsstätte als betriebliche Nutzung.

Für den Nachweis, ob betrieblich oder privat genutzt, gibt es zwei Möglichkeiten:

Entweder die betriebliche Nutzung überwiegt, beträgt also mehr als 50 Prozent. Dann hat der Unternehmer die Wahl:

- entweder werden für jeden Kalendermonat 1 Prozent des inländischen Listenpreises im Zeitpunkt der Erstzulassung zuzüglich der Kosten für Sonderausstattung einschließlich Umsatzsteuer angesetzt,
- oder es wird ein ordnungsgemäßes Fahrtenbuch geführt, also mit einer Trennung zwischen privaten und betrieblichen Fahrten. Hiernach wird errechnet, welchen Anteil die Privatfahrten ausmachen. Gleichzeitig werden alle Kraftfahrzeug-Aufwendungen mit Belegen nachgewiesen, und diese Aufwendungen werden in dem Verhältnis, das zwischen privaten und betrieblichen Fahrten errechnet wurde, aufgeteilt.

Hierbei ist diejenige Möglichkeit für den Unternehmer am günstigsten, bei welcher der betriebliche Anteil höher ausgewiesen wird. Dies möge ein Beispiel verdeutlichen. Das Auto des Glasermeisters hatte als Neuwagen einen Listenpreis von 50.000 Euro, hinzu kam die Sonderausstattung für Glaserei von 10.000 Euro, zusammen also 60.000 Euro. Für jeden Monat werden hiervon 1 Prozent, das heißt 600 Euro, als privat angesetzt, macht im Jahr 7.200 Euro. Der Glasermeister weist durch Belege nach, dass ihm im Jahr insgesamt 12.000 Euro an Kraftfahrzeugkosten entstehen. Durch das Fahrtenbuch weist er nach, dass hiervon zwei Drittel betriebliche Fahrten sind. Von den Kraftfahrzeugkosten ist also nur ein Drittel von 12.000 Euro, das heißt 4.000 Euro, privat. In diesem Falle wäre es günstiger, die zweite der beiden Möglichkeiten, das Fahrtenbuch, zu wählen, weil hier nur 4.000 Euro und nicht 7.200 Euro als privat veranlasst gelten.

Wird hingegen das Fahrzeug überwiegend privat genutzt und die betriebliche Nutzung beträgt nur 10 bis 50 Prozent, so ist die Listenpreismethode nicht möglich, sondern die Fahrten müssen mit Fahrtenbuch abgerechnet werden.

Eine Bilanz (eine Gegenüberstellung von Vermögen und Schulden zu einem Stichtag) ist für den Kleingewerbetreibenden nicht vorgeschrieben. Vielmehr reicht nach § 4 Absatz 3 des Einkommensteuergesetzes die Einnahme-Überschussrechnung. Der dort ermittelte Gewinn geht als Einkünfte aus gewerblicher Tätigkeit in die persönliche Einkommensteuererklärung ein. Hinzu kommen andere Einkünfte, beispielsweise aus Vermietung und Verpachtung oder aus Kapitalvermögen. Wurde mit dem gewerblichen Betrieb ein Verlust erwirtschaftet, was im ersten Jahr häufig der Fall sein dürfte, so wird er mit diesen anderen Einkunftsarten verrechnet. Den Einkünften stehen alle steuermindernden Ausgaben gegenüber, beispielsweise Vorsorge, Versicherungen, Spenden, Handwerker-Rechnungen, Beiträge an Berufsorganisationen etc. Auch über diese gesamten Einnahmen und über die steuerlich relevanten Ausgaben wurden im ganzen Jahr die Belege gesammelt. Diese sämtlichen Unterlagen werden möglichst geordnet dem Steuerberater übergeben. Dieser sendet die Steuererklärung an das Finanzamt. Von dem zu versteuernden Einkommen bleibt ein Grundfreibetrag von etwa 8.000 Euro pro Jahr und Person steuerfrei. Angenommen, der Existenzgründer hat im ersten Jahr einen Gewinn von 30.000 Euro erwirtschaftet. Nach Abzug des Freibetrages verbleiben rund 22.000 Euro als zu versteuerndes Einkommen. Hierauf entfallen rund 3.300 Euro als Einkommensteuer. Wenn also die Einkommensteuer für den kleineren Existenzgründer in der Größenordnung von zehn Prozent des Gewinns liegt, ist dies zwar spürbar, sollte andererseits aber nicht zu Manövern veranlassen, die betriebswirtschaftlich keinen Sinn ergeben. – Angehörige der evangelischen oder der katholischen Kirche zahlen außerdem die Kirchensteuer.

Ein Ratschlag für die Ausländer, bei denen meist die Großfamilie im Betrieb mitwirkt, ebenso aber auch für die Deutschen: Die persönlichen Steuerfreibeträge stehen jedem Familienmitglied zu, vom Urgroßvater bis zum Neugeborenen. Wenn also alle beim Geschäft mithelfen, ist es empfehlenswert, sie alle vertraglich als Mitarbeiter einzubinden. Außerdem werden sie bei dieser Gelegenheit in die gesetzliche Krankenversicherung, in die Rentenversicherung und in die Unfallversicherung aufgenommen. Falls sie Darlehen geben oder Räume zur Verfügung stellen, werden Darlehens- oder Mietverträge geschlossen. Andernfalls würden die persönlichen Freibeträge ungenutzt verfallen. Für die Mitarbeiter ist allerdings bis zum 10. Tag des Folgemonats die Lohnsteuer abzuführen.

Mit dem Jahresabschluss, also mit Stempel des Steuerberaters, führt der Unternehmer ein Gespräch mit der Hausbank. Entscheidend ist, dass dies möglichst bald nach Jahres-Ultimo passiert, im idealen Falle im Januar oder im Februar, wenn in den meisten Branchen das Geschäft ohnehin etwas ruhiger ist. Der Bankdirektor berichtet im Gespräch, es gebe im Prinzip nur zwei Arten von Kreditkunden: die einen kommen im Februar oder März unaufgefordert mit kompletten Unterlagen zum Gespräch, die anderen nach mehrmaliger Mahnung im Oktober oder November mit unvollständigen Unterlagen. Auf diese Weise seien die ordentlichen, daher kreditwürdigen, sehr einfach von den unordentlichen und Chaos-Betrieben zu unterscheiden.

Der Jahresabschluss wird also nicht etwa nur deswegen aufgestellt, weil das Finanzamt dies fordert. Vielmehr liegt es im ureigenen Interesse des Unternehmers selbst, möglichst bald nach Jahresschluss einen Überblick zu erhalten, mit welchem Gewinn oder Verlust das vergangene Jahr abgeschlossen hat, und hierauf aufbauend gegebenenfalls strategische Veränderungen für das laufende Jahr einzuleiten.

Als tückisch hat sich für viele junge Unternehmer der Steuersprung erwiesen, der im dritten oder vierten Jahr einsetzen kann. Im ersten Jahr hat es oft Anlaufverluste gegeben, im zweiten Jahr einen geringen Gewinn. In dieser Zeit hat sich der Unternehmer an die nur geringe Steuerbelastung gewöhnt. Hat er dann Erfolg und fährt im dritten oder vierten Jahr einen kräftigen Gewinn ein, so ist überraschend eine hohe Steuerzahlung fällig. Jetzt können sich Liquiditätsprobleme ergeben, zumal wenn gleichzeitig hohe Lieferantenrechnungen fällig werden. Es ist also gefährlich, sich bei gut laufendem Geschäft in eine euphorische Stimmung heben und zu hohen privaten Entnahmen verführen zu lassen. Ebenso kann es kritisch werden, wenn schon in den ersten beiden Jahren Gewinne erwirtschaftet wurden und dann hohe Steuer-Nachzahlungen fällig werden, weil die vierteljährlichen Einkommensteuer-Vorauszahlungen zu niedrig angesetzt waren. Denn nach Gründung des Unternehmens dauert es in der Regel zwei Jahre, bis der erste Steuerbescheid vorliegt.

c) Körperschaftsteuer

Die Körperschaftsteuer ist von den Kapitalgesellschaften auf ihren Gewinn zu zahlen. Für den Existenzgründer kommt als Kapitalgesellschaft praktisch nur die GmbH in Betracht. Hier gibt es keinen Freibetrag, sondern die Steuer ist vom ersten Euro Gewinn an zu zahlen, und zwar nicht mit steigendem Prozentsatz (progressiv) wie in der Einkommensteuer, sondern mit dem gleich bleibenden Satz von 15 Prozent (seit 2008) zuzüglich 5,5 Prozent der Körperschaftsteuer als Solidaritätszuschlag, insgesamt also knapp 16 Prozent vom Gewinn.

Werden im ersten Jahr in der GmbH Verluste gemacht, so sind diese nicht mit den anderen Einkünften des Existenzgründers zu verrechnen, weil ja die GmbH eine gesonderte Rechtsperson darstellt. Vielmehr können die Verluste erst geltend gemacht werden, wenn die GmbH im Folgejahr Gewinne erwirtschaftet. Besonders peinlich wird es, wenn der Existenzgründer sich als GmbH-Geschäftsführer ein hohes Gehalt angewiesen hat und hierauf entsprechend Lohnsteuer zahlt, während seine GmbH Verluste einfährt. Deshalb und wegen der Kosten für die Erstellung der jährlichen Bilanz ist die GmbH für den Existenzgründer nicht zu empfehlen.

d) Gewerbesteuer

Die Gewerbesteuer betrifft, wie der Name sagt, nur die gewerblichen Betriebe, also nicht die Freien Berufe und die Landwirtschaft. Hier wird vom Gewinn des Unternehmens ausgegangen, vermehrt um einige Hinzurechnungen und vermindert um einige Kürzungen. Das Ergebnis dieser Berechnung multiplizieren die Kommunen (Städte, Gemeinden) mit ihrem jeweiligen Hebesatz, einem von Ort zu Ort unterschiedlichen Prozentsatz, der zwischen 200 und 500 liegen kann. Es kann also sein, dass ein ertragsstarkes Unternehmen viel Geld spart, indem es in die Nachbargemeinde umzieht. Der Gewerbeertrag wird allerdings bei natürlichen Personen um einen Freibetrag von 24.500 Euro vermindert. Dies bedeutet in der Praxis, dass die Gewerbesteuer nur von den mittleren und großen Unternehmen bezahlt wird, nicht von den ganz kleinen. Außerdem wird die Gewerbesteuer in pauschalierter Form auf die Einkommensteuer angerechnet, so dass der Unternehmer zumindest teilweise von der Gewerbesteuer entlastet wird.

V. Arten der Gründung

Die Neuerrichtung eines Betriebes, wobei jemand allein auszieht, um ein ganz neues Unternehmen zu gründen, ist nur eine von mehreren Arten, sich selbstständig zu machen. Oft wird auch eine Abteilung aus einem bestehenden Unternehmen ausgegründet. Ferner wird leicht übersehen, wie viele Betriebsinhaber aller Branchen einen Nachfolger suchen, der ihren Betrieb übernehmen will. Daneben kommt es in Betracht, zwar auf eigene Rechnung zu arbeiten, aber ein fertiges Geschäftsmodell zu übernehmen (Franchise). Besondere Probleme gibt es, wenn mehrere Personen sich zu einer Gründung zusammentun. Schließlich gibt es noch die nebenberufliche Gründung. Und es gibt Vereine, die ganz unbeabsichtigt in eine geschäftliche Tätigkeit hineinwachsen.

1. Neugründung

Die Psychologin hat ein großes Haus am See geerbt und baut es zu einem Therapie-Zentrum aus. Hauptsächlich soll es um Paar-Therapie gehen: Ehepaare und sonstige Paare sollen für drei Stunden oder auch für drei Tage hierherkommen und in idyllischer Umgebung und entspannter Atmosphäre ihre sämtlichen Beziehungsprobleme unter fachkundiger Hilfe aufarbeiten. In den ersten Monaten nach Eröffnung stellt sich jedoch heraus, dass es zwar unzählige Ehepaare mit Beziehungsproblemen gibt. Aber anscheinend lassen sie sich auf dieses Thema nicht ansprechen, und die Villa am See bleibt weitgehend leer.

Der leidenschaftliche Skateboarder eröffnet ein Spezialgeschäft für Skateboards, Inliner und ähnliche Artikel und stellt fest, dass am ersten Tag nur vier Kunden den Laden betreten.

Der Sozialarbeiter und seine Frau, Hauswirtschafterin, eröffnen eine „Jugendburg", das heißt einen Neubau mit zwölf Zimmern, in denen sie Kinder und Jugendliche aufnehmen wollen, die vom Jugendamt aus Katastrophen-Familien herausgeholt worden sind. Der Sachbearbeiter des Jugendamtes hatte dies seinerzeit als interessante und wegweisende Idee bezeichnet. Nach Eröffnung der Jugendburg stellt sich allerdings heraus, dass das Jugendamt diese Jugendlichen doch weiterhin in den Heimen unterbringt, mit denen langfristige Verträge bestehen.

Der Beamte und Hobbygärtner eröffnet nach seiner Pensionierung eine Plantage mit 35 verschiedenen historischen Apfelbäumen. Über dieses Vorhaben wird in der Lokalpresse ausführlich berichtet, und viele Leute freuen sich darüber, dass es Großmutters Äpfel wieder zu kaufen gibt. Bei ihren täglichen Einkäufen bleiben sie allerdings bei ihren heutigen gewohnten Sorten wie Golden Delicious und Elstar.

An diesen Beispielen wird deutlich, wie gefährlich es ist, mit einer vermeintlich tollen Idee einen neuen Betrieb zu eröffnen, ohne vorher den Markt gründlich abgeklopft zu haben. Dies wird sehr teuer, wenn umfangreich in Bauten und Grundstücke investiert oder wenn ein mehrjähriger Mietvertrag unterzeichnet wird.

Die Psychologin hätte besser daran getan, zunächst in ihrer privaten Wohnung ein Therapiezimmer einzurichten und mit Inseraten in der Lokalpresse zu testen, wie viele Leute kommen. Der Skateboarder hätte besser zunächst von seiner Garage aus einen Versandhandel eröffnet, also ohne große Investitionen und vor allem ohne einen Mietvertrag für einen gesonderten Laden. Der Sozialarbeiter hätte besser erst nach einer verbindlichen Zusage des Jugendamtes mit dem Neubau begonnen. Und der Apfelbauer hätte besser zunächst drei alte Sorten vom eigenen Garten aus verkauft, bevor er das Grundstück für die Plantage kaufte. Hinzu kommt in diesen Fällen das Problem, dass die Banken ein Vorhaben nach Branchen-Kennzahlen beurteilen: Es gibt Durchschnittszahlen für gängige Branchen wie Gemüsehandel, Gaststätten und Zahnarztpraxen. Für Vorhaben, die in diese Schubladen nicht hineinpassen, gibt es keine Kennzahlen, und sie werden daher besonders vorsichtig beurteilt.

Anders ist es, wenn der einzige Dachdeckermeister am Ort, der seit Jahrzehnten gleichmäßig zu tun hatte, aus Altersgründen aufgeben muss und ein junger Meister stattdessen den Betrieb eröffnet. Hier bewegen wir uns im Bereich einer alten, jedermann bekannten Branche, und der Bedarf ist nachgewiesen.

Schon schwieriger wird es in den zahlreichen Fällen, in denen der Bedarf zwar unstrittig vorhanden ist, aber nicht unbedingt am Wohnort gedeckt wird. Viele fahren zum Einkaufen wegen des umfassenden Angebots in die nahe Großstadt, und nicht wenige Großstädter fahren wegen der dortigen hochnäsigen Verkäuferinnen in die benachbarte Kleinstadt. Oder es wird zu den Einkaufszentren am Stadtrand gefahren. Bei der GfK (diese Abkürzung stand einmal für: Gesellschaft für Konsumforschung) in Nürnberg (www.gfk.com) gibt es umfassende Daten zur Marktforschung, darunter auch zur Zentralität der Orte. Zentralität 100 bedeutet: Am Ort wird so viel gekauft, wie es dem Einkommen der Ortsansässigen entspricht. Zentralität 120 bedeutet: Es kommen weitere 20 Prozent von Einpendlern hinzu. Zentralität 80 heißt dementsprechend: Es gibt einen Kaufkraftabfluss in die benachbarten Zentren. Die Frage für einen Existenzgründer ist dann, ob er in einem Ort in einem Schwerefeld eines benachbarten Zentrums, also mit Kaufkraftabfluss, durch sein Geschäft diesen Abfluss aufhalten kann: Sind die Leute zu bewegen, jetzt das neue Angebot an ihrem Wohnort zu nutzen? In dieser Frage ist vor übertriebenem Optimismus zu warnen. Ähnlich wie das Wild seit Jahrzehnten dieselben Wildwechsel benutzt, gibt es auch beim auswärtigen Einkauf feste Gewohnheiten, die sich nur langsam ändern. In vielen Familien gehört die regelmäßige Einkaufsfahrt zum festen Wochenrhythmus hinzu, und am Ort werden allenfalls ergänzend Kleinigkeiten gekauft. Ähnlich schwer absehbar ist es, ob ein neuer Laden in der Großstadt außer den Ortsansässigen viele Landbewohner anziehen wird.

Insgesamt ist die Errichtung eines neuen Betriebes, mit entsprechenden Investitionen und vertraglichen Bindungen, nur zu verantworten, wenn der entsprechende Bedarf der Kundschaft auf Grund bisheriger Erfahrungen einigermaßen sicher umrissen werden kann und nicht nur vermutet, erträumt oder theoretisch berechnet wird.

2. Ausgründung

Einen bereits festgestellten Bedarf und insofern ein geringeres Risiko gibt es bei Ausgründungen, das heißt wenn eine Abteilung eines größeren Unternehmens sich rechtlich verselbstständigt. Wenn die Abteilung schon vorher als Profit Center (mit eigenständiger Gewinnabrechnung) geführt wurde, ist der Schritt zur vollen Selbstständigkeit nicht allzu groß. Allerdings ist jetzt das konjunkturelle Risiko auf die ausgegliederte Firma übertragen worden: Bei rückläufigem Auftragseingang wird der Mutterkonzern viele Arbeiten von der Stammbelegschaft im Hause erledigen lassen, die bisher an die jetzt ausgelagerte Firma vergeben wurden. Andererseits hat diese die Freiheit, sich am Markt eigenständig zu bewegen und auch für andere Kunden zu arbeiten.

Eine Ausgründung gibt es auch in der Form, dass ein Prokurist oder ein anderes Mitglied der Belegschaft sich in derselben Branche und am selben Ort wie bisher selbstständig macht, weil er sich vom Inhaber schikaniert fühlt. Oder er kann sich mit dem Inhaber nicht über die Geschäftspolitik einigen und meint, der jetzige Kurs führe geradewegs in den Untergang. Oder umgekehrt: Er, der Prokurist, mache eigentlich die ganze Arbeit, während der Inhaber nur den Gewinn abkassiere und ein laues Leben genieße. Wer, aus welchen Gründen auch immer, aus dem Betrieb hinausspringt und sich selbstständig macht, kann dann alle Kunden anrufen und mitteilen, er biete dasselbe Angebot wie bisher, nur preisgünstiger, weil er nicht mehr den ganzen Apparat mitzufinanzieren habe. Insofern trifft dieser Existenzgründer auf einen gesicherten Absatz. Der Inhaber wird ein solches Verhalten als ruchlosen Treuebruch, Illoyalität und Zeichen eines schlechten Charakters betrachten, kann es aber nicht verhindern. Nur im Möbeleinzelhandel sind Konkurrenzausschlussklauseln üblich in dem Sinne, dass der Chef-Verkäufer in einer gewissen Frist nach seinem Ausscheiden kein eigenes Geschäft derselben Branche am selben Ort eröffnen darf. Hierfür ist jedoch, weil die Bewegungsfreiheit des Ausscheidenden eingeschränkt wird, eine hohe Abfindung fällig, wie in § 74 des Handelsgesetzbuchs vorgeschrieben: Für jedes Jahr des Verbots bekommt der Ausgeschiedene ein halbes Jahresgehalt.

Eine Ausgründung ist ferner nahe liegend, wenn zwei oder mehr ganz unterschiedliche Geschäfte betrieben werden, bei denen Risiko und Haftung verschieden geregelt werden sollen oder wenn die Geschäfte unterschiedlichen Organisationen (Verbänden, Berufsgenossenschaften, Kammern) angehören. Dringend zu empfehlen ist die Ausgliederung, wenn zwei Tätigkeiten steuerlich unterschiedlich behandelt werden, beispielsweise eine gewerblich (und gewerbesteuerpflichtig) und eine freiberuflich (nicht gewerbesteuerpflichtig). Hier greift die Tintenflecktheorie (§ 15 Absatz 3 Nr. 1 des Einkommensteuergesetzes): Ähnlich wie ein Tropfen Tinte ausreicht, um ein ganzes Glas Wasser blau zu färben, so kann ein gewerblicher Betriebsteil einen ganzen Betrieb zu einem gewerblichen machen. Dies gilt beispielsweise für Arztpraxis (freiberuflich) und Privatklinik (gewerblich), ebenso für Gärtnerei (landwirtschaftlich) und Blumenhandel (gewerblich), Landwirtschaft und Urlaub auf dem Bauernhof, Architekt und Bauplanungsbüro, Forstwirtschaft und Sägewerk. Hier ist eine deutliche Trennung zu empfehlen – nahe liegend beispielsweise, indem die beiden Betriebe auf die beiden Ehepartner verteilt werden.

Nicht wenige Vereine entwickeln im Lauf der Jahre eine lebhafte gewerbliche Tätigkeit. Der Fremdenverkehrsverein, ursprünglich als loser Zusammenschluss der Vermieter und als deren Interessenvertretung gedacht, übernimmt die entgeltliche Zimmervermittlung, verkauft Souvenirs und organisiert Volksfeste. Der Musikverein entwickelt sich zum Konzertveranstalter. Der Schützenverein betreibt eine umfangreiche Gastronomie im Schützenhaus. In diesen Fällen tritt der Verein in einen ungleichen Wettbewerb mit gewerblichen Unternehmen und genießt steuerliche Vorteile. Es kommt vor, dass diese Wettbewerber beim Amtsgericht anregen, den Vereinsstatus zu überprüfen, denn ein Geschäftsunternehmen kann nicht gleichzeitig ein gemeinnütziger Verein sein wollen. In diesen Fällen empfiehlt es sich ebenfalls, die gewerbliche Tätigkeit auszugründen, wenn sie nicht nur nebenbei betrieben wird. Ein Vereinsmitglied oder mehrere machen sich hiermit selbstständig, und der gewerbliche Teil wird abgetrennt, um den Vereinsstatus nicht zu gefährden. Hier ist bei der Gründung ebenfalls der Vorteil gegeben, dass die Tätigkeit bereits läuft, der Bedarf also gegeben ist.

3. Übernahme, Nachfolge

In Deutschland gibt es rund 8 Millionen selbstständige Betriebe. Einmal angenommen, jeder Inhaber sei rund 40 Jahre tätig, dann gibt es pro Jahr rund 200.000 Nachfolgeprobleme. Die Zeiten, in denen Sohn oder Tochter sich zur Übernahme verpflichtet fühlten oder der Schwiegersohn unter diesem Gesichtspunkt ausgesucht wurde, sind lange vorbei. Andererseits möchte der Inhaber, in die Jahre gekommen, sein Lebenswerk und den Namen der Firma gern erhalten wissen und verspricht sich vom Verkauf des Unternehmens eine Alterssicherung. Es werden also allenthalben Nachfolger gesucht.

Die Kammern unterhalten Existenzgründungsbörsen, in denen beide Seiten unter Chiffre inserieren können: entweder als Angebot „Mittelständischer Möbeleinzelhandel im norddeutschen Raum, Umsatz rund 4 Millionen, sucht ...“) oder als Nachfrage („Gießereitechniker, technisch und kaufmännisch erfahren, sucht Metallgießerei im Raum Berlin ...“). Durch die Veröffentlichung unter Chiffre ist sichergestellt, dass die Konkurrenz nicht erfährt, wer inseriert: Wer sich für das Inserat interessiert, sendet seinen Wunsch an die Kammer, und diese leitet den Wunsch weiter. Es bleibt dann dem Inserenten überlassen, ob er auf die Anfrage antwortet. Auf ähnliche Weise kommt der Kontakt über die Fachblätter der Branchen zustande. Es kommt auch vor, dass die Bank, die um die Rückzahlung ihrer Kredite bangt, einen möglichen Nachfolger anspricht.

Ist der Kontakt zustande gekommen, so wird sich der potentielle Übernehmer den Betrieb recht genau ansehen, sich möglichst mit allen Mitarbeitern unterhalten und das örtliche Umfeld untersuchen, ferner die Wettbewerbssituation, die Kunden und die Lieferanten. Weshalb ist eigentlich der Betrieb abzugeben? Ist es wirklich nur das Alter des Inhabers? Oder hat sich das Herstellungsprogramm überlebt? Gibt es Wettbewerber, die besser im Trend des Marktes liegen? Wird nur die Stammkundschaft bedient, die dem Betrieb seit Jahrzehnten die Treue hält, oder gibt es auch neue Kunden? Ist das Herstellungsprogramm immer wieder um neue Varianten bereichert worden, also unübersichtlich und unwirtschaftlich, oder konzentriert es sich auf einige Standardmodelle? In welchem Zustand sind Gebäude und Technik? Wie viel wäre gegebenenfalls zu investieren, um das Ganze an den aktuellen Stand anzupassen? Hängt das Vertrauen der Kunden ganz an der Person des Inhabers? Ist es umstandslos auf einen Neuen zu übertragen oder wird ein Neuer kritisch betrachtet? Oder vertrauen die Kunden den Produkten und dem Service, egal wie der Inhaber heißt? Neigt der Inhaber dazu, Kunden und Lieferanten, Regierung und Banken zu beschimpfen, statt selbst die Verantwortung zu übernehmen? Oder ist gar der Betrieb rasch zu verkaufen, weil die Bank den Kredit gekündigt hat, dem Inhaber das Wasser bis zum Halse steht und der finanzielle Zusammenbruch absehbar ist? Manchmal ist es besser, den Zusammenbruch abzuwarten und dann mit dem Insolvenzverwalter zu verhandeln, als unübersehbare Verpflichtungen zu übernehmen und auf die Kommandobrücke eines sinkenden Schiffes zu steigen. Beim Kauf eines Unternehmens vom Insolvenzverwalter sind die Schulden abgeschüttelt, ebenso, wenn eine Immobilie preiswert aus der Zwangsversteigerung erworben wird. Außerdem hat der Insolvenzverwalter alle Zahlen zur Verfügung.

Wichtig ist auch, wie lange der Betrieb existiert. Wurde er erst vor anderthalb Jahren gegründet, und wieso will sich der Inhaber schon jetzt verabschieden? Wurde er vor dreißig Jahren gegründet und hat sich einen soliden Platz im Wettbewerb erobert? Ein Problem können auch Traditionsbetriebe sein. Nehmen wir an, der Betrieb hat im vergangenen Jahr sein 125-jähriges Bestehen gefeiert und wird als GmbH geführt. Der Interessent besteht darauf, eine Liste aller Gesellschafter zu sehen. Es stellt sich heraus, dass es vier Familienstämme gibt, die sich erbittert befehden und sich nur darin einig sind, dass jeder möglichst viel Geld aus dem Unternehmen herausziehen möchte. Es gibt also keine Reserven, und in den letzten Jahren ist wenig investiert worden. Außerdem neigt man dazu, sich auf welken Lorbeeren auszuruhen: Eine Idee, die 125 Jahre lang richtig war, kann heute nicht falsch sein. Hier forscht der potentielle Übernehmer eingehend nach, ob es aufregende Aktiva gibt, mit denen ein Neuanfang gelingen könnte: eine fachkundige Belegschaft? Patente? Ein Innenstadtgrundstück?

Außer der aktuellen Situation, der Auftragslage und der Kundenkartei interessieren den Übernehmer die Abschlüsse der vergangenen drei Jahre. Der abgebende Inhaber tut sich gewöhnlich schwer, diese Papiere offenzulegen. Sie sind angeblich gerade beim Steuerberater und jedenfalls nicht greifbar. Der Inhaber nennt nur Umsatzzahlen und lässt durchblicken, dass in den Erklärungen für das

Finanzamt beileibe nicht alle Umsätze genannt worden seien. Der Übernehmer interessiert sich jedoch nicht für die Umsätze, sondern primär für den Gewinn, und wenn er die drei Jahresabschlüsse nicht ausgehändigt bekommt, kann er gleich wieder abreisen.

Liegen die drei Abschlüsse endlich auf dem Tisch, so wird anhand dieser Zahlen um den Kaufpreis, die Abstandssumme, gefeilscht. Wie viel ist das Unternehmen wert? Diese Frage ist bereits in der betriebswirtschaftlichen Theorie umstritten. Überwiegend wird empfohlen, die Mitte zwischen Substanzwert und Ertragswert zugrunde zu legen. Der Substanzwert soll sich aus der Summe aller Aktiva, also aller Vermögensgegenstände, abzüglich der Verpflichtungen ergeben. Das wäre das Nettovermögen, das Eigenkapital, am Bilanzstichtag am Jahresende. Der Ertragswert hingegen soll der Gegenwartswert aller künftigen Erträge sein. Lege ich beispielsweise einen Zinssatz von zehn Prozent zugrunde und erwarte einen jährlichen Ertrag von 30.000 Euro, so wäre der Ertragswert 300.000 Euro. Denn 300.000 Euro, verzinst mit zehn Prozent, ergeben jährlich 30.000 Euro.

Nehmen wir nun an, die vorgelegten Jahresabschlüsse der vergangenen drei Jahre sähen etwa aus wie folgt:

Bilanz zum 31. 12. 2009, in Euro

Aktiva		Passiva	
Grundstücke, Gebäude	1.000.000	Eigenkapital	100.000
Maschinen, Anlagen	500.000	Verpflichtungen	1.900.000
Forderungen	400.000		
Kassenbestand	100.000		
Summe	2.000.000	Summe	2.000.000

Gewinn- und Verlustrechnung für das Jahr 2009, in Euro

Umsätze	3.000.000
./. Kosten	3.000.000
Gewinn	0

Was ist dieses Unternehmen wert? Nach der Substanzwertmethode (Vermögensgegenstände minus Schulden) ergäbe sich ein Wert von 100.000 Euro, nach der Ertragswertmethode ein Wert von null. Nach dem üblicherweise empfohlenen Vorgehen, nämlich zwischen

Substanzwert und Ertragswert die Mitte zu nehmen, wäre der Wert des Unternehmens mithin 50.000 Euro. Aber was für einen Sinn sollte es denn haben, für 50.000 Euro diesen Betrieb zu kaufen? Damit würde ich nur das Recht erwerben, das ganze Jahr zu rackern und zu wühlen für ein Jahresergebnis von null, also für nichts und wieder nichts, und müsste vom Einkommen meiner Frau leben. Zwar wäre ich Eigentümer diverser Immobilien und Maschinen geworden, aber dies würde mir nichts nützen, wenn ich hiermit keinen Gewinn erzielen kann. Mit anderen Worten: Die Gebäude und Maschinen als solche haben für den Unternehmer gar keinen Wert, sondern sie sind nur insofern wertvoll, als sie zur Gewinnerzielung beitragen. Oder noch etwas deutlicher gesagt: Die Substanzwertmethode ist Unsinn, es kommt allein auf den Gewinn an.

Was von der Substanzwertmethode zu halten ist, wird deutlich, wenn die Firma eines gut eingeführten Immobilienmaklers zu verkaufen ist. An greifbarer Substanz sind nur einige abgestoßene Büromöbel vorhanden, die im Ernstfall auf dem Müllcontainer landen würden. Deshalb ist aber der Wert dieser Firma nicht gleich null, sondern ein erfahrener Immobilienkaufmann darf hoffen, nach kurzer Einarbeitung weiterhin die bisherigen Erträge zu erwirtschaften, und wird für den Kauf dieser Firma einiges aufzuwenden bereit sein.

Der Beruf des Unternehmers besteht darin, Gewinn zu machen. Das Unternehmen ist eine Gewinnquelle und wird wie jede andere Quelle auch nach ihrer Schüttung beurteilt, das heißt wie viel Gewinn sie pro Jahr ausschüttet. Der Bauer bewertet eine Milchkuh danach, wie viel Milch sie gibt. Dem Existenzgründer geht es nicht darum, das Eigentum an einem Sammelsurium von Vermögensgegenständen zu erwerben, sondern sämtliche Aktiva werden allein danach beurteilt und bewertet, was sie zur Gewinnerzielung beitragen, und sämtliche Passiva danach, wieweit diese Verpflichtungen den künftigen Gewinn schmälern. Dies wird aus folgendem Beispiel deutlich.

In der Dorfkneipe sitzen die beiden Bauern Schmidt und Huber. Beide haben nur einen Hauptschulabschluss, haben von steuerlichen und betriebswirtschaftlichen Bewertungsmethoden nie gehört, sind aber gute Skatspieler. Schmidt könnte für sein vieles Heu gut eine zusätzliche Scheune gebrauchen und hat seinen Blick auf Hubers Scheune geworfen, die seit Jahren leer steht. Schmidt hat überschlagen, dass sich sein Jahresgewinn durch die Nutzung dieser Scheune um rund 10.000 Euro erhöhen könnte. Wenn er eine zehnprozentige Verzinsung seines Kapitals anstrebt, wäre diese Scheune für ihn rund 100.000 Euro wert. Natürlich ist aber Schmidt nicht so unklug, seinem Nachbarn gleich diese höchstmögliche Summe zu nennen, sondern er macht nur Huber darauf aufmerksam, dass für diesen die Scheune nutzlos sei, lediglich einigen Fledermäusen Unterschlupf biete, und dass auch für das ungenutzte Grundstück die Grundsteuer zu zahlen sei, dass er also Huber nur von einer Last befreien wolle. Huber seinerseits sieht schon lange, dass dieses Objekt für ihn unnütz ist. Aber natürlich will er es nicht verschenken, sondern er versucht einen möglichst hohen Preis zu erzielen, weil er sieht, dass Schmidt ernsthaft interessiert ist. Beide interessieren sich nicht dafür, was der Bau seinerzeit vor 73 Jahren gekostet hat und ob er inzwischen steuerlich abgeschrieben ist. Sondern beide gehen ausschließlich von der Frage aus, wie viel die Scheune Schmidt künftig nutzen werde.

Die beiden dickschädeligen Bauern sind also klüger als manche Buchhaltungsgläubige, die meinen, eine 13 Jahre alte Maschine, die gut geölt jeden Tag ihren Dienst tut, habe den Wert null, weil sie nach zehn Jahren steuerlich abgeschrieben war. Und sie sind klüger als Buchgläubige, die meinen, der Wert einer Immobilie lasse sich als Vielfaches des im Grundbuch eingetragenen Einheitswertes bestimmen. Angenommen, eine Schrauben- und Bolzenfabrik steht zum Verkauf. Überraschend wird jedoch der deutsche Markt von chinesischen Billigschrauben überflutet, und die deutschen Hersteller geben auf, weil sie mit diesen Preisen nicht mithalten können. Dann sinkt der Wert der Schraubenmaschinen im gleichen Augenblick auf null, ganz gleich, wie hoch der Anschaffungs- und der Wiederbeschaffungswert sind und mit welchem Wert diese Maschinen in den Büchern stehen.

Allgemein gesprochen: Jedes einzelne Aktivum, gleich ob Gebäude, Maschine oder was auch immer, lässt sich danach bewerten, welche Gewinnsteigerung sich mit diesem Gegenstand pro Jahr erzielen lässt. Hiernach wird der Gegenwartswert dieses Aktivums errechnet. Es ist uninteressant, zu welchem Preis der Gegenstand einmal erworben wurde, zu welchem Preis er heute erworben werden könnte oder mit welchem Wert er in den Büchern steht. Dieses Prinzip folgt der ganz unverbildeten Vernunft, die den Wert der Gegenstände danach bemisst, ob sie jetzt und absehbar benötigt werden und brauchbar sind.

In der Forstwirtschaft wird ein Wald danach bewertet, wie viel Holz pro Jahr geschlagen werden kann, was dieses Holz im Verkauf bringt, abzüglich der Kosten für die Waldbewirtschaftung und für das Fällen und Rücken (Hinaustransportieren) des Holzes. Es gibt also für den Wald keinen Anschaffungs- und keinen Wiederbeschaffungswert, sondern es gibt als Grundlage der Bewertung nur den Ertrag.

Bei der Bewertung eines Betriebes, der übernommen werden soll, geht es ausschließlich um die Fragen, welche Umsätze mit den hier vorhandenen Aktiva künftig zu erzielen sind, welche Kosten und Verpflichtungen diesen Umsätzen entgegenstehen, welche realistischen Gewinnchancen also absehbar sind. Weitere Fragen sind, ob die künftigen Gewinne einigermaßen gleichmäßig oder schwankend anfallen und welche Summe anfangs zur Modernisierung in den Betrieb gesteckt werden muss.

Einmal angenommen, die Gewinne der vergangenen drei Jahre beliefen sich auf 50.000 Euro, 40.000 Euro und 30.000 Euro, also mit fallender Tendenz, weil der Inhaber sich in letzter Zeit alters- und krankheitsbedingt nicht mehr so recht kümmern konnte. Nach gründlicher Prüfung gelange ich zu der Überzeugung, dass ein Gewinn von jährlich 50.000 Euro erreichbar wäre. Weil der Bedarf der Kundschaft stets vorhanden ist, weil die Kundschaft breit gestreut und das Produkt weitgehend konjunkturunempfindlich ist, darf ich hoffen, dass dieser Gewinn einigermaßen gleichmäßig fließt. Jedoch wird es notwendig sein, anfangs rund 100.000 Euro für Renovierung und Investitionen hineinzustecken. Wie viel ist dieses Unternehmen wert? Hierzu errechne ich zunächst den Gegenwartswert der Gewinne. Weil diese mit relativ geringem Risiko behaftet sind, wähle ich einen in diesem Zusammenhang relativ niedrigen Zinssatz von 20 Prozent, das heißt in fünf Jahren möchte ich mein jetzt investiertes Kapital wiederbekommen. Wenn 50.000 Euro Gewinn gleich 20 Prozent sind, dann sind 250.000 Euro gleich 100 Prozent. Von dieser Summe als dem späteren Unternehmenswert sind jedoch noch die 100.000 Euro abzuziehen, die ich für die Renovierung benötige. Ich könnte also dem jetzigen Inhaber maximal 150.000 Euro als Kaufpreis bieten.

Handelt es sich jedoch um eine Diskothek mit rasch wechselndem Publikumsgeschmack und drei konkurrierenden Diskotheken in der Nähe, also eine sehr unsichere Gewinnerwartung von jährlich 50.000 Euro, dann wähle ich einen Prozentsatz mit hohem Risikoaufschlag, beispielsweise 40 Prozent. Das heißt, ich möchte mein investiertes Kapital bereits in 2,5 Jahren zurückhaben (weil 2,5 mal 40 gleich 100). Wenn 50.000 Euro gleich 40 Prozent sind, dann sind 125.000 Euro gleich 100 Prozent. Weil von diesem späteren Unternehmenswert noch die 100.000 Euro als Renovierungskosten abzuziehen sind, wäre der maximale Kaufpreis lediglich 25.000 Euro. Das erscheint für ein komplettes Grundstück mit Parkplatz und Gebäude, mit Musikanlage, Lichtkunst und Bartresen als nicht viel. Aber für eine leicht vergammelte Disko, von der selbst nach Renovierung noch unsicher ist, ob die Mädchen und Jungen hierherkommen oder nicht, möchte ich mich nicht allzu tief in Schulden stürzen.

Für Liebhaber mathematischer Formeln:
G ist der erwartete Gewinn pro Jahr,
i ist der je nach Risiko verschieden hoch gewählte Zinssatz,
R sind die Renovierungskosten,
K ist das Kapital, das insgesamt vom Käufer anzulegen ist,
P ist der Preis, den er maximal für das Unternehmen bietet.

Dann gilt: $K = G/i$. Das heißt: Das insgesamt anzulegende Kapital ist proportional dem nachhaltig zu erwartenden Gewinn und umgekehrt proportional zum gewählten Zinssatz. Weiterhin gilt $P = K - R$, das heißt dem Verkäufer kann als Preis maximal nur so viel geboten werden, wie von dem Kapital nach Abzug der Renovierungskosten übrig bleibt. Man kann die beiden Formeln auch zusammenziehen zu
$P = G/i - R$.

Natürlich kann es vorkommen, dass die Renovierungskosten höher sind als K, der Gegenwartswert der Gewinne. Dann hat es keinen Sinn, das Unternehmen zu kaufen. Unter „Renovierungskosten“ sind in diesem Zusammenhang nicht nur Maler- und Tischlerarbeiten zu verstehen, sondern alle Aufwendungen, die notwendig sind, um die erhofften Gewinne zu realisieren. Wenn jemand beispielsweise eine Fabrik nur wegen der aufregenden Patente kauft, die mit zum Unternehmen gehören, und anschließend die alte Fabrik abreißt und zur Ausnutzung der Patente eine neue Fabrik baut, wären dies die Renovierungskosten im weit gefassten Sinne.

Die Preisvorstellungen des abgebenden Unternehmers werden in aller Regel über denen des Interessenten und möglichen Nachfolgers liegen. Besonders tückisch ist in diesem Fall ein hoher Lagerbestand, der vom abgebenden Unternehmer nach der Substanzwertmethode inventarisiert und bewertet wird. Nicht selten sind Textilgeschäfte zu verkaufen mit einem prall gefüllten Lager, dessen Ware im Durchschnitt zwei bis drei Jahre alt ist. Der Unternehmer hatte immer Neues hinzu eingekauft, aber versäumt, die vorjährige Ware rechtzeitig loszuschlagen. Dieses Lager wird nun zu Einkaufspreisen bewertet, mit nur geringen Abschlägen, weil es sich ja um gute Ware handelt. Wer sich als Käufer des Unternehmens hierauf einlässt, muss schon sehr naiv sein. Es kommt nur in Betracht, das umfangreiche leicht angestaubte Lager mit einem Räumungsverkauf zu leeren, wobei kaum die Hälfte des Einkaufspreises zu erreichen sein wird. Etwa ein Drittel der Ware erweist sich meist als unverkäuflich selbst bei 90 Prozent Preisnachlass. Es wird gemeinnützigen Organisationen gespendet. Anschließend wird das Geschäft neu eingerichtet und mit völlig neuer Ware ein Neuanfang versucht.

Hat man sich endlich auf einen Übergabepreis, auch Abstandssumme genannt, geeinigt, so ist zu beachten, dass es zwei völlig verschiedene Formen der Nachfolge gibt. Die erste besteht darin, dass das laufende Unternehmen übernommen wird, mit allen Rechten und Pflichten. Die andere besteht darin, dass der bisherige Unternehmer sein Gewerbe abmeldet, das Geschäft auflöst, einige Aktiva verkauft und der Neue mit diesen Aktiva ein neues Unternehmen beginnt. Dass dies zwei völlig verschiedene Dinge sind, ist nicht allen Existenzgründern klar. Wer ein laufendes Unternehmen übernimmt, die Kommandobrücke eines fahrenden Schiffes besteigt, muss auf Überraschungen gefasst sein. Beispielsweise kann sich ein Lieferant an den neuen Inhaber wenden mit dem Hinweis, dass noch umfangreiche Rechnungen offenstehen. Mancher Gründer meint auch, gelegentlich der Übernahme könne er entscheiden, wen er von der Belegschaft übernimmt und wen nicht. Dies ist nicht der Fall. Die Mitarbeiter sind ja nicht die Privat-Sklaven des bisherigen Inhabers, sondern Angestellte der weiterlaufenden Firma, und sie behalten alle wohl erworbenen Rechte, insbesondere den Kündigungsschutz oder das Recht auf eine Betriebsrente.

Ob es sich um ein fortgeführtes Unternehmen oder um einen neuen Anfang handelt, ist bei einer Kapitalgesellschaft, etwa einer GmbH, von vornherein klar. Denn die GmbH ist eine selbstständige Rechtsperson und besteht fort auch bei einem Wechsel der Gesellschafter und des Geschäftsführers. Im Normalfall des kleinen mittelständischen Unternehmens, der auf den Namen des Inhabers laufenden Einzelfirma, kommt es darauf an, welcher Eindruck nach außen entsteht. Eine Fortführung des bisherigen Unternehmens liegt insbesondere dann vor, wenn der Name des Betriebes beibehalten wird, also die „Firma", wie die Juristen diesen Begriff verstehen, nämlich nicht als das Unternehmen, bei dem die Mitarbeiter beschäftigt sind, sondern als den Namen des Unternehmens, wie er im Handelsregister eingetragen ist. Aber auch wenn der „Gasthof zum Mühlental" nicht im Register eingetragen ist, aber unter dieser Bezeichnung fortgeführt wird, dürfen der Lieferant, die Bank und alle anderen annehmen, dass es sich um einen bloßen Inhaberwechsel handelt. Ist dies nicht beabsichtigt, so muss dies nach außen sichtbar klargestellt werden, am besten durch einen Namenswechsel. Wichtig ist auch, in welcher Form in der Presse inseriert wird. Ein Inserat in dem Sinne „... und bitte ich, das in mich gesetzte Vertrauen auf meinen Nachfolger zu übertragen" darf von Außenstehenden als Weiterführung des Betriebes verstanden werden, begründet also die entsprechenden Pflichten für den Nachfolger.

Es kann vereinbart werden, den Kaufpreis in bar an den abgebenden Unternehmer auszuzahlen. Das ist vielen am liebsten, begründet aber einen entsprechenden Kapitalbedarf für den Nachfolger. Dies wird vermieden, indem der Abgebende am Umsatz oder am Gewinn des Nachfolgers beteiligt wird. Das hat jedoch den Nachteil, dass der Abgebende weiter am Unternehmensrisiko beteiligt ist, ohne dass er den Lauf der Geschicke noch beeinflussen kann. Im Falle der Insolvenz enden seine Einnahmen. Zudem gibt es leicht

Streit, wenn der Abgebende unterstellt, dass ihm manipulierte Abrechnungen vorgelegt werden, in denen Wichtiges fehlt. Möglich ist auch die Form, dass nur der laufende Betrieb verkauft wird, während der Abgebende die Immobilien behält und monatlich Miete oder Pacht bekommt. Ferner möglich ist auch eine Leibrente: Der Abgebende bekommt einen festen monatlichen Betrag, solange er lebt. Dabei kann es lustige Überraschungen geben: Ein hässlicher Charakter vereinbart mit dem abgebenden Unternehmer, der sich für die Firma halbtot gearbeitet hat und arg blass aussieht, eine Leibrente in der Erwartung, dass er diese nur wenige Monate zahlen müsse. Der Unternehmer jedoch, jetzt aller Sorgen ledig, erholt sich prächtig und pflegt noch drei Jahrzehnte seinen Kleingarten.

Auf die steuerlichen Folgen dieser Modalitäten kann hier nicht eingegangen werden. Jedoch sei auf § 16 Absatz 4 des Einkommensteuergesetzes hingewiesen: Wer das 55. Lebensjahr vollendet hat oder berufsunfähig wird und den Betrieb verkauft, erhält einen Freibetrag für den Veräußerungsgewinn.

4. Gebundener Vertrieb

In der **klassischen Form** des Vertriebs sind Hersteller, Großhändler und Einzelhändler voneinander unabhängig. Wer sich im Einzelhandel selbstständig machen will, sucht sich passende Lieferanten im Großhandel und bei den Produzenten oder im Ausland. Daneben gibt es allerdings eine Vielzahl von Modellen von Vertriebsbindungen. Sie laufen darauf hinaus, dass der Händler nicht frei einkauft, wo er möchte, und nicht ein eigenes Geschäftskonzept entwickelt. Vielmehr hängt er sich an eine bekannte Marke an, ist dann an einen bestimmten Hersteller oder an die Zentrale eines Dienstleistungsunternehmens gebunden und tritt nach außen als der örtliche Vertreter dieser überregional eingeführten Marke auf. Beispielsweise gibt es das örtliche Mercedes-Haus, wo nur Neuwagen dieses Herstellers verkauft werden, und bundesweit haben die Mercedes-Häuser ein bestimmtes Niveau. Ebenso treten die Versicherungsvertreter als örtliche Repräsentanten der großen Versicherungsgesellschaften auf, und die McDonald's-Filiale in unserer Stadt hat dasselbe Aussehen und dasselbe Angebot wie McDonald's weltweit. Weil die Richtung vom Hersteller zum Konsumenten in der Fachwelt als Vertikale betrachtet wird, spricht man auch von vertikalen Vertriebsbindungen.

Für den Existenzgründer besteht der Vorteil dieser Vertriebsbindungen darin, dass er von einem bekannten Namen und der überregionalen Werbung profitiert und ein bewährtes Geschäftskonzept übernimmt. Das Risiko ist also geringer, als wenn er selbst ein ganz neues Konzept entwickelt und sich am Markt erst noch bekannt machen muss. Wegen dieses geringeren Risikos wird auch die Bank eher zu einem Gründungskredit bereit sein. Der Nachteil besteht darin, dass der örtliche Unternehmer zwar rechtlich selbstständig ist, auf eigene Rechnung und eigenes Risiko arbeitet, aber oft in einem starren Korsett steckt, alles und jedes vorgeschrieben bekommt. Er darf nicht frei einkaufen, sondern nur bei seiner Zentrale, und er kann sich kaum an die örtlich unterschiedlichen Kundenwünsche anpassen. Vor allem kann er den Vertrag, worin alle Einzelheiten der Zusammenarbeit festgelegt werden, nicht beeinflussen, sondern nur unterschreiben oder nicht.

Gefürchtet sind in diesem Zusammenhang die Brauereiverträge: Der Gastwirt bekommt einen Kredit zur Einrichtung seiner Gaststätte, aber muss sich verpflichten, nur Bier einer bestimmten Brauerei abzunehmen, und dies zu einem festen Mindestpreis und einer festen Mindestmenge. Er kann also nicht auf die Getränkewünsche seiner Gäste eingehen. Und er muss feststellen, dass der vereinbarte Einkaufspreis verglichen mit anderen Brauereien recht hoch und die Mindestmenge kaum zu schaffen ist. Es ist also zu empfehlen, einen derartigen Vertrag vor Unterzeichnung genau zu prüfen.

Die Vertragsgestaltung ist in diesen Fällen der vertikalen Vertriebsbindung in den Einzelheiten recht unterschiedlich. Insbesondere kann der örtliche Vertreter entweder Handelsvertreter oder selbstständiger Händler, Gastronom oder Dienstleister sein. Als Handelsvertreter bekommt er eine Provision für jeden Abschluss, braucht also die Ware nicht selbst zu kaufen und hat daher einen relativ geringen Kapitalbedarf. Als Händler hingegen kauft er die Ware, hat also einen höheren Kapitalbedarf, und hat dann das Risiko des Absatzes, womöglich auf der Ware sitzen zu bleiben.

Die bekannteste Form der Vertriebsbindung wird **Franchise** (sprich „Fränscheis“) genannt. In dieser Form arbeiten rund 20 Prozent des Einzelhandels, knapp zehn Prozent in der Gastronomie und geringere Anteile in ungezählten anderen Branchen. Hierbei bekommt der Existenzgründer als Franchise-Nehmer von einer Zentrale (dem Franchise-Geber) das Recht eingeräumt, mit den Produkten oder Dienstleistungen des Franchise-Gebers ein eigenes Geschäft zu betreiben. Der Existenzgründer übernimmt dabei ein fertiges Gesamtkonzept und setzt dieses am Ort um. Der gesamte Auftritt im Markt, vom Logo, der Werbung und der Fassadengestaltung bis zur Ausgestaltung der Produkte und Dienstleistungen und zum Preis werden vorgegeben. Im rechtlichen Sinne, insbesondere in der Haftung mit seinem Vermögen, ist der Franchise-Nehmer ein selbstständiger Unternehmer. Den Außenstehenden erscheint er hingegen eher als ein Filialleiter, als weisungsgebundener Angestellter. Er wird in Schulungen mit dem Geschäftskonzept vertraut gemacht und laufend beraten. Er bezahlt eine einmalige Eintrittsgebühr, die meist in der Größenordnung von 10.000 bis 20.000 Euro liegt, und zahlt eine Umsatzbeteiligung. Wer sich im Rahmen des Franchising selbstständig machen will, muss also prüfen, wie sich die überregional bekannte Marke in den örtlichen Wettbewerb einfügt, wie das fertige Geschäftskonzept zu den örtlichen Konsumgewohnheiten passt, welcher Umsatz erzielbar sein könnte und wie viel hiervon als Gewinn übrig bleibt.

Es gibt bewährte Konzepte mit hunderten von Franchise-Nehmern. Allerdings gibt es auch schwarze Schafe in der Branche, die entweder unrealistische Versprechungen machen oder für eine gepfefferte Gebühr nur einige wertlose Blätter mit Marketing-Sprüchen liefern. Es ist also ratsam, sich zunächst beim Fachverband (Deutscher Franchise-Verband e.V., Berlin, www.fdv-franchise.de) oder bei der örtlichen Industrie- und Handelskammer zu erkundigen: Wie lange gibt es den betreffenden Franchise-Geber schon? An wie vielen Standorten ist er vertreten, ist er also im Markt bekannt und bietet es überhaupt Vorteile, unter diesem Namen aufzutreten? Handelt es sich um ein amerikanisches Geschäftskonzept, das auf die dortigen Konsumgewohnheiten zugeschnitten ist und womöglich für Deutschland nicht passt? Nahe liegend ist es, sich vom Franchise-Geber die Adressen der bisherigen Franchise-Nehmer geben zu lassen und sich bei diesen nach dem Gang der Geschäfte zu erkundigen. Weil jeder einen bestimmten Bezirk zugewiesen bekommen hat, wird er einen auswärtigen Besucher nicht als Wettbewerber empfinden.

Die rechtliche Gestalt des Franchising ist anders als die Stellung des Handelsvertreters (§§ 84 ff. des Handelsgesetzbuchs), gesetzlich nicht geregelt mit der Folge, dass dieses in sehr unterschiedlichen Formen und Vertragsgestaltungen auftritt.

Noch vielfältiger sind die Bezeichnungen und Verträge beim **Netzwerk-Marketing,** schon um dem Verbot von § 6c (Progressive Kundenwerbung) des Gesetzes gegen den unlauteren Wettbewerb (UWG) zu umgehen. Diese Bestimmung ist allerdings so kompliziert formuliert, dass ein Außenstehender schwer mitbekommt, worum es eigentlich geht. Deshalb seien hier die Grundgedanken näher erläutert, zumal auf diesem Gebiet viele unerfahrene Existenzgründer durch großartige Versprechungen geködert werden. Das Netzwerk-Marketing, auch Network-Marketing, MLM (für: Multi-Level-Marketing), Empfehlungsmarketing oder Strukturvertrieb genannt, geht von folgenden Gedanken aus:

(1) Die wirksamste Werbung ist die Empfehlung im Bekanntenkreis. Zu meinem Freund habe ich mehr Vertrauen als zu einem Zeitungsinserat oder einer Werbe-Drucksache. Ist er von einem Produkt, einem Ferienort oder einer Dienstleistung begeistert, so ist die Wahrscheinlichkeit groß, dass mich diese Begeisterung ansteckt oder dass ich zumindest das Empfohlene einmal probiere. Dieser Kauf nach Empfehlung ist besonders wichtig, wenn ich die Qualität des Produkts selbst kaum beurteilen kann, beispielsweise bei Kosmetika, Nahrungsergänzungsmitteln, Kapitalanlagen und Versicherungen. Jedermann hat einen Kreis von Freunden, Bekannten und Verwandten, bei denen er Vertrauen genießt. Wenn ein Hersteller systematisch jeden Kunden dazu bringt, das Produkt dieses Herstellers bei zehn Leuten seines Vertrauens zu empfehlen, jeder dieser neuen Kunden wiederum bei zehn Leuten und so fort, dann wird ähnlich wie bei Kettenbriefen ein unabsehbar großes Netz geknüpft.

(2) Diese Werbung über die Kunden ist zudem erheblich billiger als die Werbung über Inserate oder über einen eigenen Außendienst. Zwar sind die Kunden meistens weder kaufmännisch noch fachlich vorgebildet und zu einer qualifizierten Beratung nicht in der Lage. Aber dies muss kein Nachteil sein. Sie werden in einigen Veranstaltungen auf das Produkt und ein Dutzend flotte Werbesprüche eingeschworen, und schon geht es los. Zudem sind unqualifizierte Leute auch unkritisch und leicht zu begeistern, vor allem durch Veranstaltungen, bei denen eine gehobene zuversichtliche und euphorische Stimmung erzeugt wird.

(3) Es gibt unzählige Frauen, die durch Kinder ans Haus gefesselt sind, und Arbeitslose, deren Talente brachliegen und die etwas unternehmen wollen, das Geld einbringt. Viele sind durch ihren Beruf nicht ausgelastet und wollen in der Freizeit nebenberuflich hinzuverdienen. Zudem gibt es unzählige Erfolglose, die es im Leben zu nichts Rechtem gebracht haben und deren Ehrgeiz sich wecken lässt. All diesen Menschen wird nun angeboten, einer Vereinigung von Erfolgreichen beizutreten. Sie erwerben einen Musterkoffer, eine Grundausstattung, oder sie zahlen eine wie auch immer genannte Beitrittsgebühr von einigen Tausendern. Sie beziehen dann Ware weit über den eigenen Bedarf hinaus mit entsprechendem Rabatt je nach Warenmenge, verkaufen diese an Freunde und Bekannte und animieren diese, ihrerseits der Vereinigung beizutreten und weitere Verkäufer zu werben. Oder das Ganze wird als System von Handelsvertretern aufgezogen, wobei jeder Handelsvertreter nicht nur selbst Abschlüsse vermittelt und hierfür Provision erhält, sondern insbesondere weitere Untervertreter wirbt, die ihre Provision mit ihm zu teilen haben. Diese werben ihrerseits Unter-Untervertreter und so fort, so dass eine streng hierarchisch gegliederte pyramidenförmige Struktur entsteht. Es kann beispielsweise vier Ebenen (Generalvertreter, Bezirksvertreter, Vertreter, Vertreter-Anwärter) geben, wobei von den Provisionen der untersten Ebene die jeweils oberen Ebenen mitverdienen. Jeder „Teufel“ hat also ein lebhaftes Interesse, eine eigene „Downline“ zu schaffen, das heißt zahlreiche „Unterteufel“ zu rekrutieren, die ackern und Türklinken putzen. Gelingt dies, stimmen die Zahlen, dann winkt die Beförderung zum „Oberteufel" und noch höheren Provisionsanteilen. Alle Zahlungen richten sich ausschließlich nach den erzielten Umsätzen, nicht etwa nach Ausbildungsabschlüssen. In Motivationsveranstaltungen wird der Ehrgeiz geweckt und werden Verkaufstricks eingeübt. Dabei ist allerdings § 3 Absatz 3 UWG zu beachten: Es gibt eine lange Liste verbotener Handlungen. Die Beteiligten erhalten das Gefühl, einer verschworenen Gemeinschaft, einer Gemeinde, anzugehören. Die Einkommen sind außerordentlich unterschiedlich: von mehreren 100.000 Euro pro Monat bei den Chefs der großen Firmen bis unter 100 Euro bei den nebenamtlichen Vertretern an der Basis.

Die Geworbenen, die ihre Ersparnisse abgeliefert oder gar hierzu einen Kredit aufgenommen haben, bemerken allerdings nach einiger Zeit, wie schwer es ist, Unbekannten etwas zu verkaufen oder Unbekannte als Vertreter zu werben. Außerdem bricht das Schneeballsystem irgendwann zusammen, weil die Anzahl der möglichen Kunden begrenzt ist. Die zuletzt Geworbenen, die hofften, ihren Einsatz durch Werbung weiterer Mitglieder wieder hereinzubekommen, sind dann hereingefallen und arm, die Initiatoren und die anfangs Beigetretenen hingegen reich.

Das Ganze ist nach § 6c UWG als „Progressive Kundenwerbung" verboten, nämlich Nichtkaufleute zur Abnahme von Waren zu veranlassen, indem man ihnen verspricht, sie würden besondere Vorteile erlangen, wenn sie ihrerseits andere zum Abschluss gleichartiger Geschäfte veranlassen, die dann wiederum ihrerseits nach Art dieser Werbung derartige Vorteile für eine entsprechende Werbung weiterer Abnehmer erlangen sollen. Gleiches wie für die Abnahme von Waren gilt für die Abnahme von gewerblichen Leistungen oder Rechten. Ein derartiges Vorgehen kann mit einer Freiheitsstrafe bis zu zwei Jahren oder mit Geldstrafe bestraft werden. Wohlgemerkt ist nur die Werbung von Nichtkaufleuten strafbar: Das Gesetz soll die Arglosen und Unerfahrenen schützen. In der Praxis ist es recht unterschiedlich, wie weit entweder der Absatz von Waren, Dienstleistungen und Versicherungsverträgen im Vordergrund steht oder die Akquise weiterer Vertreter, das heißt die Bauernfängerei. Weitere Kritik geht dahin, dass persönliche Vertrauensverhältnisse zu geschäftlichen Zwecken missbraucht werden, dass die Berater inkompetent und der Nutzen der angebotenen Artikel zweifelhaft seien.

Die Mitglieder werden gewöhnlich mit ganz allgemein gehaltenen Inseraten geworben. Wenn Arbeit von zuhause bei freier Zeiteinteilung, Selbstständigkeit und sehr hohe Einkommen angeboten und bei einer Veranstaltung im Hotel hohe Provisionseinnahmen versprochen werden, ist Vorsicht geboten. Die seriösen Systeme, die es natürlich auch gibt, sind für Außenstehende schwer von den illegalen Schneeballsystemen zu unterscheiden. Auskunft gibt der Deutsche Bundesverband Network Marketing (www.bvnm.de).

5. Gemeinschaftliche Gründung

Es kommt häufig vor, dass mehrere Personen sich zu einer Geschäftsgründung zusammentun wollen. Drei Freundinnen wollen einen Geschenkartikelladen eröffnen. Ein Ehepaar, Koch und Restaurantkauffrau, möchte ein Restaurant eröffnen. Die Tante möchte mit ihrem Sparbuch ihrem Neffen beim Start helfen. Ein Kaufmann und ein Techniker, ein Innendienstler und ein Außendienstler etc gründen gemeinsam. Die gemeinschaftliche Gründung kann große Vorteile haben, vor allem, wenn sich die Fähigkeiten der Beteiligten ergänzen. Will sich beispielsweise ein etwas kontaktscheuer Forscher, der sich nur im Labor wohl fühlt, mit einer Neuentwicklung selbstständig machen, so wird dies besser gelingen, wenn er sich mit einem kontaktfreudigen Kaufmann zusammentut. Oft ergänzen sich auch die Ersparnisse, und die Bank gibt leichter Kredit, wenn zwei (oder mit Ehepartnern vier) Personen haften. Oder die Kontakte ergänzen sich. Weiterer Vorteil ist die Möglichkeit zur gegenseitigen Vertretung bei Abwesenheit oder Krankheit. Das Geschäft ist also unabhängiger vom Befinden einer Einzelperson. Wichtig ist allerdings, den Partner sorgfältig auszuwählen und sich nur dann zusammenzutun, wenn völliges Vertrauen herrscht und sich beide über das Geschäftskonzept und das Vorgehen einig sind. Man muss sich persönlich gut kennen, und die Ehepartner müssen dieses Vertrauen teilen, so dass keine Eifersüchteleien aufkommen. Empfehlenswert ist, mit einem Anwalt einen Gesellschaftsvertrag auszuarbeiten, in dem Rechte und Pflichten geregelt sind, insbesondere, mit welchem Kapital beide einsteigen, wie sich Vergütung und Entnahmen stellen und wie sich gegebenenfalls eine Kündigung und Trennung gestalten soll.

Für die gemeinschaftliche Gründung ist eine Vielzahl unterschiedlicher rechtlicher Gestaltungen möglich, je nachdem, welche Personen in die Tagesarbeit des Geschäfts und in die persönliche Haftung einsteigen wollen. Sehr problematisch ist es, wenn mehrere Partner gleichberechtigt in der Geschäftsleitung tätig sind, ohne die Kompetenzen eindeutig abzugrenzen. Da kommt es leicht vor, dass das Personal widersprüchliche Weisungen bekommt, dass der eine wissentlich oder unwissentlich etwas aufhebt, was der andere entschieden hat, oder dass Außenstehende unterschiedliche Auskünfte erhalten. Im Laufe der Zeit können sich verschiedene Auffassungen über das geschäftliche Vorgehen entwickeln, und schnell liegt der Vorwurf in der Luft, der eine setze sich weniger stark ein als der andere. Da kann es besser sein, wenn nur einer das Gewerbe auf seinen Namen anmeldet, und der oder die anderen sind seine Angestellten. Dann hat nur einer die Leitung und Verantwortung, und vor allem haftet nur einer mit seinem ganzen Vermögen, während die anderen nur das Risiko des Arbeitsplatzverlustes haben. Wollen sich die anderen auch finanziell beteiligen, ohne aber persönlich haften zu müssen, so können sie dem unternehmerisch tätigen Kollegen ein Darlehen geben und einen Zins vereinbaren.

Anders ist es, wenn mehrere unternehmerisch tätig sein wollen und die Verantwortungsbereiche eindeutig abgegrenzt sind. Vor allem sollte klargestellt sein, dass nur einer mit Außenstehenden verhandelt. Da kommt beispielsweise eine GmbH mit einem kaufmännischen und einem technischen Geschäftsführer in Betracht. Eine Gesellschaft bürgerlichen Rechts oder eine Offene Handelsgesellschaft ist möglich, wenn beide oder mehr Personen es sich zutrauen, mit ihrem privaten Vermögen zu haften. Will einer der Beteiligten nur mit einem begrenzten Kapitalbetrag einsteigen, ohne mit dem Tagesgeschäft zu tun zu haben, wie die Tante bei ihrem Neffen, so kommt eine Kommanditgesellschaft in Frage. Hier haftet die Kommanditistin nur mit ihrer Einlage und erhält ihre vereinbarte Verzinsung.

VI. Finanzierung

Jeder Existenzgründer benötigt ein Startkapital, jedoch sehr unterschiedlich viel je nach der Branche, in der er sich betätigen will. Ferner ist der Kapitalbedarf verschieden je nachdem, ob ein eigenes Unternehmen aufgebaut oder ein laufendes Geschäft übernommen werden soll. Aber auch für Persönlichkeiten, die keine Ersparnisse und keinen Bankkredit erhalten, gibt es eine Vielzahl von Betätigungsmöglichkeiten. Im Folgenden wollen wir untersuchen, wie sich der Kapitalbedarf in den einzelnen Branchen stellt und wie dieses Kapital aufgebracht werden kann. Ergänzend gibt es vom Staat eine Vielzahl von Finanzierungshilfen. Wir werfen einen Blick auf die Regeln, nach denen die Banken ihre Kredite vergeben („Rating"). Und es gibt eingespielte Methoden, den eigenen Kapitalbedarf gering zu halten, etwa indem Anlagen nicht gekauft, sondern gemietet werden.

1. Kapitalbedarf

In aller Regel erweist sich der Kapitalbedarf als der begrenzende Faktor der Existenzgründung. Das heißt: Der Existenzgründer muss überschlagen und in Gesprächen mit den Banken feststellen, wie viel Kapital er äußerstenfalls mobilisieren kann, und hiervon hängt es ab, mit welcher Tätigkeit und in welchem Umfang er sich selbstständig machen kann. Vor allem geht es um Kapital für das Anlagevermögen. Dabei geht es um Sachinvestitionen (Grundstücke, Gebäude, Maschinen, Fahrzeuge, Büroeinrichtung). Hinzu kommt der Bedarf für das Umlaufvermögen. Dies umfasst die laufenden betrieblichen Kosten für Waren, Verwaltung, Vertrieb, Personal, ferner eine Reserve zur Überbrückung von Zahlungsengpässen. Manche Gründer unterschätzen die Kosten für die Markteinführung ihres Produkts: Werbung, Verkaufsaktionen, Vertrieb, Transport etc. Nicht jedes Produkt erzielt ab dem ersten Tag Umsatz. Der Kapitalbedarf lässt sich verringern, indem gebrauchte Waren gekauft werden oder indem Fahrzeuge und Maschinen per Leasing angeschafft werden. Die staatliche KfW-Bankengruppe hat allerdings festgestellt, dass nur jeder vierte Gründer einen Kredit benötigt. Hiervon haben 80 Prozent ein Volumen von weniger als 25.000 Euro. Häufig genügt der Gründungszuschuss der Agentur für Arbeit, um im ersten halben Jahr die Lebenshaltungskosten und die Sozialversicherungsbeiträge aufzubringen.

Sind keine nennenswerten Ersparnisse vorhanden und ist auch kein Kredit aufzutreiben, so kommt also nur eine Gründung in Betracht, die keinen Kapitalbedarf erfordert. Das Schlichteste ist die selbstständige Reinmachefrau – sie meldet die „Reinigung nach Hausfrauenart" als Gewerbe an, mit diesem Wortlaut, damit nicht der Eindruck entsteht, als sei ein Reinigungsgewerbe mit handwerklicher Qualifikation gemeint. Keinen Kapitalbedarf erfordert ferner die Vermietung von Zimmern an Gäste – eine Tätigkeit, die sich zwanglos aus der Hausfrauentätigkeit ergibt. Entweder es werden Zimmer in der eigenen Wohnung vermietet (die Kinder schlafen während der Reisesaison auf dem Dachboden), oder, wenn irgend möglich, eine abgeschlossene Ferienwohnung, die heute meist gewünscht wird. Männer machen sich häufig als Gelegenheitsarbeiter selbstständig, wobei sie allerdings darauf achten müssen, nicht mit dem Handwerk in Konflikt zu geraten. Beispielsweise kann jedermann so viele Gartenarbeiten entgeltlich anbieten, wie er möchte. Bei „Hausmeistertätigkeit" oder Reparaturen jedoch ist es empfehlenswert, sich zunächst bei der Kreishandwerkerschaft zu erkundigen, ob Bedenken bestehen.

Für Leute mit Talent und Vorbildung gibt es daneben zahlreiche gehobenere Tätigkeiten, die sich ohne Kapitalbedarf beginnen lassen, nämlich alle, die von zuhause aus erledigt werden können, die also nur Telefon, Computer mit Internet-Anschluss und Auto erfordern. Am besten richtet man sich daheim einen Raum hierfür ein. Es kommen alle Tätigkeiten in Betracht, die keinen eigenen Laden, kein Büro in der Stadt, keine Werkstatt und kein Lieferfahrzeug erfordern. In Betracht kommen ferner Gründungen im Handel, soweit sie nicht damit verbunden sind, dass der Gründer Eigentümer der Ware wird und diese zunächst vorfinanzieren muss. Solche Tätigkeiten sind: die Tupperware-Party und überhaupt der Verkauf von zuhause, das Multi-Level-Marketing, wie oben bei „Gebundener Vertrieb“ geschildert, jegliche Handelsvertretung, ferner das Streckengeschäft im Großhandel. Dieses zeichnet sich dadurch aus, dass der Großhändler die Ware nicht selbst anfasst und bewegt, sondern dass alles telefonisch abgemacht und die Ware unmittelbar an den Kunden geliefert wird. Angenommen, meine Frau ist Polin und ich organisiere einen Holz-Import aus Polen. Dann frage ich erst bei Baustoffhändlern, Möbelfabriken und weiteren potentiellen Abnehmern ihren Bedarf ab, bestelle dies in Polen, lasse mit kurzer vereinbarter Zahlungsfrist unmittelbar an den Kunden liefern und bezahle den polnischen Exporteur, sobald bei mir die Zahlungen der Kunden eingehen. Ähnlich ist es beim Versandhandel über Internet: Jemand schafft sich nicht einen großen Vorrat an, sondern bietet eine Spezialität im ganzen Netz an und verkauft. Erst dann beschafft er die Ware und liefert sie aus.

Ein eigener Kapitalbedarf ist ferner nicht gegeben, wenn alles, was bearbeitet werden soll, ins Haus geliefert wird. Die freiberufliche Übersetzerin bekommt ihre sämtlichen Texte über E-Mail. Die selbstständige Buchhalterin bekommt Kartons voller Belege ins Haus. Ebenso wird die Änderungs-Schneiderin im Haus aufgesucht.

Ohne Kapital lassen sich ferner Beratungen aller Art aufziehen. Die beratenen Klienten kommen entweder ins Haus oder werden daheim oder im Betrieb aufgesucht. Es gibt unzählige Leute, die sich einen Computer angeschafft haben und plötzlich nicht weiter wissen, weil es klemmt, und es gibt Lebensprobleme, die sich nur durch eine astrologische Beratung oder durch Feng Shui, durch Beschwichtigung der Hausgeister und Umhängen der Spiegel, lösen lassen. Es gibt die Stilberatung, die Partnervermittlung, das Detektivbüro, das Inkassobüro. Es gibt die Krankenschwester, die sich mit einem ambulanten Pflegedienst selbstständig macht. Vor allem gibt es in unzähligen Facetten die Unternehmensberatung: kaufmännische, technische und Personalberatung und viele Sparten mehr, die von jedermann ausgeübt werden können, soweit es sich nicht um Steuerberatung und Rechtsberatung handelt, die den Steuerberatern und den Rechtsanwälten vorbehalten ist. Ebenso frei sind Schulungen, Kurse und Fortbildung aller Art. Wer anderen etwas beibringen will, braucht nicht etwa nachzuweisen, dass er selbst etwas von der Sache versteht. Er kann einfach einen Raum mieten und loslegen. Ein weites Feld bietet sich ferner bei der persönlichen Finanzberatung: Hat jemand seine Altersversorgung sinnvoll organisiert? Ist er überversichert? Hat er sein Geld auf dem Sparbuch geparkt und noch nie etwas von Investmentzertifikaten oder der ach so wunderbaren Welt der Derivate gehört? Der Finanzdezernent unserer Stadt hatte jahrelang damit zu tun, für die Stadt möglichst zinsgünstige Kredite aufzunehmen, und kennt diese Scene bestens. Nach der Pensionierung macht er sich selbstständig mit der Vermittlung von Krediten an öffentlich-rechtliche Körperschaften.

Wer permanent gut drauf ist und gute Laune verbreitet, kann sich als freiberuflicher Animateur selbstständig machen. Der Postler im Vorruhestand zieht einen Briefdienst auf. Wer ein Auto besitzt und bereit ist, auf telefonischen Zuruf lange Fahrten auch nachts oder am Wochenende zu unternehmen, kann sich als Kurierfahrer selbstständig machen. Die Frau mit Pferdeverstand, die auf dem Reiterhof aufgewachsen ist, schon oft für Bekannte ein Pferd einkaufte und hierfür nur ein Dankeschön erntete, kauft jetzt jeweils das Pferd auf eigene Rechnung und verkauft es mit einem kräftigen Aufschlag weiter. Wer gut für zwei Dutzend Leute kochen kann, eröffnet einen Partyservice. Wer schon immer gern Kindergeburtstage und Betriebsfeste organisierte, kann Event-Manager werden. Wer Speditionskaufmann gelernt hat und zehn Jahre umfassende Erfahrung in der Logistik sammelte, kann sich mit einer Spedition selbstständig machen – wobei man wissen muss, dass der Spediteur nicht derjenige ist, der mit einem Lastwagen Transporte ausführt, sondern derjenige, der als Generalunternehmer einen komplizierten Transport organisiert und Transportaufträge verteilt. Das Entsprechende im Personenverkehr ist der Reiseveranstalter, der selbst keinen Omnibus besitzt, sondern Reisen organisiert und die einzelnen Leistungen (Transport, Unterkunft, Fremdenführung etc) einkauft. Und es gibt die vielen Kreativen, die gern schreiben, musizieren, malen, fotografieren, filmen oder gestalten und dies bei Verlagen, Agenturen oder beim Fernsehen anbieten.

Jeder, der sich ohne Kapital selbstständig machen möchte, hat irgendeine Ausbildung und praktische Erfahrungen, sei es im Beruf oder in der Freizeit, gewonnen. Er kann also überlegen, was sich hieraus machen lässt, was er anderen voraus hat, die gerade dies gebrauchen könnten. Notfalls arbeitet er sich in ein Gebiet ein, das ihm liegt und das ihn fasziniert.

Ohne Kapitalbedarf sind naturgemäß nur die kleineren Gründungen möglich. Bei der Geschäftsübernahme ergibt sich der Kapitalbedarf aus dem verhandelten Kaufpreis zuzüglich der Renovierungskosten. Beim Einzelhandel mit Laden ist der Kapitalbedarf – die Geldsumme, die bis zur Eröffnung des Geschäfts aufgewandt werden muss – gleich den Kosten für die Herrichtung des Geschäfts und der Fassade, die Einrichtung und den ersten Lagerbestand, also sehr unterschiedlich je nach Branche, nach Größe des Ladens und nach angestrebtem Preisniveau. Bei den mit Reparaturen verbundenen Geschäftszweigen, vor allem im Handwerk, geht es daneben um die Ausstattung der Werkstatt. In den Freien Berufen geht es um die Möblierung von Geschäftsräumen oder Kanzleien. Besonders aufwändig ist heute die Einrichtung einer Arztpraxis, mit mehreren hunderttausend Euro bei einem Röntgen-Facharzt. Für den Einzelhandel gibt es Ladenbaufirmen, und praktisch für jede Branche gibt es Spezialfirmen, die Werkstatt und Praxis komplett einrichten und hierfür ein Angebot unterbreiten. Dabei ist der Existenzgründer bestrebt, die Kosten so gering wie möglich zu halten. Beispielsweise wird in aller Regel zunächst in gemieteten Räumen begonnen, also auf den Kauf des Anwesens verzichtet, und der Fuhrunternehmer beginnt sein Geschäft mit gebrauchten Fahrzeugen, der Tiefbauunternehmern mit gebrauchten Baggern. Wer ein Produkt erfunden hat und verkaufen möchte, errichtet nicht gleich eine eigene Fabrik, sondern lässt zunächst im Auftrag fertigen und testet den Markt.

Häufig ist mit einer Anlaufzeit von einigen Monaten zu rechnen. Dann fallen die laufenden Kosten bereits in voller Höhe an, während die ersten Aufträge akquiriert und ausgeführt werden. Die ersten Zahlungen gehen erst nach einiger Zeit ein. In diesen Fällen sind also nicht nur die anfänglichen Investitionen zu finanzieren, sondern darüber hinaus wird Betriebskapital für einige Monate benötigt. Die alles entscheidende Frage ist, ob auch in dieser schwierigen Anlaufphase jederzeit die Liquidität gegeben, die Zahlungsbereitschaft gesichert ist.

Die Gesamtheit aller Geschäftsbranchen lässt sich nach den Kosten des Markteintritts sortieren: von den zahlreichen oben genannten Branchen, bei denen sie bei nahezu null liegen, bis zur Gründung von Industrieunternehmen, bei denen diese Kosten viele Millionen betragen können. Dabei gilt die Grundregel, dass bei niedrigen Markteintrittskosten die Fluktuation eher hoch ist, zumal wenn außerdem wenig Fachkenntnisse erforderlich sind: Viele probieren es, viele scheiden nach einiger Zeit wieder aus. In diesen Branchen herrscht oft ein starker Wettbewerb: Die vielen, die neu einsteigen, versuchen zunächst die bereits vorhanden zu unterbieten. Je höher die Kosten des Markteintritts liegen, desto weniger ist zu befürchten, dass gleich morgen nebenan ein Konkurrent auftaucht. Wer sich in einer Kleinstadt als erster Röntgen-Facharzt niederlässt, wird kaum erleben, dass im nächsten Jahr schon ein weiterer hinzu kommt. Hohe Kosten des Markteintritts können also in Richtung einer zumindest zeitweiligen Monopolstellung wirken. Dies erleichtert es, die Größe der Zielgruppe und den Umfang des Bedarfs abzuschätzen.

2. Kredit und Bank

Ist der Kapitalbedarf überschlagen worden, so stellt sich das Problem, diese Summe aufzutreiben. Wichtige Größe ist zunächst das bereits beim Gründer vorhandene Eigenkapital, die Ersparnisse. Einem jungen Mann oder einer jungen Frau, die für später eine selbstständige Existenz ins Auge gefasst haben, ist zu raten, bereits frühzeitig mit einem eisernen Sparen zu beginnen und die ganze Lebensführung hierauf einzustellen. Die dann bei der Gründung vorhandene Summe und die hiermit dokumentierte Lebenseinstellung werden einen Bankangestellten sehr viel stärker beeindrucken, als wenn der spätere Geschäftsgründer schon in frühem Lebensalter den flotten Jungunternehmer herauskehrt. Nicht gut sieht es aus, wenn der Existenzgründer wegen mehr oder minder notwendiger Konsumausgaben bereits ständig sein Konto überzogen hat. Denn dann ist zu befürchten, dass er später zu hohen Gewinnentnahmen neigen wird oder gar den Bankkredit zum Konsum statt für Investitionen verwendet. Der Angestellte der Bank ist gewohnt, aus der Art der Kontoführung auf Lebenseinstellung und Charakter zu schließen. Dies bedeutet konkret: Personen mit „steiler Kontoführung", die nämlich mit ihren Konsumausgaben immer an der äußersten Grenze der zulässigen Überziehung entlang schrammen, kommen für einen Unternehmerkredit kaum in Frage. Wenn jemand ständig für seinen privaten Konsum seine Kreditlinien voll ausnutzt, darf vermutet werden, dass es sich um eine Persönlichkeit handelt, die ganz ihren Augenblickswünschen ausgeliefert ist und die daher nicht zum langfristigen verantwortlichen Planen in der Lage ist.

Zu den eigenen Ersparnissen kommen Mittel hinzu, die sich im näheren familiären Umfeld mobilisieren lassen. Ist der Ehepartner von dem Vorhaben überzeugt und bereit, mitzuhelfen und später mit zu haften? Denn die Banken verlangen in aller Regel die Unterschrift beider Ehepartner. Sicherlich lässt sich eine Gütertrennung vereinbaren, aber wenn bereits der Ehepartner sich distanziert, dann distanziert die Bank sich erst recht. Außerdem geht sie realistisch davon aus, dass schon wegen der zeitlichen und seelischen Belastung eine Existenzgründung nur funktioniert, wenn beide voll dahinterstehen. Womöglich ist in der Familie oder Verwandtschaft noch jemand bereit, auszuhelfen? Hat es Sinn, den Schwiegervater hiernach zu fragen? Könnte der Großvater das Erbteil vorzeitig auszahlen?

Meist wird das eigene und das in der näheren Umgebung mobilisierbare Kapital für die Gründung nicht ausreichen, so dass Fremdkapital, ein Darlehen von der Bank, hinzu kommen muss. Die Bank oder Sparkasse wird jedoch nur dann ein Darlehen geben, wenn sie sicher ist, dass sie das geliehene Geld vom Gründer zurückbekommen wird. Diese Gewissheit verleiht ihr der Gründer durch seine fachliche und kaufmännische Qualifikation, eine überzeugende Beschreibung des Vorhabens, einen nachvollziehbaren Finanzplan und banküblichе Sicherheiten. Als solche sind vor allem Grundpfandrechte begehrt, das heißt Grundschulden oder Hypotheken an Haus und Grundstück des Existenzgründers. Es geht immer primär um Immobilien. Insofern hat ein Gründer, der zur Miete wohnt und das Geschäft in gemieteten Räumen betreiben will, zunächst einmal geringere Chancen. Wohnt der Gründer im eigenen Heim, so kommt es darauf an, wieweit dies schon abgezahlt ist. Die Banken sind in der Regel bereit, eine Immobilie bis etwa zu zwei Dritteln des Verkehrswertes, das heißt des mutmaßlich am örtlichen Markt zu erwartenden Verkaufspreises, zu beleihen. Sie denken von der Insolvenz des Kunden her und überschlagen, wie sich die Immobilie im Notfall verwerten lässt. In der Zwangsversteigerung sind durchschnittlich nur zwei Drittel des Verkehrswertes zu erzielen. Das bedeutet: Wenn ein Ehepaar erst ein Drittel des Eigenheims abbezahlt hat, kommt dieses als Sicherheit kaum in Betracht.

Weitere übliche Sicherheiten sind Bankguthaben, Wertpapiere, Lebensversicherungen mit Rückkaufwert oder Bürgschaften. Womöglich ist jemand aus der Familie bereit, für die Rückzahlung zu bürgen? – Es ist möglich, den Banken die Investitionen, die mit dem Gründungskredit getätigt werden, als Sicherheit anzubieten. Am Lagerbestand eines Textilgeschäftes hat die Bank kein Interesse, weil dieser ständig wechselt und weil die Bankangestellten keine Neigung haben, notfalls den Räumungsverkauf zu veranstalten. Fahrzeuge, die sich nach Gebrauchtwagenliste verkaufen lassen, oder marktgängige Maschinen und Nutzfahrzeuge kommen schon eher in Frage. Aus der Sicht der Bank kommt es immer darauf an, ob die Sicherheiten ausreichend sind, ob sie leicht zu vereinbaren und einfach zu überwachen sind und ob sie im Notfall schnell zu verwerten sind.

Zu welcher Bank gehe ich zuerst? Nahe liegend ist, sich zunächst an das Institut zu wenden, bei dem ohnehin seit Jahren die Konten geführt werden und bei dem man bekannt ist. Bei Geschäftsübernahmen ist der Versuch aussichtsreich, sich an das Institut zu wenden, das bisher dieses Geschäft betreut hat und das an einer kontinuierlichen Fortführung interessiert ist. Bleiben diese Versuche erfolglos, so braucht der Gründer nicht aufzugeben. Es kann ohne weiteres sein, dass er in einem benachbarten Kreditinstitut Erfolg hat, wenn dort Businessplan und Gründungsidee als überzeugend betrachtet werden.

Außenstehenden ist meist nicht klar, dass die einzelnen Kreditinstitute nach ihrem Herkommen und Auftrag ganz unterschiedliche Geschäftspolitiken verfolgen. Die Sparkassen haben die allgemeine Kreditversorgung im Auge und sind gewohnt, das Breitengeschäft zu betreiben, also mit einer Vielzahl kleiner und mittlerer privater und gewerblicher Kunden zu verhandeln. Mit ihren Geschäftsstellen möchten sie möglichst flächendeckend präsent sein. Die kommunalen Träger der Sparkassen, entweder Stadt oder Landkreis, sind an der Förderung jedweder wirtschaftlicher Aktivitäten interessiert. Viele Sparkassen wenden sich ausdrücklich an die Existenzgründer. In ähnlicher Form versorgen auch die Genossenschaftsbanken (Volksbank, Raiffeisenbank, Spar- und Darlehenskasse) eine Vielzahl mittelständischer Betriebe entsprechend ihrer ursprünglicher Geschäftsidee: Sie sind als Selbsthilfe-Organisationen entweder der Landwirtschaft oder der kleineren gewerblichen Betriebe entstanden. Auch sie haben eine Vielzahl von Geschäftsstellen und bemühen sich um Existenzgründer. Der Kunde im Landgebiet hat gewöhnlich nur die Auswahl zwischen Sparkasse oder Volksbank.

Die großen Bank-Aktiengesellschaften (Deutsche Bank, Commerzbank) hingegen sind am Breitengeschäft mit Kleinkunden weniger interessiert und haben wenig Neigung, sich mit einem Gründungskredit von 10.000 oder 20.000 Euro zu beschäftigen. In den Augen des Gründers mag das viel Geld sein; in den Augen der Großbanken sind es winzige Beträge, die den Aufwand nicht lohnen, sich hiermit zu befassen. Erst recht gilt dies für die vornehmen Privatbanken, die sich von vornherein auf vermögende Großkunden konzentrieren. Ungeeignet für Existenzgründer sind die Kundenkreditbanken, die sich ganz auf die Konsumfinanzierung konzentrieren.

Aber auch innerhalb derselben Bankengruppe gibt es Häuser mit unterschiedlicher Geschäftspolitik. Teils sind sie ganz konservativ eingestellt und geben Kredit nur gegen Grundstücks-Sicherheit, also praktisch risikolos. Teils haben sie aber auch den Ehrgeiz, am Ort aggressiv einen möglichst großen Marktanteil zu erreichen, und nehmen großzügig Existenzgründer herein. Dabei wird einkalkuliert, dass ein Teil dieser Gründer scheitert, aber aus den anderen werden künftige Geschäftskunden, und schließlich haben ja auch alle jetzigen Geschäftskunden irgendwann mit einem Gründer angefangen. Ebenso gibt es aber auch Sparkassen und Volksbanken, die sich den Gedanken zu eigen gemacht haben, dass es keinen Sinn habe, sich mit einem Kredit von 10.000 Euro mehrere Stunden zu beschäftigen, weil diese Arbeitszeit mehr kostet als die Zinseinnahme, mit der bei einem solchen Kredit zu rechnen ist. Daher ist es bisweilen leichter, eine Million zu bekommen, als zehntausend.

3. Öffentliche Finanzierungshilfen

Die Europäische Union, die Bundesregierung und die Bundesländer fördern die Existenzgründungen, weil jede Gründung im Durchschnitt mehrere Arbeitsplätze schafft, weil durch die Gründungen die ganze Wirtschaft dynamisiert wird und weil eine Vielzahl mittelständischer Betriebe, verteilt auf unzählige Branchen, eine Region weniger konjunkturanfällig macht. Die öffentlichen Finanzierungshilfen sind allerdings so vielfältig, dass es nicht ganz leicht ist, einen Überblick zu gewinnen und auszuwählen, welche Hilfe für ein konkretes Vorhaben in Betracht kommt.

Die Förderungen gibt es **(1)** als Darlehen, **(2)** als Zuschüsse, **(3)** als Bürgschaften und **(4)** als Beteiligungen.

(1) Die wichtigsten sind die **Darlehen,** das heißt die verbilligten Kredite von Bund und Ländern. Sie werden jedoch nicht über die jeweiligen Regierungen vergeben, sondern über die Hausbank des Gründers. Dieser ist also darauf angewiesen, eine Bank oder Sparkasse von seinem Anliegen zu überzeugen, und diese leitet für ihn die Anträge weiter, falls sie das Vorhaben für aussichtsreich hält. Es soll vorkommen, dass die Bank den Gründer nicht auf diese Fördermöglichkeiten aufmerksam macht, weil sie den bürokratischen Aufwand scheut oder weil sie lieber eigene Kredite verkaufen will als fremde Mittel durchzuleiten. Insofern kann es besser sein, sich bei der Industrie- und Handelskammer, bei der Handwerkskammer oder beim städtischen Wirtschaftsförderer nach der passenden Hilfe zu erkundigen, als bei der Bank.

(2) Neben den Förderdarlehen stehen die (nicht rückzahlbaren) **Zuschüsse,** mit denen besonders förderwürdige Vorhaben, die sonst nicht oder nicht im gewünschten Umfang realisierbar wären, gefördert werden können. Hierzu gehören Existenzgründungen aus der Arbeitslosigkeit, Investitionen in strukturschwachen Gebieten oder besonders innovative Forschungs- und Entwicklungsvorhaben. Die

Zuschüsse sind Hilfe zur Selbsthilfe und können nur in Ausnahmefällen das ganze Vorhaben finanzieren.

(3) Wenn der Existenzgründer nicht über ausreichende Sicherheiten verfügt, kommen öffentliche **Bürgschaften** der landeseigenen Bürgschaftsbanken oder Kreditgarantiegemeinschaften in Frage.

(4) Insbesondere für innovative und wachstumsstarke Unternehmen können öffentliche und private Beteiligungsgesellschaften eine Alternative zur klassischen Bankfinanzierung darstellen. Sie bieten dem Existenzgründer eine **Beteiligung** ohne die banküblichen Sicherheiten an. Das Beteiligungskapital (auch Venture Capital oder Risikokapital genannt) ist Eigenkapital, das als stille Beteiligung am Unternehmen zur Verfügung gestellt wird. Es wird in der Regel bei schnell wachsenden Unternehmen eingesetzt, die eine hohe Rendite versprechen.

Einen umfassenden **Überblick** über alle Fördermöglichkeiten bildet die Förderdatenbank des Bundesministeriums für Wirtschaft und Technologie (www.foerderdatenbank.de). Aber obwohl dieser Internet-Auftritt streng systematisch aufgebaut ist, fällt es nicht leicht, den Überblick über die Fülle der Fördermöglichkeiten zu behalten. Immerhin gibt es 182 Förder-Organisationen, die auf diesem Gebiet tätig sind. Wer „Niedersachsen", „Existenzgründer/in" und „Unternehmensgründung" anklickt, bekommt 24 Treffer, das heißt Förderungsmöglichkeiten. Es beginnt bei den Bürgschaften der Bürgschaftsbank für Sozialwirtschaft: Gefördert werden die Gründung und der Ausbau sozialer Einrichtungen. Antragsberechtigt sind Soziale Organisationen und Einrichtungen. Dies wird für kaum einen Existenzgründer in Frage kommen. Aber natürlich sind hier auch die Hilfen verzeichnet, die tausendfach in Anspruch genommen werden und die wir uns daher etwas näher ansehen wollen.

Die wichtigste Hilfe ist das **KfW-StartGeld.** (Die Abkürzung KfW stand einmal für „Kreditanstalt für Wiederaufbau", jetzt handelt es sich um die KfW Mittelstandsbank, Frankfurt). Mit dem StartGeld bietet die KfW Existenzgründern, Freiberuflern und kleinen Unternehmen Finanzierungen von Investitionen und Betriebsmitteln in Deutschland zu günstigen Konditionen an. Diese sind, wenn auch etwas versteckt, auf der Homepage zu finden: www.kfw-mittelstandsbank.de > Kredite > Service > Aktuelle Zinskonditionen > Suchbegriff StartGeld > KfW-Mittelstandsbank – Konditionen > Zinskonditionen > Konditionenübersicht für Endkreditnehmer. Gefördert werden alle Formen der Existenzgründung, also Errichtung, Übernahme eines Unternehmens und Erwerb einer tätigen Beteiligung, ferner Festigungsinvestitionen innerhalb von drei Jahren nach Aufnahme der Geschäftstätigkeit. – Antragsberechtigt sind natürliche Personen mit Hauptwohnsitz im Inland, die ein Unternehmen oder eine freiberufliche Existenz gründen, ferner Angehörige der Freien Berufe und kleine Unternehmen der gewerblichen Wirtschaft, die weniger als drei Jahre bestehen oder am Markt tätig sind. Voraussetzung für die Förderung durch das StartGeld ist, dass die Existenzgründer über die erforderliche fachliche und kaufmännische Qualifikation für das Vorhaben verfügen. Eine Gründung im Nebenerwerb muss mittelfristig auf Vollerwerb ausgerichtet sein. Sanierungen von Unternehmen in Schwierigkeiten oder Umschuldung bereits abgeschlossener Vorhaben werden nicht unterstützt. Der Finanzierungsanteil kann bis zu 100 Prozent des gesamten Fremdfinanzierungsbedarfs gehen. Der Darlehenshöchstbetrag ist 50.000 Euro, davon Betriebsmittel maximal 20.000 Euro. Die Laufzeit des Darlehens beträgt maximal zehn Jahre, davon höchstens zwei Jahre tilgungsfrei, das heißt in dieser Zeit sind nur die Zinsen zu zahlen. Der Antrag ist auf dem KfW-Formular bei der jeweiligen Hausbank zu stellen. Diese holt über den Kreditnehmer eine Schufa-Auskunft ein (hierzu Näheres unter www.schufa.de).

Der **KfW-Unternehmerkredit** dient der mittel- und langfristigen Finanzierung von Investitionen im In- und Ausland zu einem günstigen Zinssatz. Darüber hinaus können Betriebsmittel finanziert werden. Für kleine und mittlere Unternehmen sind folgende Maßnahmen förderfähig: Erwerb von Grundstücken und Gebäuden, gewerbliche Baukosten, Kauf von Maschinen, Anlagen, Fahrzeugen und Einrichtungen, Betriebs- und Geschäftsausstattung, immaterielle Investitionen (gemeint: zum Beispiel Patente) in Verbindung mit Technologietransfer von der Hochschule in die Wirtschaft, ferner die Übernahme eines bestehenden Unternehmens oder der Erwerb einer tätigen Beteiligung durch eine natürliche Person. Förderfähig sind auch Unternehmensberatungen zur Erschließung neuer Märkte oder Einführung neuer Produktionsmethoden sowie die Kosten für erste Messeteilnahmen. – Antragsberechtigt sind Existenzgründer aus der gewerblichen Wirtschaft und der Freien Berufe, ferner Personen, die Gewerbe-Immobilien verpachten und vermieten, falls auch der Mieter die Antragskriterien erfüllt. Die Existenzgründer müssen über die erforderliche fachliche und kaufmännische Qualifikation für die unternehmerische Tätigkeit verfügen. Die Gründung muss als Haupterwerbsgrundlage angelegt sein, also nicht als Nebentätigkeit. Sanierungsfälle und Unternehmen in Schwierigkeiten werden nicht gefördert. Durch den KfW-Unternehmerkredit in der Form eines zinsgünstigen Darlehens können bis zu 100 Prozent der förderfähigen Investitionskosten oder Betriebsmittel gefördert werden. Der Höchstbetrag des Darlehens ist 10 Millionen Euro pro Vorhaben. Anträge werden auf dem KfW-Formular über die jeweilige Hausbank des Existenzgründers gestellt.

Beim **ERP-Kapital für Gründung** handelt es sich um ein Eigenkapitalhilfe-Darlehen, wobei die Buchstaben ERP einmal für „European Recovery Program" standen, das heißt für das Wiederaufbauprogramm nach dem Zweiten Weltkrieg. Diese Förderung richtet sich speziell an Existenzgründer, die nicht über ausreichend Eigenkapital verfügen. Allerdings sollen sie mindestens 15 Prozent der Investitionssumme (in den alten Bundesländern) und 10 Prozent (in den neuen Ländern) als eigene Mittel einsetzen. Dem Gründer wird Kapital zur Verfügung gestellt, das wie Eigenkapital haftet, und zwar als Nachrangdarlehen, das heißt im Falle eines Zusammenbruchs werden zunächst alle anderen Schulden bedient, und das durchleitende Kreditinstitut wird von der Haftung für diesen Kredit freigestellt. Das ERP-Kapital für Gründung richtet sich an Personen, die eine selbstständige, gewerbliche oder freiberufliche nachhaltig tragfähige Existenz als Haupterwerb aufnehmen oder dies in den letzten drei Jahren getan haben. Der Antragsteller muss über die erforderliche kaufmännische und fachliche Qualifikation verfügen. Es darf sich nicht um einen Sanierungsfall handeln. Mitfinanziert werden Grundstücke, Gebäude und Baunebenkosten, Maschinen, Anlagen, Einrichtungsgegenstände, immaterielle Investitionen in Zusammenhang mit Technologietransfer, der Erwerb eines Unternehmens, Material-, Waren- und Ersatzteillager, externe Beratung und die erste Teilnahme an einer Messe. Der Kreditbetrag ist maximal 500.000 Euro je Antragsteller. Die Laufzeit des Kredits beträgt 15 Jahre. Nach sieben tilgungsfreien Jahren wird der Kredit in 31 vierteljährlichen Raten getilgt. Der aktuelle Zinssatz orientiert sich am Kapitalmarkt und ist wie oben (KfW StartGeld) beschrieben bei der KfW zu erfahren. Auch hier ist der Antrag nur über ein Kreditinstitut zu stellen.

In den ersten fünf Jahren nach der Gründung kommt das **Gründercoaching Deutschland** in Betracht, um den gewerblichen und freiberuflichen Gründern die Finanzierung von Beratungen zu erleichtern und den Bestand des Unternehmens zu sichern. Gefördert werden Beratungen zu wirtschaftlichen, finanziellen und organisatorischen Problemen, nicht hingegen zu Rechts-, Versicherungs- und Steuerfragen. Die KfW gibt in den neuen Bundesländern einen Zuschuss von 75 Prozent der Beratungskosten, in den alten Ländern einschließlich Berlin 50 Prozent. Existenzgründer aus der Arbeitslosigkeit erhalten 90 Prozent. Insgesamt kann das Beratungshonorar nicht höher als 6.000 Euro betragen. Der Antrag ist vor Abschluss des Beratungsvertrages zu stellen.

Hier stoßen wir auf eine wichtige Klausel: Wichtig ist bei sämtlichen öffentlichen Finanzierungshilfen, dass der Antrag immer vor Beginn des Vorhabens gestellt werden muss, denn die Förderung soll ein Vorhaben anstoßen. Es wird nichts gefördert, was bereits läuft. Dies wird recht genau genommen: Es wird eine umfassende Planung des Vorhabens verlangt, aber es darf noch nichts rechtsverbindlich veranlasst worden sein (Unterschrift unter Mietvertrag, Bestellung von Investitionsgütern oder anderes bereits Bindendes). Weiter ist wichtig, dass nichts dauerhaft Nebenberufliches gefördert wird, sondern nur tragfähige Vollexistenzen, die zumindest angepeilt werden. Wer also einen Businessplan einreicht, der einen Jahresgewinn von 4.000 Euro ausweist, ist nicht förderfähig, weil hiervon nicht eine Familie ein Jahr lang leben kann. – Oft machen sich Existenzgründer selbstständig, indem sie ein Wohnhaus mit Werkstatt und Geschäftsräumen bauen, oder sie übernehmen einen kompletten Betrieb einschließlich des privaten Wohnteiles. In diesen Fällen gilt immer nur der geschäftlich genutzte Teil als förderfähige Investition; für die Förderung von privaten Wohnbauten gelten ganz andere Regeln.

Neben den bundesweit gewährten Hilfen gibt es zahlreiche Programme der einzelnen Bundesländer und eine überaus reichhaltige Förderlandschaft der Europäischen Union. Außer der Gründung selbst gibt es eine Vielzahl weiterer Förderzwecke, für die Gelder beantragt werden können, beispielsweise Technologie und Innovation, Umweltschutz, Energie sparen, erneuerbare Energien, Export (Beteiligung an Auslandsmessen) und Fortbildung. Es gibt im Rahmen der Regionalprogramme die Förderung bestimmter Branchen, beispielsweise Investitionszuschüsse für überregional absetzende Wirtschaftszweige (Industrie, Beherbergung, überregionale Dienstleistungen), weil diese Branchen einen Einkommenstransfer von auswärts in ein bestimmtes strukturschwaches Gebiet bewirken. Weniger beliebt bei den Wirtschaftsförderern sind die nur örtlich absetzenden Branchen (Einzelhandel, Restauration), weil durch sie nur die am Ort vorhandene Kaufkraft umverteilt wird und nichts Neues hinzu kommt. Agrarförderung gibt es nicht nur für die Landwirtschaft, sondern auch für neue Erwerbsquellen in landwirtschaftlichen Gebieten, etwa für gewerbliche Betriebe, beispielsweise Fremdenverkehr im ländlichen Raum. Die Kommunen (Städte, Landkreise) dürfen nicht mit Zuschüssen fördern, weisen aber Gewerbegebiete aus und können preiswert Gewerbegrundstücke verkaufen.

Bei den sämtlichen Förderungen geht es allerdings immer um bestimmte Vorhaben, bestimmte Projekte, von denen die öffentliche Hand meint, dass sie nicht nur im Interesse des jeweiligen Antragstellers, sondern darüber hinaus auch im Interesse der Allgemeinheit liegen. Nicht gefördert wird der laufende Geschäftsbetrieb. Spitzfindige Regelungen gibt es für die Frage, welche Hilfen miteinander kombiniert werden können. Für die Banken besonders interessant ist die Frage einer Haftungsfreistellung. Damit ist Folgendes gemeint: Die Bank ist nicht nur Durchleitestation, nicht nur Briefkasten für den KfW-Kredit, sondern normalerweise haftet sie gegenüber der KfW dafür, dass der Existenzgründer den Kredit zurückzahlt. Sie prüft also, wieweit sie dieses Risiko auf sich nimmt. Teilweise kann sie von dieser Haftung freigestellt werden. Eine 80-prozentige Haftungsfreistellung bedeutet, dass die Bank nur für die Rückzahlung von 20 Prozent des KfW-Darlehens haftet. In diesem Falle wird sie also eher geneigt sein, in das Geschäft einzusteigen und den Förderungsantrag wohlwollend weiterzuleiten.

Für den Existenzgründer gibt es zwei verschiedene Methoden, mit dieser sehr vielfältigen Förderlandschaft umzugehen. Die erste besteht darin, ein Vorhaben fix und fertig zu planen und sich dann bei einer neutralen Stelle zu erkundigen, wie weit dieses Vorhaben förderfähig ist. Diese Auskunft ist am besten von der Industrie- und Handelskammer, der Handwerkskammer oder vom Referat Wirtschaftsförderung der Stadt zu erhalten. Oder aber, man macht sich ein wenig mit den Förderzwecken und -gebieten vertraut und richtet das Vorhaben hiernach aus: welcher von diesen Förderzwecken käme für mich in Frage? Kann ich etwas machen mit erneuerbaren Energien, mit Windmühlen oder mit Biogas? Kann ich einen Fortbildungskurs für Arbeitslose anbieten? Kann ich den Investitionsort um einige Kilometer verlegen in ein Fördergebiet?

Nach einem ganz anderen Prinzip verläuft die Gründungsförderung vom Arbeitsamt und vom Sozialamt. Hier geht es nicht nach der Art des geplanten Vorhabens, sondern es wird von der persönlichen Situation des Antragstellers ausgegangen. Dieser soll in das Erwerbsleben zurück geleitet werden, so dass er keine Hilfen mehr benötigt. Für viele Arbeitslose, zumal Ältere, ist die selbstständige Tätigkeit die einzige Möglichkeit, ins Erwerbsleben zurückzukehren, denn für einen Mann oder eine Frau von Mitte fünfzig ist es weitgehend aussichtslos, weitere Bewerbungen zu schreiben. Wie unter www.arbeitsagentur.de im Einzelnen nachzulesen, können Arbeitslose, die einen Anspruch auf Entgeltersatzleistung nach dem Sozialgesetzbuch III haben oder in einer Arbeitsbeschaffungsmaßnahme tätig sind und sich selbstständig machen wollen, einen **Gründungszuschuss** erhalten, mit dem die Aufnahme einer selbstständigen Tätigkeit gefördert wird. Dieser Zuschuss dient dazu, nach der Gründung den Lebensunterhalt zu sichern und die Sozialbeiträge zu bezahlen. Dieser Zuschuss trat 2006 an die Stelle der früheren „Ich-AG“ und des Überbrückungsgeldes. Weil der Gründungszuschuss nur an Arbeitslose oder an Beschäftigte in Arbeitsbeschaffungsmaßnahmen gezahlt wird, ist es nicht möglich, auf diesem Wege direkt von einer abhängigen Tätigkeit in eine geförderte Selbstständigkeit überzuwechseln. – Die Antragsteller müssen die zur selbstständigen Tätigkeit notwendigen Kenntnisse und Fähigkeiten nachweisen, und eine fachkundige Stelle muss das Vorhaben begutachten. Solche Stellen sind die Industrie- und Handelskammern, Handwerkskammern, Fachverbände und Kreditinstitute. Am besten erkundigt sich der Arbeitslose zunächst, was diese Stellungnahme kostet. Außerdem ist zu beachten, dass die Interessenlage dieser Stellen etwas unterschiedlich ist: Die Fachverbände vertreten die jetzt vorhandenen Betriebe, die an weiteren Wettbewerbern wenig Interesse haben, während die Industrie- und Handelskammer (IHK) jegliche gewerbliche Aktivität fördert. Empfehlenswert ist, nicht einfach nur das Formular an die IHK zu senden, sondern bei dieser Gelegenheit dort vorzusprechen und beispielsweise auch die gewerberechtlichen Fragen zu klären und die Dienste der einzelnen IHK-Fachabteilungen in Anspruch zu nehmen: je nach Art des Vorhabens die Referate für Verkehr, für Außenhandel oder für Innovation und Patente etc.

Der Gründungszuschuss wird in zwei Phasen geleistet. Für neun Monate wird das zuletzt bezogene Arbeitslosengeld weiter gewährt, außerdem 300 Euro zur sozialen Absicherung. Dieser Beitrag zur sozialen Absicherung kann weitere sechs Monate gewährt werden, wenn eine intensive Geschäftstätigkeit und hauptberufliche unternehmerische Aktivitäten dargelegt werden. Ein zweiter Versuch, ein zweiter Gründungszuschuss, ist frühestens nach 24 Monaten möglich. Rentner ab dem 65. Lebensjahr haben keinen Anspruch.

Hilfsbedürftige, die Arbeitslosengeld II nach dem Sozialgesetzbuch II beziehen, können ein **Einstiegsgeld** beantragen. Dieses dient der Unterstützung arbeitsloser Menschen beim Einstieg in die Selbstständigkeit oder bei der Aufnahme einer abhängigen Beschäftigung. Diese Beschäftigung oder Selbstständigkeit muss auf die Dauer die Abhängigkeit von Hilfeleistungen beenden können, das heißt der Antragsteller soll dann auf eigenen Beinen stehen können. Die Förderung wird für höchstens 24 Monate als Zuschuss gezahlt. Die Höhe der Förderung bemisst sich nach der Dauer der Arbeitslosigkeit und der Größe der Badarfsgemeinschaft des Arbeitssuchenden. Neben dem Einstiegsgeld können den Selbstständigen auch Darlehen und Zuschüsse für die Beschaffung von Sachgütern gewährt werden, und zwar maximal 5.000 Euro. Die Förderung ist vor Aufnahme der Erwerbstätigkeit bei den zuständigen Trägern der Grundsicherung zu beantragen. Weiterführende Informationen erteilt die örtliche Arbeitsagentur oder die Bundesanstalt für Arbeit, Nürnberg (www.arbeitsagentur.de).

4. Kreditgeschäft und Rating

Der Existenzgründer und später der Geschäftsmann ist darauf angewiesen, ein stabiles Vertrauensverhältnis zu seiner Bank zu schaffen. Er sollte daher mindestens im Groben eine Vorstellung davon haben, nach welchen Prinzipien die Banken arbeiten. Hierzu gehören auch die geheimnisvollen Begriffe „Basel II" und „Rating".

Die Bank bekommt Ersparnisse und laufende Geldmittel (Überweisungen auf die Konten der Kunden) ins Haus. Alle Haben-Konten der Kunden sind aus der Sicht der Bank Verpflichtungen und stehen auf der Passivseite der Bankbilanz. Daher wird dies auch als Passivgeschäft bezeichnet. Die Kunden erhalten für die Sparkonten einen geringen Zins. Die hereingenommenen Mittel werden an die Geschäftswelt und an Häuslebauer verliehen. Dies sind aus der Sicht der Bank Forderungen im Aktivgeschäft. Hier muss der Zinssatz wesentlich höher sein als im Passivgeschäft, denn von den eingenommenen Zinsen müssen nicht nur die Sparbuchzinsen bezahlt werden, sondern auch Personal und Gebäude, also der gesamte Geschäftsbetrieb der Bank. Und vor allem enthalten die eingenommenen Zinsen auch eine Risikoprämie, denn es kommt immer wieder vor, dass ein Kunde ausfällt und seine Kredite nicht zurückzahlen kann. Für diese Fälle muss die Bank außerdem einen angemessenen Betrag als Eigenkapital besitzen. Dies wird von der Bankenaufsicht kontrolliert.

Traditionell war es nun so, dass alle Banken den gleichen Prozentsatz ihres Aktivgeschäfts als Eigenkapital nachzuweisen hatten – egal, ob sie ihre Mittel hoch riskant oder grundsolide angelegt hatten. Diese Eigenkapitalquote war also für die Banken mit ganz konservativer, ganz auf Sicherheit bedachter Geldanlage zu hoch, für die Banken mit aggressiver Geschäftspolitik und zahlreichen unsicheren Kunden zu niedrig. Und alle gewerblichen Bankkunden hatten den gleichen Zins einschließlich der gleichen Risikoprämie zu zahlen – egal, ob es sich um seriöse Kunden oder um unsichere Kantonisten handelte. Dieser Zinssatz war für die guten Kunden, die ihrerseits über viel Eigenkapital verfügten und grundsolide wirtschafteten, zu hoch, für die risikobehafteten Problemkunden hingegen zu niedrig.

Ab 1999 begannen in Basel Verhandlungen, die schließlich mit einem zweiten großen Akkord endeten (daher Basel II), weltweit und daher auch in der Europäischen Union ein neues System einzuführen, das die Stabilität des Finanzsystems sichern, das heißt Bank-Pleiten vermeiden sollte. Diese Regeln traten Anfang 2007 in Kraft. Dass im Jahr 2008 dann doch die große Krise über die Finanzwelt hereinbrach, steht auf einem anderen Blatt und war anscheinend nicht vorherzusehen. Die in Basel vereinbarten Regeln gelten gleichwohl für alle Banken und werden mit dem Ausdruck „Rating" zusammengefasst. Dieses Wort bedeutet im Englischen so viel wie „Einstufen" oder „Einordnen": Es wird eine von mehreren Möglichkeiten gewählt wie beim deutschen Wort „raten". Während aber beim deutschen „raten" meist ein blindes zufälliges Auswählen gemeint ist, handelt es sich beim Rating um ein ausgeklügeltes Punktsystem. Es läuft darauf hinaus, dass alle Bankkunden in unterschiedliche Risikoklassen eingestuft werden und dementsprechend unterschiedlich hohe Zinsen zahlen. Die guten und seriösen Kunden mit hoher Bonität, bei denen also das Ausfallrisiko gering ist, zahlen einen relativ niedrigen Zins. Die unsicheren Kunden hingegen zahlen einen hohen Zins oder bekommen gar keinen Kredit. Und die Bank hat umso mehr Eigenkapital nachzuweisen, je mehr Problemvögel sie in ihrem Stall hat. Oder umgekehrt ausgedrückt: Wenn die Bank eine bestimmte Menge an Eigenkapital hat, dann versucht sie, möglichst nur mit gut oder bestens eingestuften Kunden ins Geschäft zu kommen, denn für diese braucht sie relativ wenig Eigenkapital nachzuweisen, kann also ihr Geschäft stark ausdehnen. Problemkunden sind hingegen nicht gefragt, weil sie viel Eigenkapital binden.

Jeder Bankkunde muss sich deshalb im Zuge dieses Rating einer detaillierten Bonitätsprüfung unterziehen. Um es bildlich auszudrücken: Er muss die Hosen herunterlassen, wird bis auf die Haut geprüft, und anschließend mit dem Röntgengerät bis auf die Knochen. Er muss also zu einer rückhaltlosen Offenheit bereit sein und über alle innerbetrieblichen Verhältnisse, auch und gerade über Persönliches, Auskunft geben. Die Bank ihrerseits lässt sich nicht in die Karten gucken, sondern es bleibt in ein ägyptisches Dunkel gehüllt, wie sie die erhaltenen Informationen verarbeitet und schließlich zu einer Rating-Note zusammenfasst. Insbesondere ist für den Kreditkunden nicht erkennbar, mit welchem Gewicht die einzelnen Informationen in die Gesamtnote eingehen. Gegen diese Einstufung gibt es keine Berufungsmöglichkeit.

Es steht jedem frei, diese Prozedur als unangenehm und ungerecht zu beklagen, aber dies ändert nichts. Man kann aber auch das Rating als Chance betrachten: Es gibt jedes Jahr eine kostenlose Betriebsprüfung, das Unternehmen wird auf Schwachstellen aufmerksam gemacht, und jeder hat die Möglichkeit, seine Unternehmensführung zu verbessern und sich auf diese Weise zu einer höheren Rating-Stufe hinauf zu arbeiten. Die als gut eingestuften Unternehmen haben seinerzeit die Einführung des Rating allgemein begrüßt, weil sie leichter und mit einem geringeren Zins als zuvor Kredit bekamen.

Im Zuge des Rating wird bei den Existenzgründern und den Geschäftskunden ermittelt, mit welcher prozentualen Wahrscheinlichkeit diese im nächsten Jahr nicht mehr in der Lage sein werden, ihren Kapitaldienst zu leisten, das heißt Zinsen und Tilgung zu bezahlen. Liegt beispielsweise diese Ausfallwahrscheinlichkeit in einem Bereich bis 0,3 Prozent (Bonität bestens), dann wird dieses Unternehmen bei den Sparkassen in die Ratinggruppen 1 bis 3 eingestuft, bei den Volks- und Raiffeisenbanken in die Ratinggruppen 0+ bis 1d. Die Problemkunden mit Ausfallwahrscheinlichkeiten ab 8 Prozent landen bei den Sparkassen in Ratinggruppen 12 bis 18, bei den Volks- und Raiffeisenbanken in den Gruppen 3c bis 3e.

Ratingskalen der Sparkassen und der Genossenschaftsbanken

	Kreditausfallwahrscheinlichkeit in Prozent					
	bis 0,3	0,3 bis 0,7	0,7 bis 1,5	1,5 bis 3	3 bis 8	ab 8
Sparkassen	1 bis 3	3 bis 6	6 bis 8	8 bis 10	10 bis 12	12 bis 18
Volks- und Raiffeisenbanken	0+ bis 1d	1e bis 2a	2b bis 2c	2d bis 2e	3a bis 3b	3c bis 3e

Inhaltlich geht es bei dieser Prüfung zunächst um die „harten" Faktoren, das heißt die Zahlen aus dem letzten Jahresabschluss: der Gewinn im Verhältnis zum Umsatz, das Verhältnis von Bareinnahmen und -ausgaben, die Verzinsung des Kapitals, die Entwicklung von Umsatz und Erträgen, der Grad der Verschuldung, die Qualität des Bestandes an Forderungen, die Werthaltigkeit des Warenbestandes. Hinzu kommt die Entwicklung seit dem letzten Jahresabschluss: Umsätze, Erträge, Auftragsbestand, Kapazitätsauslastung. Hieraus wird eine Prognose der Umsätze, der Erträge und der Liquidität entwickelt.

Außer den „harten" zahlenmäßig erfassbaren Faktoren gehen aber auch zahlreiche „weiche", nur qualitativ erfassbare Größen in die Ratingnote ein und werden dementsprechend erfragt und geprüft, beispielsweise die fachliche und kaufmännische Qualifikation der Geschäftsleitung, Führungsqualitäten und Zusammenarbeit innerhalb der Geschäftsführung, Qualität des Rechnungswesens. Daneben geht es um die Absatz- und Wettbewerbssituation, beispielsweise ob der Absatz breit gestreut und insofern sicherer ist als bei einigen wenigen Großkunden. Es geht um das Image des Unternehmens, seine Stellung im Markt, den Standort, die Vertriebswege, das Sortiment, das Preis/Leistungsverhältnis. Ebenso wird die Beschaffungsseite geprüft, vor allem, ob der Betrieb von einigen wenigen Lieferanten abhängig ist. Die Produktion wird ebenso unter die Lupe genommen wie Umweltrisiken und die Betriebsorganisation und das Personal.

Eingehend wird bewertet, wie sich die bisherige Zusammenarbeit mit der Hausbank stellt und wie sich die Liquidität bisher entwickelt hat: Ist der Betrieb zu Auskünften bereit? Hat er den Jahresabschluss einigermaßen zeitnahe nach dem 31. Dezember vorgelegt? Wird das Konto überzogen, ohne diese Frage vorher mit der Bank zu besprechen? Werden Rechnungen pünktlich bezahlt? Werden Kunden regelmäßig gemahnt? Ist Liquidität durch Vorräte gebunden?

Eine wichtige Rolle spielt beim Rating auch, zu welcher Branche der Betrieb gehört – mit manchmal fatalen Folgen. Wird irgendeine Branche bankintern als Problembranche betrachtet, so gibt es für jeden Betrieb dieser Branche einen Punktabzug, auch wenn die allgemeine Branchenkrise auf einen bestimmten Betrieb gar nicht zutrifft. Umso ärgerlicher ist es, wenn aus diesem Grund der Kredit verweigert wird.

Je nach Alter des Inhabers wird auch kritisch geprüft, ob die Frage der Nachfolge gelöst ist. Hat der Inhaber das 60. Lebensjahr überschritten, die Nachfolgefrage aber noch nicht geklärt, so kann es leicht passieren, dass ihm aus diesem Grunde der weitere Kredit verweigert wird. Die allgemeine Erfahrung geht dahin, dass man sich mit einem 50-jährigen Unternehmer ganz unbefangen über die Nachfolgefrage unterhalten kann, mit einem 60-jährigen nur eingeschränkt, mit einem 70-jährigen gar nicht. Je drängender sich das Problem stellt, desto eher ist das Thema tabu. Durch das Rating sieht sich der Unternehmer einem massiven, im Sinne des Unternehmenserhalts aber heilsamen, Druck ausgesetzt. Hier kann sich eine Chance für einen Existenzgründer ergeben, indem er sich in seiner Stadt oder in der Branche umhört, in welchen Firmen sich dieses Problem stellt.

Bei dieser Unternehmensprüfung achtet allerdings die Bank darauf, dass der Prüfungsaufwand in einem angemessenen Verhältnis zum Ertrag steht, das heißt die größeren Unternehmen werden sehr viel intensiver geprüft als die kleineren. Bei diesen stehen die Faktoren Unternehmensplanung, Nachfolgeregelung und Qualität der Kontoführung im Vordergrund. Bei den Existenzgründern, die noch keine Kennzahlen zur bisherigen Entwicklung vorlegen können, konzentriert sich das Kreditinstitut auf den Businessplan, das Marktumfeld, persönliche Eigenschaften des Gründers und die bisherige Geschäftsbeziehung mit dem Gründer als Privatkunden.

Im Prinzip geht es beim Rating um die großen Fragen:

(1) Wirft der Betrieb Gewinn ab? Wird er gewinnorientiert geführt?

(2) Welche Risiken könnten den bisherigen Geschäftsbetrieb unterbrechen und wie ist für diese Risiken vorgesorgt?

(3) Wie hoch ist die Eigenkapitalquote? Reicht das Eigenkapital als Risikopuffer für Notfälle aus?

(4) Besteht ein stabiles Vertrauensverhältnis zwischen Bank und Kunde?

Wegen der ganz zentralen Bedeutung von Gewinn und Eigenkapital ist es verheerend schlecht, wenn Gewinne vermieden werden, um Steuern zu vermeiden, und wenn kein Eigenkapital angesammelt wird, weil entweder keine Gewinne erwirtschaftet oder weil sie für Privatzwecke entnommen werden. Im Grunde geht es beim Rating darum, ob alte Kaufmannsgrundsätze beherzigt werden, die schon in den Kaufmannsbüchern aus unserer Großväterzeit empfohlen wurden.

Nahe liegend ist also, das Rating nicht nur über sich ergehen zu lassen und das Ergebnis zähneknirschend zur Kenntnis zu nehmen, sondern hieraus Folgerungen für die Unternehmensführung zu ziehen, beispielsweise wenn man als Existenzgründer eine Firma übernommen hat, die noch als schwach eingestuft wird. Beispielsweise lässt sich die Liquidität erhöhen, indem mit sanfter Gewalt, ohne die Kunden zu verärgern, die Forderungen eingetrieben werden. Es ist auch möglich, Forderungen zu verkaufen (Factoring), wobei allerdings der Kunde irritiert wird, wenn er plötzlich von einer Stelle angemahnt wird, mit der er bisher nichts zu tun hatte. Ähnliches passiert, wenn die Forderung einem Inkassobüro übergeben wird. An Factoring und Inkasso ist also eher zu denken, wenn der Unternehmer zahlreiche kleine Kunden hat und nicht vom Wohlwollen weniger Großkunden abhängig ist. Eher in Betracht kommt normalerweise, zur Schonung der Liquidität Anlagen nur zu leihen statt zu kaufen (Leasing).

Problematisch ist es, die eigene Liquidität dadurch zu schonen, dass man sich mit der Zahlung der Rechnungen Zeit lässt, also praktisch einen Lieferantenkredit erzwingt. Dies kann den Ruf schädigen und dazu führen, dass man nicht mehr bevorzugt beliefert wird. Der gute Kaufmann zeichnet sich eher dadurch aus, dass er hart über den Preis verhandelt, dann aber bei Vertragsabschluss und Lieferung sofort zahlt und das Skonto ausnutzt, falls dies vereinbart wurde. Eine solche Vereinbarung kann beispielsweise vorsehen, dass drei Prozent vom Bruttopreis (einschließlich Mehrwertsteuer) abgezogen werden dürfen, wenn innerhalb von drei Tagen bezahlt wird. Oft lohnt es sich sogar, einen Kredit aufzunehmen, um das Skonto ausnutzen zu können.

Die Eigenkapitalquote lässt sich erhöhen, indem Vermögensgegenstände aus dem Privatbereich in die Firma (oder aus einer Besitzgesellschaft in die Betriebsgesellschaft) überführt werden. Die internen Abläufe lassen sich verbessern, indem Arbeitsabläufe und Organisation überdacht und Zuständigkeiten geklärt werden. Die Führungsmannschaft kann qualifiziert, Risiken können analysiert, der Kontakt zur Bank verbessert werden.

Die „zweite Säule“ der gesamten Umstellung auf Basel II und Rating im Jahre 2007 bestand darin, dass den Kreditinstituten durch die Aufsicht im Einzelnen vorgeschrieben wird, wie sie das gesamte Geschäft zu organisieren haben. Von diesen „Mindestanforderungen an das Risikomanagement“ braucht der außen stehende Existenzgründer nur zu wissen, dass über jeden Kredit nach dem Vier-Augen-Prinzip zwei voneinander unabhängige Persönlichkeiten entscheiden, die in verschiedenen Abteilungen der Bank sitzen. Die eine ist der Kundenberater der Bank, mit dem der Existenzgründer zu tun hat und mit dem in einer oft stundenlangen Sitzung die vielen Fragen des Rating-Fragebogens abgearbeitet werden. Dieser Mann (bankintern „Markt“ oder „Vertrieb“ genannt) entscheidet jedoch nicht allein über den Kredit, sondern wenn er den Kredit empfiehlt, geht der ganze Vorgang an eine zweite Stelle (bankintern „Marktfolge“ genannt), die nochmals den Antrag prüft. Erst wenn sie ebenfalls den Kredit befürwortet, wird dieser gewährt. Das bedeutet: Der ganze Vorgang wird bürokratisiert, in einer umfangreichen Akte dokumentiert, und den Mann, der letztlich entscheidet, bekommt der Kunde nicht zu sehen. Oft sitzt er auswärts in einer Zentrale. In jedem Falle entscheidet er nur nach den schriftlichen Unterlagen, ohne den Betrieb oder die Geschäftsführung zu kennen. Die früheren schönen Zeiten, als es genügte, dass ich den Vorstandsmann der Volksbank schon seit Schülerzeiten kannte und dass er mich für einen ordentlichen Menschen hielt, sind also vorbei.

VII. Versicherungen des Selbstständigen

Für den Selbstständigen gibt es zwei Gruppen von Risiken. Zunächst geht es um die soziale Sicherung, das heißt um die Sicherung gegen die Risiken, die jedermann hat: Krankheit und Unfall, Alter, Pflegebedürftigkeit und Arbeitslosigkeit. Hinzu kommen die Risiken aus der unternehmerischen Tätigkeit: die Unterbrechung des Betriebs durch ein Schadensereignis, ferner Haftungspflichten, wenn der Betrieb einen Schaden verursacht hat, wenn sich beispielsweise ein Kunde falsch beraten fühlt oder wenn ein selbstständiger EDV-Berater die ganze Datenverarbeitung des Kunden durcheinanderbringt.

Der Unternehmer war traditionell nicht verpflichtet, sich durch eine Versicherung gegen irgendeines dieser Risiken zu schützen. Aber natürlich ist es zweckmäßig, dies zu tun – nicht nur zur persönlichen Beruhigung und weil es zu einer vorsorgenden Betriebs- und Lebensführung gehört, sondern auch um die Rating-Note zu verbessern, bei der es ja ebenfalls wesentlich um die Abdeckung künftiger Risiken geht. Anders als ein Angestellter hat der Unternehmer die freie Auswahl, welche Versicherungen er zur sozialen Sicherung in Anspruch nimmt. Er ist nicht an die gesetzlichen Kranken- und Rentenversicherungen gebunden, sondern kann wählen, ob er dort freiwillig Mitglied bleibt oder sich privat versichert. Neuerdings wird jedoch von Gesetzes wegen darauf geachtet, dass niemand ganz ohne Kranken- und Pflegeversicherung bleibt. Bei den betrieblichen Risiken, die je nach Art des Betriebes und der Branche recht unterschiedlich strukturiert sind, hat er die Auswahl unter zahlreichen Anbietern. Nur ein Risiko ist nicht versicherbar: die Pleite, die Zahlungsunfähigkeit. Wer fällt, fällt hart. Er verliert das betriebliche und private Vermögen und ist auf Sozialhilfe angewiesen.

1. Soziale Sicherung

a) Krankheit, Pflege

Seit dem 1. Januar 2009 gilt in Deutschland eine allgemeine Pflicht zur Krankenversicherung. Grundsätzlich muss jede Person mit Wohnsitz in Deutschland für sich selbst und für die anderen Personen, die sie gesetzlich vertritt, krankenversichert sein. Personen ohne Krankenversicherung müssen mit hohen Nachzahlungen und Aufschlägen auf die Beiträge rechnen.

Angestellte und Arbeitslose, die sich selbstständig machen, waren in aller Regel bisher in der gesetzlichen Krankenversicherung versichert, bei einer der Krankenkassen. Sie haben bei der Existenzgründung die Wahl, ob sie freiwillig Mitglied dieser Krankenkasse bleiben oder ob sie sich einer privaten Krankenversicherung anschließen. Wenn sie dies nachweisen, können sie aus der gesetzlichen Krankenkasse ausscheiden. Auch alle anderen Selbstständigen (Landwirte, Künstler, Publizisten) gehören zur gesetzlichen Krankenkasse, wenn sie nicht nachweisen, dass sie sich privat versichert haben.

Ob es empfehlenswert ist, aus der gesetzlichen Versicherung auszuscheiden und sich einer privaten Krankenversicherung anzuschließen, wird naturgemäß von diesen Versicherungen sehr unterschiedlich beurteilt und lässt sich nicht allgemein sagen. Festzuhalten ist jedoch, dass beide Versicherungsarten nach ganz unterschiedlichen Prinzipien aufgebaut sind. In der gesetzlichen Versicherung herrscht das Solidarprinzip, was bedeutet, dass alle Versicherten denselben Beitrag zahlen unabhängig von ihrem persönlichen Krankheitsrisiko (Alter, Geschlecht, Gesundheitsstatus). In der privaten Krankenversicherung hingegen wird dieses persönliche Risiko berücksichtigt. In der gesetzlichen Krankenversicherung sind Familienangehörige ohne eigenes Einkommen beitragsfrei mitversichert, in der privaten Krankenversicherung hingegen ist für jede Person eine gesonderte Versicherungsprämie fällig. Das kann bedeuten, dass Personen mit geringem Krankheitsrisiko, beispielsweise junge, gesunde Personen, sich günstiger einer privaten Versicherung zuwenden. Ähnlich ist es bei gut verdienenden Alleinstehenden. Ältere, Kinderreiche und Anfälligere sollten es sich hingegen gut überlegen, ob sie aus der gesetzlichen Versicherung ausscheiden. Sie sollen dort innerhalb von drei Monaten nach der Existenzgründung angeben, ob sie dort bleiben. Bei der Entscheidung, sich entweder privat oder gesetzlich zu versichern, ist im Zweifel immer empfehlenswert, sich von beiden Seiten ein Angebot geben zu lassen. Die privat Versicherten können nicht jederzeit in die gesetzliche Versicherung zurückkehren, sondern nur, wenn sie unter 55 Jahre alt sind und wenn ihr Einkommen unter die Beitragsbemessungsgrenze sinkt.

In der gesetzlichen Krankenversicherung ist monatlich ein Beitrag als Prozentsatz (in der Größenordnung von 15 Prozent) des Bruttoeinkommens zu zahlen, jedoch nicht bis zu einer beliebigen Höhe des Einkommens, sondern nur bis zu einer Beitragsbemessungsgrenze. Bei Selbstständigen, deren Einkommen unvorhersehbar schwankt, wird dieses zunächst geschätzt. Zum Einkommen der Selbstständigen gehört nicht nur das Einkommen aus der geschäftlichen Tätigkeit, sondern hierzu rechnen die Bruttoeinnahmen zum Lebensunterhalt, beispielsweise auch Einnahmen aus Kapitalvermögen (Zinsen, Dividenden) und aus Vermietung und Verpachtung. Für freiwillig Versicherte, die einen Gründungszuschuss vom Arbeitsamt beziehen, gilt dies als Einkommen. Wenn nach Ablauf des Jahres der Bescheid über die Einkommensteuer vorliegt, wird anhand dieses Einkommens der Beitrag genau berechnet und gegebenenfalls eine Differenz nachgefordert oder erstattet. Allerdings wird zunächst mindestens ein Beitrag nach einem Mindesteinkommen in der Größenordnung von etwa 2.000 Euro pro Monat berechnet. Der Krankenversicherungsbeitrag liegt also in einer Spanne von rund 15 Prozent vom Mindesteinkommen bis 15 Prozent von der Beitragsbemessungsgrenze. Dies läuft auf einen Monatsbeitrag in der Größenordnung etwa zwischen 300 und 600 Euro hinaus. Dabei ist in den Leistungen noch kein Krankengeld enthalten. Zur Krankenversicherung kommt die Pflegeversicherung hinzu, deren Beitragssatz sich in der Größenordnung von 2 Prozent des Bruttoeinkommens bewegt.

b) Unfall

Die Berufsgenossenschaft ist grundsätzlich eine Pflichtversicherung für Arbeitnehmer: Jeder Arbeitgeber hat seine Arbeitnehmer bei dieser gesetzlichen Unfallversicherung anzumelden. Aber auch der Unternehmer kann sich gegen Arbeitsunfälle versichern. Dies ist je nach Branche unterschiedlich dringlich: bei gefährlichen und unfallträchtigen Berufen wie beim Dachdecker und beim Gerüstbauer empfehlenswert, hingegen bei der Übersetzerin, die ihre Tätigkeit im Wohnzimmer ausübt, kaum notwendig. Der Selbstständige hat die Wahl, eine private Unfallversicherung abzuschließen oder freiwillig Mitglied der Berufsgenossenschaft seiner Branche zu werden. Welche Berufsgenossenschaft dies ist, lässt sich beim Bundesverband (www.dguv.de) erfahren. Dabei kann der Unternehmer wählen, wie hoch der Versicherungsbetrag im Schadensfalle sein soll und wie hoch demgemäß der monatliche Versicherungsbeitrag ist. Er ist umso höher, je mehr Unfälle in der jeweiligen Branche vorkommen. Versichert sind Unfälle in der Ausübung der Arbeit, aber auch arbeitsnahe Unfälle, etwa auf der Fahrt zur Arbeit, beim Betriebsausflug oder beim Betriebssport, ferner Berufskrankheiten.

c) Alter

Die Altersversorgung ruht auf den **drei Säulen der gesetzlichen Rentenversicherung, der privaten Lebensversicherung und der Betriebsrente.** Wer bisher Angestellter war und sich selbstständig macht, steht vor der Frage, ob er weiterhin der gesetzlichen Rentenversicherung angehören muss oder freiwillig weiter angehören will.

Dabei gilt als selbstständig, wer seine Tätigkeit im Wesentlichen frei gestalten und Arbeitszeit und -ort frei bestimmen kann. Wer hingegen gegenüber seinem Auftraggeber zeitlich, örtlich und fachlich gebunden ist, wer zudem in den Betrieb des Arbeitgebers eingegliedert ist und keine Unternehmerinitiative zeigt, kein Unternehmerrisiko trägt, ein festes Entgelt bezieht und keine anderen Personen beschäftigt, gilt nicht als Unternehmer, sondern als Scheinselbstständiger und ist rentenversicherungspflichtig.

Darüber hinaus gehören einige Berufsgruppen von wirklich Selbstständigen ebenfalls von Gesetzes wegen zur staatlichen Rentenversicherung: die Handwerker, die Lehrer und Erzieher, Pflegepersonen, Hebammen, Seelotsen, Hausgewerbetreibende (früher Heimarbeiter genannt), Küstenschiffer, Küstenfischer, Künstler, Publizisten und Landwirte in den neuen Bundesländern. Ebenfalls pflichtversichert sind Existenzgründer, solange sie den Gründungszuschuss der Agentur für Arbeit beziehen.

Alle übrigen Selbstständigen können nach der Existenzgründung freiwillig in der Rentenversicherung bleiben, um ihre spätere Rente aufzustocken, oder freiwillig in die Rentenversicherung eintreten. Dabei kann das Einkommen, das für die Beitragsberechnung zugrunde gelegt wird, zwischen einem Mindesteinkommen und der Beitragsbemessungsgrenze frei gewählt werden. Der Mindestbeitrag liegt in der Größenordnung von 100 Euro, der Höchstbeitrag in der Größenordnung von 1.000 Euro. Die Höhe des Beitrages wirkt sich natürlich auf die spätere Rentenhöhe aus.

Daneben können Selbstständige in den ersten fünf Jahren nach Existenzgründung einen Antrag auf Pflichtversicherung stellen. Dabei werden die Versicherungsbedingungen in den meisten Fällen günstiger sein als in der freiwilligen Versicherung. Der Beitrag ist in diesen Fällen aber nicht frei wählbar, und diese Pflichtversicherung ist nicht jederzeit zu beenden, sondern nur wenn die Selbstständigkeit aufgegeben wird.

Die gesetzliche Altersversorgung wird allerdings kaum ausreichen, den gewohnten Lebensstandard aufrechtzuerhalten – auch deswegen, weil die gesetzliche Rentenversicherung nach dem Umlageverfahren funktioniert. Das heißt: Alle Beitragseinnahmen eines Jahres werden umgelegt auf die Rentenbezieher dieses Jahres. Damit befindet sich die Rentenversicherung in der demografischen Falle: Weil die Zahl der Rentner immer mehr steigt, die Zahl der Aktiven, der Beitragszahler, hingegen sinkt, müssen entweder die Beitragssätze erhöht oder die Renten gesenkt werden. Die Rente ist daher nur als Grundsicherung zu betrachten.

Deshalb ist bei der Existenzgründung, mindestens ergänzend zur gesetzlichen Rentenversicherung, an eine **private Altersvorsorge** zu denken. Sie funktioniert im Prinzip nach dem Kapitaldeckungsverfahren. Das heißt: Das eingezahlte Kapital und die Zinsen stehen ausschließlich dem Sparer zu. Einzelne Formen der privaten Altersvorsorge werden staatlich gefördert, indem diese Aufwendungen vom steuerlichen Einkommen abgezogen werden können. Die Riester-Rente gilt allerdings als kompliziert zu berechnen. Für Selbstständige, Freiberufler und Gutverdienende ist besonders die Rürup-Rente geeignet. Für die staatlich geförderten Renten gibt es einen Bestandsschutz (Garantie der Einzahlungen), aber das angesparte Kapital ist nicht zu vererben.

Anders ist es bei der nicht staatlich geförderten Vorsorge. Hier kann das angesparte Vermögen in der Regel vererbt werden, aber es gibt keinen staatlichen Bestandsschutz. Im Einzelnen gibt es hier eine Fülle von Möglichkeiten, beispielsweise Aktienfonds-Sparpläne. Eine wichtige Rolle in der Altersvorsorge spielt auch der Besitz von Immobilien; das eigene Haus garantiert mietfreies Wohnen, oder es werden regelmäßig Mieten und Pachten bezogen.

Für bestimmte Berufsgruppen, wie Ärzte, Rechtsanwälte oder Architekten, gibt es eigene berufsständische Versorgungswerke, die im Alter eine Rente zahlen. Die Mitgliedschaft in diesen Versorgungswerken folgt aus der Mitgliedschaft in der berufsständischen Kammer, beispielsweise der Ärztekammer.

Schließlich ist noch die Unterhaltspflicht der Kinder zu erwähnen. Die Unterstützung der Eltern ist nicht nur moralische oder religiöse Pflicht, sondern Bestandteil der Rechtsordnung. Bevor in den 1870er Jahren die Bismarcksche Sozialgesetzgebung einsetzte, hatten die Eltern sich ausschließlich auf die Unterstützung durch die Kinder zu verlassen.

Wer seinen Lebensunterhalt im Alter nicht aus Einkommen oder Vermögen bestreiten kann, etwa weil er im Arbeitsleben keinen oder nur einen geringen Rentenanspruch erworben hat, hat Anspruch auf die Grundsicherung im Alter nach §§ 41 ff. des Sozialgesetzbuchs XII. Die Grundsicherung soll das Existenzminimum gewährleisten und soll dem Empfänger den Antrag auf Sozialhilfe ersparen.

d) Arbeitslosigkeit

Die Arbeitslosenversicherung war traditionell die Versicherung des Arbeiters oder Angestellten gegen das Risiko, seinen Arbeitsplatz zu verlieren. Der Unternehmer hatte hiermit also nichts zu tun.

Neuerdings, seit 2006, ist jedoch die Arbeitslosenversicherung für die Selbstständigen geöffnet worden, und zwar können alle, die wöchentlich mindestens 15 Stunden arbeiten, sich hier freiwillig versichern (§ 28a des Sozialgesetzbuches, Drittes Buch), wenn sie in den letzten zwei Jahres zuvor mindestens zwölf Monate gegen Arbeitslosigkeit versichert waren oder Ersatzleistungen bezogen haben. Außerdem müssen sie unmittelbar vor der Existenzgründung versicherungspflichtig beschäftigt gewesen sein oder eine Ersatzleistung bezogen haben. Der Monatsbeitrag bewegt sich in der Größenordnung von 20 Euro. Der Antrag ist innerhalb eines Monats nach der Existenzgründung zu stellen.

Der Fall der Arbeitslosigkeit des Selbstständigen tritt ein, wenn er sein Gewerbe abmeldet oder wenn er weniger als 15 Stunden wöchentlich zu tun hat. Der Selbstständige meldet sich dann arbeitslos und bekommt die Unterstützung etwa für die Hälfte der Zeit, in der er eingezahlt hat - nach 16 Monaten Beitragszahlung gibt es für rund acht Monate Bezüge. Maximal kann für zwölf Monate Unterstützung bezogen werden, bei über 55-Jährigen länger. Bei der Höhe des Arbeitslosengeldes werden die Bezieher in vier Qualifikationsgruppen eingeteilt: Hochschulabsolventen erhalten doppelt so viel wie Ungelernte. Außerdem übernimmt das Arbeitsamt die Sozialbeiträge.

2. Betriebliche Versicherungen

Mit Ausnahme des Pleiterisikos können fast alle betrieblichen Risiken versichert werden. Das betrifft die Schäden, die dem Betrieb von anderer Seite zugefügt werden oder die ihm durch unvorhergesehene Ereignisse zustoßen können, ebenso wie die Schäden, die der Betrieb bei anderen verursacht und für die er haftet. Gerade für Existenzgründer ist die Frage der betrieblichen Versicherungen wichtig, weil noch nicht so viel Kapital vorhanden ist, dass größere Schäden aus eigenen Mitteln abgedeckt werden können. Außerdem gibt es noch keine eingespielte Routine, so dass am Anfang noch manches falsch eingefädelt wird oder schief laufen kann.

Hierbei besteht ein großer Unterschied zwischen der sozialen Sicherung und den betrieblichen Versicherungen. Bei der sozialen Sicherung geht es um Risiken, die jedermann betreffen, vor allem Krankheit und Alter. Aus der Sicht der Versicherungen handelt es sich um Massen-Risiken, die durch standardisierte Verträge abgedeckt werden, und der Staat versucht einen flächendeckenden Schutz für jedermann zu erreichen. Die betrieblichen Risiken hingegen sind sehr unterschiedlich je nach Branche und Art des Betriebes. Weil es nicht möglich und sinnvoll ist, alle betrieblichen Risiken abdecken zu wollen, muss in jedem Einzelfall festgestellt werden, welche Risiken eine ernsthafte Gefahr darstellen und sich im Ernstfall Existenz bedrohend auswirken könnten.

a) Haftpflicht

Der Unternehmer haftet für alle Schäden, die durch den Betrieb, das heißt durch Unternehmer und Mitarbeiter, verursacht werden. Diese Haftpflicht lässt sich dem Grundsatz nach weder einschränken noch nach der Höhe begrenzen. Der Existenzgründer sollte also eine Liste aufstellen und alle Schäden erfassen, die theoretisch bei Kunden, Lieferanten und in der Allgemeinheit entstehen könnten. Was könnte passieren, wenn wir falsch beraten, falsch oder verspätet liefern? Wenn das Firmenfahrzeug bei der Fahrt oder beim Kunden einen Schaden anrichtet? Handelt es sich im Zweifel um kleine Schäden, die mit eigenen Mitteln abgedeckt werden können, oder ist eine Betriebs-Haftpflichtversicherung notwendig? Hierüber wird mit dem Versicherungsvertreter gesprochen, der sich im Zweifel mit den branchentypischen Schäden auskennen wird. Gefährdet sind vor allem diejenigen Unternehmen, die beratend oder reparierend im Betrieb des Kunden tätig sind und dort womöglich etwas falsch einstöpseln. Weniger heikel ist es, wenn der Kunde ins Haus kommt, etwa im Einzelhandel.

Für Dienstleistungsunternehmen und Freiberufler gibt es die Berufs-Haftpflichtversicherung. Sie schützt vor den Folgen eines Berufsversehens, etwa wenn der Rechtsanwalt eine Frist verstreichen lässt oder wenn der Ingenieur ein fehlerhaftes Gutachten abliefert.

Für Industrieunternehmen kommt darüber hinaus eine Produkthaftpflichtversicherung in Frage. Sie deckt Schäden ab, die Dritten durch fehlerhafte Produkte erleiden. Ebenfalls vor allem für die Industrie kommt eine Umwelthaftpflichtversicherung in Betracht: wenn durch den Betrieb Boden, Wasser oder Luft verunreinigt werden.

Unternehmensleiter, beispielsweise GmbH-Geschäftsführer, können sich durch eine Vermögensschadenversicherung gegen Fälle persönlicher Haftung absichern.

b) Betriebsunterbrechung, Schäden

Falls durch ein äußeres Ereignis (Brand, Einbruch, Unwetter, geplatztes Wasserrohr etc) der Betriebsablauf im Unternehmen unterbrochen werden muss, fallen Einnahmen aus, während die Kosten weiterlaufen. Durch eine Betriebsunterbrechungsversicherung werden die laufenden Geschäftskosten abgedeckt, bis der Betrieb weiterlaufen kann: der durch Umsatzausfall entgangene Gewinn, Löhne und Gehälter, Pacht und Zinsen. Das Unternehmen wird finanziell so gestellt, als sei der Betrieb nicht unterbrochen worden.

Die Betriebsunterbrechungsversicherung wird üblicherweise mit den entsprechenden Sachversicherungen gekoppelt, das heißt mit der Feuer-, Einbruchdiebstahl-, Leitungswasser- oder Unwetterversicherung, oder auch mit der Elektronikversicherung. Diese deckt die Kosten zum Wiedereinsatz von Programmen, zur Wiedereingabe von Daten und zur Aufrechterhaltung des Geschäftsbetriebes nach einem Virenbefall. Eine Maschinenversicherung deckt die Kosten für Reparaturen an stationären und fahrbaren Maschinen, die durch menschliches Versagen, Bedienungsfehler oder Fahrlässigkeit entstehen. Eine Vertrauensschadenversicherung deckt die Kosten ab, die durch Unterschlagung, Veruntreuung, Diebstahl, Fälschung, Betrug und andere Vermögensdelikte entstehen.

Auch gegen Erdbeben kann sich das Unternehmen versichern, aber dies wird nur für einige wenige Betriebe in Betracht kommen. An diesem Beispiel wird deutlich, dass es abzuwägen gilt, welche großen Risiken ernsthaft drohen. Die Erzählungen des Versicherungsvertreters, was alles Fürchterliches passieren kann oder schon passiert ist, sind also kritisch aufzunehmen.

VIII. Das Gewerbe

Neben der alles entscheidenden Frage, ob sich eine ausreichende Nachfrage findet, ob sich der Existenzgründer daher im Wettbewerb behaupten kann, gibt es für den Gründer noch einige rechtliche Fragen. Die Bedeutung dieser Rechtsfragen wird von Laien oft überschätzt. Zumal Existenzgründer, die aus dem öffentlichen Dienst kommen, meinen leicht, das Hauptproblem bei der Existenzgründung sei die behördliche Erlaubnis. Dies ist in aller Regel nicht der Fall: Gewöhnlich genügt eine bloße Anzeige des Gewerbes. Wenn überhaupt, dann gibt es die rechtlichen Probleme nur zu Anfang, nicht im laufenden Geschäftsbetrieb.

Immerhin aber gibt es die Frage, wann überhaupt ein Gewerbe vorliegt, wann also eine Gewerbeanzeige notwendig ist. Eine weitere Frage geht dahin, wie das Geschäft sich nennen soll und ob dieser Geschäftsname, die Firma, in das Handelsregister einzutragen ist. Zu überlegen ist ferner, ob es bei der bloßen Gewerbeanzeige bleiben soll oder eine andere Rechtsform, etwa die GmbH, zu wählen ist. Wichtig sind schließlich die vom Anfänger oft übersehenen baurechtlichen Fragen: Es darf durchaus nicht jedes Gewerbe an jeder Stelle der Gemeinde ausgeübt werden, zum Beispiel kein Industriebetrieb im Wohngebiet. Schließlich betrachten wir, beginnend mit dem Handwerk, die Besonderheiten einer langen Reihe einzelner Gewerbezweige. Da geht es vor allem um die Frage, ob für den Eintritt in das Gewerbe eine Erlaubnis notwendig ist und welche Prüfungen oder Bescheinigungen für diese Erlaubnis beizubringen sind. Ferner ist von Interesse, ob die Ausübung des jeweiligen Gewerbes in einem speziellen Gesetz geregelt ist oder ob nur die allgemeinen Gesetze und die Vertragsfreiheit gelten.

1. Die Gewerbefreiheit

Zunächst muss sich der Existenzgründer von der Vorstellung frei machen, die Ausübung eines jeden Gewerbes müsse bei der Behörde beantragt werden und diese könne dann nach ihrem Ermessen mehr oder minder willkürlich entscheiden, ob sie diesem Antrag stattgibt oder nicht. So war es in der DDR, aber so ist es in der Bundesrepublik gerade nicht. Vielmehr sind eingangs des Grundgesetzes die unverletzlichen und unveräußerlichen Grundrechte als Menschenrechte aufgeführt: etwa die freie Entfaltung der Persönlichkeit, die Meinungsfreiheit und die Freizügigkeit. Zu diesen Grundrechten gehört nach Artikel 12 Grundgesetz auch die Freiheit der Berufswahl: Alle Deutschen haben das Recht, Beruf und Arbeitsplatz frei zu wählen. Zu diesem Grundrecht gehört auch die freie Wahl, ob der jeweilige Beruf in abhängiger Stellung oder selbstständig ausgeübt werden soll. Dieses Grundrecht wird also nicht etwa vom Staat gewährt, sondern jedermann hat dieses Grundrecht, und der Bürger zeigt lediglich beim Staat an, ob und in welcher Form er von diesem Grundrecht Gebrauch macht.

Macht jemand vom Grundrecht auf Freizügigkeit Gebrauch und zieht an einen anderen Wohnort, so meldet er dies beim Einwohnermeldeamt. Der Inspektor auf dem Amt wird sich kaum darüber auslassen, ob er diesen Umzug für gut und richtig hält. Ebenso ist es bei der Gewerbeanzeige: auch diese wird lediglich als Anzeige entgegengenommen. Es wird nicht etwa inhaltlich geprüft, ob wir den weiteren Betrieb brauchen, ob die Versorgung auch ohne diesen Betrieb gesichert, ob die Gründung aussichtsreich ist und ob die bisherigen Betriebe durch den neuen Wettbewerber belastet werden. Nur in einer einzigen Branche gibt es hiervon eine Ausnahme: Bei der Erteilung von Taxikonzessionen werden in der Tat diese Fragen geprüft. Ob diese Ausnahme von der allgemeinen Gewerbefreiheit sinnvoll und politisch vertretbar ist, darf bezweifelt werden, zumal bei den Mietwagen, die in demselben Markt tätig sind, eine andere Regelung gilt: Dort wird nicht der Bedarf geprüft, sondern jeder, der die Prüfung abgelegt hat, hat Anspruch auf eine Erlaubnis. So ist es auch bei allen anderen Branchen, bei denen der Zugang an eine Erlaubnis gekoppelt ist: Sobald die dort genannten Bedingungen erfüllt sind, muss die Erlaubnis erteilt werden.

Der Grundsatz der Gewerbefreiheit ist in § 1 der Gewerbeordnung konstituiert: Der Betrieb eines Gewerbes ist jedermann gestattet, soweit nicht durch die Gewerbeordnung Ausnahmen oder Beschränkungen vorgeschrieben oder zugelassen sind. Die Gewerbefreiheit gilt nicht nur für natürliche Personen (das heißt Einwohner, Staatsbürger), sondern auch für juristische Personen des Privatrechts (zum Beispiel Kapitalgesellschaften) und des öffentlichen Rechts (zum Beispiel Sparkassen).

Diese Gewerbefreiheit gilt auch für Ausländer aus den Mitgliedsstaaten der Europäischen Union: In der gesamten Europäischen Union herrscht Niederlassungsfreiheit. Die EU-Ausländer dürfen nicht benachteiligt werden und werden im Tagesgeschäft ebenso behandelt wie Inländer. Jeder Pole, jeder Portugiese etc kann sich zu denselben Bedingungen niederlassen wie ein Deutscher, und umgekehrt kann sich jeder Deutsche in Polen, Portugal etc niederlassen. Gleiches gilt für die verbliebenen Staaten des Europäischen Wirtschaftsraums. Dies sind Island, Liechtenstein und Norwegen. Soweit im Erlaubnisverfahren die Anerkennung ausländischer Prüfungen notwendig ist, sind hierfür die Industrie- und Handelskammern zuständig.

Etwas schwieriger ist die Niederlassung für Ausländer aus Staaten außerhalb der Europäischen Union: den Döner-Imbiss des Türken, das Balkan-Restaurant des Serben oder das China-Restaurant. Hier wird inhaltlich geprüft, ob an der Gründung ein übergeordnetes wirtschaftliches Interesse oder ein besonderes regionales Bedürfnis besteht, ob positive Auswirkungen auf die Wirtschaft zu erwarten sind, ob die Finanzierung gesichert ist und ob bei Gründern über 45 Jahren eine angemessene Altersversorgung gesichert ist. Diese Abwägung wird örtlich unterschiedlich liberaler oder restriktiver gehandhabt. Im Allgemeinen herrscht die Haltung vor, dass jeder zusätzliche Betrieb die regionale Wirtschaft stärkt und das Angebot bereichert.

2. Abgrenzung des Gewerbes

Leider fehlt eine gesetzliche Definition dessen, welche Tätigkeiten als „Gewerbe“ zu betrachten sind. Dieser Begriff wird nicht etwa volkswirtschaftlich definiert, im Sinne eines Unternehmers, der auf eigene Rechnung und eigenes Risiko am Markt ein Produkt oder eine Dienstleistung anbietet. Es gibt zahlreiche Selbstständige, die im volkswirtschaftlichen Sinne als Unternehmer zu betrachten sind und von jeder Bank als Geschäftskunden behandelt werden, die jedoch nicht als Gewerbetreibende gelten, etwa Ärzte oder Landwirte. Die Abgrenzung des Gewerbes ist vielmehr nur dadurch zu erklären, dass die Gewerbeordnung im Kern aus dem 19. Jahrhundert stammt und die damaligen gesellschaftlichen Verhältnisse widerspiegelt. In der deutschen Gesellschaft vor dem Ersten Weltkrieg waren die Selbstständigen in deutlich getrennten Schichten (Ständen) unterschieden:

(1) Der Kaufmannsstand aus Fabrikanten, Händlern, Bankiers, Fuhrunternehmern und, gesondert verfasst, dem Handwerk.

(2) Das gebildete Bürgertum, das sich als kulturtragende Schicht verstand und gehobene akademische Berufe (Arzt, Jurist, Architekt, Sachverständige etc) ausübte – nicht etwa zum Gelderwerb, sondern aus ideeller Zielsetzung. Am Rande gehörten hierzu auch die Künstler, die ebenfalls nicht gewinnorientiert arbeiten, sondern sich nur der Kunst verpflichtet fühlen, sowie die Schriftsteller und die freien Journalisten.

(3) Wohlhabende Besitzbürger, die von den Erträgnissen ihres Vermögens lebten.

(4) Die traditionelle Welt der Landwirte, Waldbesitzer, Fischer, Bergleute, Jäger und Sammler. Diese Betriebe wurden nicht gewinnorientiert geführt, sondern es wurde lediglich mengenmäßig eine maximale Ausbeute angestrebt.

Hiervon galt, und gilt noch heute, nur (1) als Gewerbe. Tatsächlich hat sich auch in den drei anderen Gruppen das betriebswirtschaftliche Denken, also die Gewinnorientierung, mehr oder minder durchgesetzt. Dies wird jedoch in der Gewerbeordnung nicht zur Kenntnis genommen, und (2) bis (4) gelten unverändert nicht als Gewerbe, sondern (2) sind die Freien Berufe, (3) ist die Verwaltung eigenen Vermögens, (4) gilt als Urproduktion. Demgemäß ist bei einer Existenzgründung in den Bereichen (2) bis (4) keine Gewerbeanzeige fällig, sondern lediglich eine Anzeige beim Finanzamt, und diese Berufsgruppen unterliegen auch nicht der Gewerbesteuer.

Zum Verständnis des überkommenen Gewerbebegriffs ist auch der Schutzzweck der damaligen Gewerbeordnung zu beachten. Es ging nicht um Finanzielles oder Steuerliches, sondern um eine Registrierung der eingerichteten Gewerbebetriebe, von denen gewisse Gefahren ausgingen: entweder technische Gefahren (Dampfkesselexplosion), Umweltgefahren (Verunreinigung von Gewässern), gesundheitliche Gefahren für die Belegschaft oder sittliche Gefahren in den Schankwirtschaften. Ferner ging es um die Abwehr des lästigen Hausiererhandels. Die Gewerbeordnung hatte den Zweck, der Gewerbepolizeibehörde die Überwachung der Betriebe zu ermöglichen. Diese Aufgaben werden heute durch das Staatliche Gewerbeaufsichtsamt wahrgenommen.

Im Lauf der Jahrzehnte sind einzelne Geschäftszweige aus der Gewerbeordnung ausgeschieden und in gesonderten Gesetzen geregelt worden, etwa in der Handwerksordnung, im Gaststättengesetz und in zahlreichen weiteren Gesetzen. Diese Gruppen sind damit nicht etwa aus dem Gewerbebegriff ausgeschieden, sondern sind unverändert Gewerbe. Die leitenden Gedanken der Gewerbeordnung gelten auch für sie. Insofern ist das Gewerberecht, obwohl auf viele Gesetze verteilt, ein einheitliches Ganzes.

Zur Abgrenzung des Gewerbes dienen heute folgende Merkmale: Gewerbe ist eine selbstständige, erlaubte, auf Gewinnerzielung gerichtete und auf gewisse Dauer angelegte Tätigkeit im wirtschaftlichen Bereich. Nur wenn alle vier Merkmale gegeben sind, liegt ein Gewerbe vor:

(1) Selbstständig, nicht etwa scheinselbstständig, sondern Tätigkeit im eigenen Namen, auf eigenes Risiko, mit eigener Entscheidung in allen betriebswirtschaftlichen Fragen, mit eigener Einteilung der Arbeitszeit.

(2) Erlaubt, also nicht generell verboten oder unsittlich (in der Fachsprache: sozial unwertig). Insofern ist die gängige Redensart, die Prostitution sei das älteste Gewerbe der Welt, nicht zutreffend. Diese Tätigkeit ist zwar erlaubt, sogar durch ein eignes Gesetz geregelt und insofern anerkannt, aber sozial unwertig, und daher kein Gewerbe. – Wird im Einzelfall bei einer erlaubnispflichtigen Tätigkeit versäumt, die Erlaubnis einzuholen, so handelt es sich trotzdem um ein Gewerbe; nur wird es rechtswidrig ausgeübt.

(3) Auf Gewinnerzielung gerichtet: Gemeint ist ein intensives Gewinnstreben, das sich zu einem Geschäftsbetrieb verfestigt hat. Einzelne Gelegenheits- und Bagatellfälle gelten nicht als Gewerbe. Das bloße Vermieten und Verpachten gilt ebenfalls nicht als Gewerbe, solange sich hieraus kein Geschäftsbetrieb entwickelt. – Entscheidend ist die Absicht, Gewinn zu erzielen, und nicht, ob dies gelingt. – Wenn der Betrieb unmittelbar gemeinnützigen Zwecken dient, etwa bei einem kirchlichen Kindergarten oder bei einer Rettungsstation des Deutschen Roten Kreuzes, wird unterstellt, dass keine Gewinnerzielungsabsicht und daher kein Gewerbe vorliegt.

(4) Auf eine gewisse Dauer angelegt: Gemeint ist eine nachhaltige, planmäßige und nicht nur gelegentliche oder zufällige Tätigkeit, wenn also eine dauerhafte Einnahmequelle erschlossen werden soll.

Im Einzelfall können sich auch die freiberufliche Tätigkeit, die Verwaltung eigenen Vermögens und die Urproduktion zu Geschäftsbetrieben verfestigen und gelten dann ebenfalls als Gewerbe. Hier kann es haarfeine Abgrenzungen geben. Beispielsweise wird die Kutterfischerei der Landwirtschaft zugerechnet, ist also kein Gewerbe, während die Hochseefischerei zur Industrie gehört, also zum Gewerbe.

3. Die Gewerbeanzeige

Wer sich in den Bereichen der Freien Berufe, der Verwaltung eigenen Vermögens oder der Urproduktion selbstständig macht, meldet dies lediglich beim Finanzamt an. Die gewerblichen Existenzgründer hingegen haben die Eröffnung des Geschäfts, sobald dieses begonnen wird, beim Ordnungsamt der Gemeinde (in Hamburg und Berlin: beim Bezirksamt, in Bremen: beim Stadtamt) anzuzeigen (§ 14 der Gewerbeordnung). Hierzu muss der Gründer persönlich auf dem Amt erscheinen. Er nimmt einen Personalausweis mit, um sich ausweisen zu können. Ebenso anzuzeigen sind eine bedeutende Änderung des Geschäftsgegenstandes, eine Ausdehnung des Geschäfts auf nicht branchenübliche Tätigkeiten, Inhaberwechsel und

Nachfolge, eine Änderung des Geschäftssitzes (Ummeldung), die Begründung einer Zweigniederlassung oder unselbstständigen Zweigstelle oder die Aufgabe der Tätigkeit. Für die Gewerbeanzeige erhebt die Gemeinde eine Gebühr in örtlich unterschiedlicher Höhe (irgendwo zwischen 10 Euro und 100 Euro), und der Anzeigende bekommt eine Kopie der Anzeige ausgehändigt, den sogenannten Gewerbeschein. Dieser Schein besagt allerdings nur, dass das Gewerbe angezeigt wurde. Er ist nicht mit einer Erlaubnis zu verwechseln. Diese muss vielmehr in den erlaubnispflichtigen Gewerben gesondert beantragt werden. Ebenso ist der Gewerbeschein keine baurechtliche Genehmigung, eine Betriebsstätte zu errichten.

In Feld 1 der Gewerbe-Anmeldung ist der im Handels-, Genossenschafts- oder Vereinsregister eingetragene Name mit Rechtsform einzutragen. Hier können die meisten Existenzgründer einfach einen Strich machen, weil der Betrieb in aller Regel nicht oder noch nicht in das Handelsregister einzutragen ist. Nach § 1 des Handelsgesetzbuchs ist jemand nur Kaufmann und daher in das Handelsregister einzutragen, wenn das Unternehmen nach Art oder Umfang einen in kaufmännischer Weise eingerichteten Geschäftsbetrieb erfordert. Dies ist bei den Gründern in aller Regel nicht der Fall, wenn die Art der Tätigkeit einfach, der Geschäftsumfang überschaubar und kaufmännische Einrichtungen wie doppelte Buchführung, Inventur und Bilanz nicht erforderlich sind. Einfacher Art sind solche Geschäfte, die unkompliziert abgewickelt werden können, bei denen langfristige Dispositionen nicht erforderlich sind und auch keine lang andauernden Gewährleistungsfristen eingehalten werden müssen. Diese nicht im Handelsregister eingetragenen Betriebe sind Kleingewerbetreibende. Melden mehrere gemeinsam das Gewerbe an, so entsteht eine Gesellschaft bürgerlichen Rechts. Auch sie ist nicht in das Handelsregister einzutragen. Anders ist es, wenn ein bereits in das Handelsregister eingetragener Betrieb übernommen wird oder wenn beispielsweise eine Offene Handelsgesellschaft, eine GmbH oder eine Kommanditgesellschaft gegründet werden sollen.

In Feld 15 ist auszufüllen, welche Tätigkeit ausgeübt werden soll. Hier sind unklare Bezeichnungen wie „Industrie-Service“ oder „Logistik“ zu vermeiden. Am einfachsten wird zunächst die Art der Tätigkeit genannt, also Herstellung von …, Großhandel/Einzelhandel/Handelsvertretung mit ..., Transport von ... und dann die Güter, um die es geht: Herstellung von Möbeln, Großhandel mit Nahrungsmitteln etc. Oder es wird die Dienstleistung genannt, die beabsichtigt ist. Anhand der hier genannten Tätigkeit stellt die Behörde fest, ob die Tätigkeit eine Erlaubnis erfordert und ob es sich um ein Handwerk handelt. Demgemäß ist auch bei Feld 18 sorgfältig zu überlegen, ob „Industrie", „Handwerk", „Handel" oder „Sonstiges" angekreuzt wird, denn bei Gründungen in Industrie, Handel oder „sonstigen" Bereichen geht eine Kopie der Gewerbeanmeldung zur Industrie- und Handelskammer, bei „Handwerk" hingegen zur Handwerkskammer, und diese prüft, ob der Betrieb eine Meisterprüfung erfordert. Die Industrie- und Handelskammer hingegen registriert lediglich den Betrieb.

In Feld 16 ist auszufüllen, ob die Tätigkeit im Nebenerwerb betrieben wird. Aus der Sicht des Gewerberechts, beispielsweise für die Frage, ob ein Gewerbe anzumelden ist, geht es nur um den Umfang des Geschäfts und nicht um die Frage, ob dieses haupt- oder nebenberuflich ausgeübt wird. Diese Frage kann aber beispielsweise für die Krankenversicherung wichtig sein, denn wer die selbstständige Tätigkeit nur neben seiner Angestelltentätigkeit ausübt, bleibt in jedem Fall in der gesetzlichen Krankenkasse.

In Feld 28 und 29 der Gewerbe-Anmeldung ist auszufüllen, ob eine Erlaubnis vorliegt. Mit dieser Frage beschäftigen wir uns in Kapitel IX dieses Buches.

Kopien der Gewerbe-Anmeldung gehen regelmäßig zum Finanzamt, zur Industrie- und Handelskammer oder zur Handwerkskammer, zur Gewerbeaufsicht, zum Arbeitsamt, zur Berufsgenossenschaft, zum Zoll (zuständig für die Bekämpfung der Schwarzarbeit), zum Registergericht (nur bei den handelsregisterlich eingetragenen Firmen) und an das Statistische Landesamt. Mit diesen Stellen braucht also der Existenzgründer keinen gesonderten Kontakt aufzunehmen. Nahe liegend ist aber, dies zu tun. Zum Beispiel kann sich der Existenzgründer an die Industrie- und Handelskammer wenden, die einen umfassenden Beratungs-Service bietet, und zwar bereits im Vorfeld der Gründung und der Kammer-Mitgliedschaft.

Die Angaben auf der Gewerbe-Anmeldung sind nicht öffentlich zugänglich. Jedoch dürfen der Name, die betriebliche Anschrift und die Art der angezeigten Tätigkeit öffentlich zugänglich gemacht werden. Beispielsweise versenden die Industrie- und Handelskammern ständig Listen von Gewerbetreibenden, etwa wenn sie um Lieferantennachweise gebeten werden. Wer auf diesen Listen nicht erscheinen will, kann einen Sperrvermerk anbringen lassen.

Wer sich im Reisegewerbe selbstständig macht, meldet kein Gewerbe an, sondern beantragt eine Reisegewerbekarte als Erlaubnis der Gewerbebehörde (§ 55 der Gewerbeordnung). Als Reisegewerbe gilt, wenn jemand außerhalb seiner gewerblichen Niederlassung oder ohne eine solche zu haben, andere ohne vorherige Bestellung aufsucht, Waren oder Dienstleistungen anbietet, Waren ankauft oder Bestellungen entgegennimmt. Gemeint ist der Stand auf dem Markt, der Schausteller mit Karussell oder Schießbude, ebenso der ambulante über die Dörfer ziehende Händler mit seinem Verkaufswagen.

4. Name und Firma

Wenn Bertram Müller sich selbstständig macht, kann er sich Briefbogen drucken lassen, auf denen nur dieser Name und seine Anschrift verzeichnet sind. Dies wäre aber nicht sinnvoll, denn die Kundschaft soll ja wissen, mit welchen Wünschen sie sich an Bertram Müller wenden kann. Es ist also ein passender Geschäftsname zu finden. Diese Frage will eingehend überlegt sein. Wie viel man auf diesem Gebiet falsch machen kann, möge folgendes Beispiel verdeutlichen.

Fritz Meyer, gelernter Kaufmann, und Gesine Müller, langjährige Kindergartenleiterin, richten im Nordseeheilbad eine Spielscheune ein. Gemeint ist ein Saal mit Klettergerüsten und Spielsachen vielfältiger Art und Cafeteria, wohin Eltern mit Kindern kommen können, zumal bei Regenwetter. Außerdem können die Eltern hier die Kinder für einige Stunden zu einem beaufsichtigten Spielen abgeben. Als Name für die teuer und liebevoll eingerichtete Scheune haben sich die beiden „Piratennest“ ausgedacht, weil sie meinen, dass dies bei Kindern gut ankommt. An vielen Stellen im Nordseeheilbad werden Schilder „Zum Piratennest“ angebracht. Der Besuch bleibt jedoch sehr gering, nach einigen Monaten wird unter hohen Verlusten geschlossen. Nur durch einen Zufall bekommen die beiden Gründer mit, was die Ursache war: Die Kurgäste konnten mit dem Wort

„Piratennest" nichts anfangen. Entweder haben sie diese Schilder gar nicht zur Kenntnis genommen, oder sie meinten, es handele sich um eine wilde Hafenkneipe. Geschickter wäre es gewesen, einfach das zu inserieren, um das es geht: „Zur Spielscheune".

Das Problem ist also, einen Geschäftsnamen zu finden, der an die Bedürfnisse der Kunden anknüpft und von diesen auf Anhieb verstanden wird. Dringend zu warnen ist vor allen aparten, exotischen, geheimnisvollen, witzigen, fremdsprachigen oder ironischen Bezeichnungen: Dies wird regelmäßig missverstanden oder erweckt Misstrauen. Das einfachste Verfahren zur Prüfung eines Geschäftsnamens ist, ein Dutzend Außenstehende zu befragen: was fällt dir bei diesem Namen ganz spontan ein? Der Existenzgründer wird sich wundern, wie viele Möglichkeiten es gibt, einen Namen misszuverstehen oder falsche Assoziationen zu wecken.

Bei der Durchsicht eines Kleinstadt-Telefonbuchs sind zum **Beispiel** folgende Geschäftsbezeichnungen zu finden:

- „Andreas Schnitt-Punkt": nicht jeder wird darauf kommen, dass es sich um einen Friseursalon handelt.
- „All-Service": ungeschickt, weil Art der Tätigkeit nicht angegeben.
- „D & B": für Außenstehende nichts sagend, womöglich wollen sich die Inhaber hinter ihren Initialen verstecken.
- „Müller, WEG-Verwaltung": wieder eine Abkürzung, die nicht jedermann geläufig ist.
- „Pattbergs Welle": Wer hätte gedacht, dass hier ein Party-Service betrieben wird?
- „Suckau GmbH, 24 Stunden Notdienst" ohne nähere Erläuterung: In welchen Notfällen soll ich hier anrufen? Bei Herzanfall oder bei verlorenem Hausschlüssel?
- „Steinmüller, Logotherapie": Eine Mutter, die sich Sorgen macht, weil ihr Kind stottert oder lispelt, weiß gewöhnlich nicht, dass sie hier richtig ist. Die fachärztlichen Bezeichnungen wie „Dermatologe" oder „HNO-Praxis" sind vielen Laien unbekannt.
- „Freudenhaus": nicht etwa ein Bordell, sondern ein Handel mit Geschenkartikeln, mit denen man sich kleine Freuden macht. Eine Bezeichnung, die witzig sein soll, aber regelmäßig Kopfschütteln auslöst.
- „DoWo-Center": diese Bezeichnung wird kaum jemanden ansprechen, denn mit welchen Sorgen sollte ich dort anrufen? Mancher wird DoWo für einen asiatischen Kampfsport halten. Gemeint ist vielmehr „Dort-

munder Wohnwert". Aber selbst mit dieser Erläuterung ist immer noch unklar, was eigentlich angeboten wird.

- „Buy, Build & Sell GmbH": So firmiert eine Firma, die Immobilien vermittelt und darauf hinweisen will, dass sie außerdem als Bauträger aktiv ist. Aber selbst wer den englischen Titel richtig zu „Kaufen, Bauen und Verkaufen" übersetzt, weiß immer noch nicht, dass es um Häuser geht. Den Geschäftsführern war der Gegenstand ihrer Leidenschaft so selbstverständlich, dass sie vergaßen, ihn zu erwähnen. Zudem wundern sich Ausländer darüber, weshalb in Deutschland Mitteilungen, die von Deutschen an Deutsche gerichtet sind, in einer Fremdsprache daherkommen, so dass die Einheimischen zu einer Rückübersetzung genötigt werden, bei der zahlreiche Missverständnisse entstehen. Einfacher wäre ein Firmenname nach dem Muster „Immobilien Hagedorn" mit der Unterzeile „Kaufen, Bauen, Verkaufen".
- Daneben gibt es auch Geschäftsbezeichnungen mit Wörtern wie „Kundendienst" oder „Gemeinschaftspraxis", die Außenstehenden nicht viel sagen.

Am einfachsten und überzeugendsten sind immer noch Geschäftsbezeichnungen nach dem Muster „Dachdeckerei Weckel", „Elektro Weber" oder „Ingenieurbüro Siemers", das heißt ein Wort gibt die Branche an, und zwar in einer gemeinverständlichen üblichen Form, und hinzu wird der Familienname gesetzt, um den Betrieb zu individualisieren. Dabei dürfte es sich empfehlen, die Branche voranzustellen, damit der Betrieb unter dieser Branche im Telefonbuch gefunden wird. „Nöckel, Taxibetrieb" wird unter N kaum jemand finden, weil jeder, der ein Taxi braucht, unter T nachsieht.

Nur in der Gastronomie gibt es eine andere Tradition. Da sind althergebrachte Namen wie „Zum goldenen Löwen" oder „Zum Schwarzen Bären" üblich. Aber nichts spricht dagegen, auch bei Restaurants durch Bezeichnungen wie „Fischereihafenrestaurant", „Heidegasthof" oder „Pizzeria" anzudeuten, worum es geht.

Viele Geschäftgründer versuchen auch, sich hinter einem mehr oder minder wohlklingenden Geschäftsnamen zu verstecken, weil sie meinen, es brauche nicht jeder zu wissen, wer der Inhaber ist. Dies ist jedoch beim Betrieb, der nicht in das Handelsregister eingetragen ist, unzulässig. Beim Kleingewerbetreibenden als Regelfall des Existenzgründers müssen im geschäftlichen Verkehr stets der Nachname und mindestens ein ausgeschriebener Vorname verwandt werden. Aus jedem Geschäftsbrief, jeder Rechnung und jedem Angebot soll eindeutig erkennbar sein, wer verantwortlich ist und wer haftet. Im Einzelhandel ist deshalb außerdem an der Außenseite oder am Eingang des Ladens ein Schild mit Name und ausgeschriebenem Vornamen anzubringen.

Hier besteht ein grundsätzlicher Unterschied zu den handelsregisterlich eingetragenen Unternehmen: Bei diesen ist der Geschäftsname, die Firma, weitgehend abgelöst von den Personen, die dahinterstehen. Die Firma besteht weiter, auch wenn die Personen wechseln. Beim Kleingewerbetreibenden hingegen sind Person und Geschäft nicht getrennt, sondern es ist der Mann oder die Frau, die das Geschäft betreiben und die mit ihrer Person, das heißt mit dem ganzen geschäftlichen und privaten Vermögen, haften. Ebenso ist es bei den Gesellschaften bürgerlichen Rechts, die ebenfalls nicht in das Handelsregister eingetragen sind: Hier sind alle Gesellschafter mit Vor- und Zuname zu nennen, außerdem der Zusatz „Gesellschaft bürgerlichen Rechts“ oder „GbR“.

Die formlosen, nicht eingetragenen Geschäftsbezeichnungen der Kleingewerbetreibenden dürfen nicht irreführend sein: nicht mit dem Zusatz „international“, wenn nur örtlich tätig, nicht „Autohaus“, wenn nur eine Garagenwerkstatt, und nicht mit dem Zusatz „Inhaber“, weil dadurch der Eindruck erweckt wird, als sei das Geschäft in das Handelsregister eingetragen. Außerdem ist es verboten, sich an einen bereits bekannten Namen anzuhängen. Wer eine Getränkefabrik eröffnet, wird kaum auf den Gedanken kommen, das neue Getränk „Coca Cola“ zu nennen, weil für diesen Fall mit Schwierigkeiten zu rechnen ist. Aber auch, was nicht als Marke oder Firma im Register eingetragen ist, wie die Gaststätte „Zum Wiesengrund“, genießt einen Wettbewerbsschutz, wenn diese Bezeichnung schon seit Jahren im Gebrauch ist. Der Existenzgründer muss sich also vergewissern, dass der gewählte Name zumindest am Ort nicht schon vergeben ist. Eine Verwechslung muss ausgeschlossen sein.

Ist die Existenzgründung gelungen, hat sich das Geschäft in einigen Jahren vielfältig entwickelt, werden einige Mitarbeiter beschäftigt, so wird es Zeit, über eine Eintragung in das Handelsregister nachzudenken. Der Weg dorthin führt über den Notar, der die Unterlagen beim Registergericht einreicht. Dieses sendet sie routinemäßig der Industrie- und Handelskammer zur Stellungnahme zu. Dieser Weg lässt sich abkürzen, indem vorweg bei der Handelskammer gefragt wird, ob die in Aussicht genommene Firma eintragungsfähig ist.

Mit der Eintragung in das Handelsregister befindet sich der Geschäftsmann im Reich des Handelsgesetzbuchs (HGB). Wie schon die Überschrift „Handelsstand" über dem Ersten Buch des Handelsgesetzbuchs andeutet, handelt es sich um ein gesondertes Standesrecht für Kaufleute, nicht etwa nur des Handels, sondern aller Branchen. Der Konsumentenschutz, dass nämlich Unerfahrene vor unüberlegten Vertragsabschlüssen bewahrt werden müssen und unter Umständen von diesen zurücktreten können, gilt in diesem Reich nicht. Vielmehr wird unter Kaufleuten vermutet, dass sich ein Kaufmann über die Konsequenzen seiner schriftlich und insbesondere auch mündlich oder gar schweigend gegebenen Willensäußerungen im Klaren ist. Beispielsweise gibt es Auktionen, an denen nur handelsregisterlich eingetragene Firmen teilnehmen dürfen. Wenn dort jemand wie bisher den Blickkontakt zum Auktionator sucht und weiterhin den Finger in die Luft hält, gilt dies als Zeichen „Ich biete weiter mit". Da kann sich niemand damit herausreden, er nehme zum ersten Mal teil und sei mit den hiesigen Sitten nicht vertraut. Wer dies versucht, muss mit dem Hinweis „Wir sind doch hier nicht im Kindergarten!" rechnen. Die nicht schriftlich fixierten, aber unter Kaufleuten üblichen Gewohnheiten (Handelsbräuche) sind bindend für alle Partner.

Unter Kaufleuten gilt auch die nur mündlich übernommene Bürgschaft als bindend (§ 350 HGB) – ein Kaufmann weiß eben, dass er hiermit unter Umständen seine Existenz aufs Spiel setzt. Unter Kaufleuten kann eine vereinbarte Vertragsstrafe nicht als unverhältnismäßig hoch herabgesetzt werden, was unter Nichtkaufleuten möglich ist (§ 348 HGB): Das Wort des Kaufmanns ist bindend. Unter hamburgischen Kaufleuten tut man sich viel auf seine Kaufmannsehre zugute. Diese verlangt, auch eine nur mündlich gegebene Zusage unter allen Umständen einzuhalten, selbst wenn dies mit hohen Verlusten verbunden ist. Wer da versucht, sich mit fadenscheinigen Vorwänden herauszuwinden, ist unten durch und bekommt, wie man in Hamburg sagt, kein Bein mehr an Deck.

Die Eintragung in das Handelsregister hat aber auch Vorteile, etwa im Außenhandel. In vielen Ländern wird ein Unternehmen erst dann recht ernst genommen, wenn es in irgendeiner Weise staatlich registriert, zertifiziert (auf die Einhaltung gewisser Standards geprüft) oder akkreditiert (seinerseits zu einer Überprüfung berechtigt) ist.

Für die Eintragung der Firma gelten einige Grundsätze. So ist die Rechtsform des Unternehmens anzugeben. Im Normalfall, dass nämlich der Kleingewerbetreibende Inhaber der Firma wird, ist die Rechtsform „eingetragener Kaufmann" oder „eingetragene Kauffrau", meist abgekürzt zu „e. Kfm." oder „e. Kfr.". Aus der Gesellschaft bürgerlichen Rechts wird, wenn weiterhin alle Gesellschafter unbeschränkt haften, eine Offene Handelsgesellschaft (OHG), ansonsten können eine Kommanditgesellschaft (KG) oder eine Gesellschaft mit beschränkter Haftung (GmbH) begründet werden. Eine Aktiengesellschaft wird für den Anfang kaum in Frage kommen. Für die Firma (hier immer verstanden als Geschäftsname) gilt der Grundsatz der Firmenwahrheit (keine falschen oder irreführenden Angaben) und der Ausschließlichkeit (der Firmenname darf nicht schon vergeben oder mit einer bestehenden Firma zu verwechseln sein). Die Firma besteht weiter, auch wenn sich bei den beteiligten Personen etwas ändert, etwa durch Heirat oder Inhaberwechsel. Die Eintragungen in das Handelsregister genießen einen öffentlichen Glauben, das heißt auf diese Eintragungen kann sich jedermann verlassen, selbst wenn sie unrichtig eingetragen sind.

Auf allen Geschäftsbriefen müssen die Firma, der Ort des Geschäftssitzes, das Registergericht und die Nummer, unter der die Firma in das Register eingetragen ist, angegeben werden. Im Handelsregister gibt es eine Abteilung A für Personen- und eine Abteilung B für Kapitalgesellschaften. Das Handelsregister ist öffentlich einsehbar. Bei der Handelskammer ist jederzeit zu erfragen, ob und wie ein Unternehmen eingetragen ist. Im Internet ist das bundesweit geführte Unternehmensregister einzusehen (www.unternehmens register.de).

Weitere Pflichten, die mit der Eintragung in das Handelsregister auf den Kaufmann zukommen, sind in §§ 238 ff. HGB aufgeführt: eine ordnungsgemäße Buchführung mit Eröffnungsbilanz, Inventur und Jahresabschluss, eine geordnete Führung der Handelsbücher und des Schriftwechsels. Die Buchführungsunterlagen sind für zehn Jahre, der Schriftwechsel für sechs Jahre aufzubewahren. Im Falle eines Rechtsstreits sind diese Unterlagen bei Gericht vorzulegen. Die Eintragung in das Handelsregister und die hiermit verbundene Aufnahme in den Kaufmannsstand ist also keine bloße Formsache, sondern mit einer pflichtgemäßen und von Außenstehenden erwarteten Professionalisierung des gesamten Unternehmens verbunden.

5. Rechtsformen

Viele Existenzgründer fühlen sich unbehaglich bei dem Gedanken, dass sie mit ihrem gesamten persönlichen Vermögen haften, wenn sie ihr Gewerbe anmelden und als Kleingewerbetreibende am Geschäftsleben teilnehmen. Der Gedanke ist also nahe liegend und verführerisch, eine Gesellschaft mit beschränkter Haftpflicht zu gründen, eine GmbH, und auf diese Weise eine Brandmauer zwischen dem geschäftlichen und dem persönlichen Vermögen zu errichten und das Private für den Notfall, die Insolvenz, vor dem Zugriff der Banken und der sonstigen Gläubiger zu retten. Dieser Gedanke führt allerdings schon deswegen nicht weit, weil die Bank gewöhnlich eine selbstschuldnerische Bürgschaft verlangt. Diese Bürgschaft besagt, dass der Gründer persönlich sich verpflichtet, die Verbindlichkeiten der GmbH zu bezahlen. Bei einer normalen Bürgschaft kann der Bürge verlangen, dass der Gläubiger (hier: die Bank) zunächst gegen den Hauptschuldner (das wäre hier die GmbH) klagt. Bei einer selbstschuldnerischen Bürgschaft hat der Gründer diese Einrede nicht, sondern er ist sofort zur Zahlung verpflichtet, wenn die GmbH nicht bei Fälligkeit zahlt.

Hinzu kommt erschwerend, dass das Stammkapital der GmbH mindestens 25.000 Euro beträgt. Daher galt es zeitweise als sehr schlau, eine englische limited zu gründen, wozu kein Stammkapital erforderlich war. Fachleute haben hiervon jedoch abgeraten: Mit einer limited bewegt sich der Gründer im angelsächsischen Rechtskreis und kann nicht übersehen, welche Pflichten auf ihn zukommen. Im Jahr 2008 trat dann das MoMiG in Kraft. Hinter diesem lustigen Namen verbirgt sich Gesetz zur Modernisierung des GmbH-Rechts und zur Bekämpfung von Missbräuchen. Jetzt braucht niemand mehr nach England auszuweichen, wenn er ohne Stammkapital eine GmbH gründen will. Es gibt als „mini-GmbH" in Deutschland die Unternehmergesellschaft (haftungsbeschränkt). Sie benötigt nur ein Stammkapital von mindestens 1 (in Worten: einem) Euro, ähnelt ansonsten aber weitgehend der traditionellen GmbH, muss ihre Jahresabschlüsse veröffentlichen und ist normal körperschaftssteuer- und gewerbesteuerpflichtig. Für die Gründung einer GmbH und daher auch für diese Mini-GmbH kann, wenn es nicht mehr als drei Gesellschafter und einen Geschäftsführer geben soll, ein vereinfachtes Verfahren mit einem vorgedruckten Musterprotokoll der Gründungsversammlung genutzt werden. Dann entstehen nur Notarkosten von etwa 20 Euro und Registergebühren von etwa 100 Euro. Im Rechtsverkehr darf diese Mini-GmbH nur mit dem Rechtsform-Zusatz „Unternehmergesellschaft (haftungsbeschränkt)" oder „UG (haftungsbeschränkt)" auftreten. Das Wort „haftungsbeschränkt" darf nicht abgekürzt werden. Diese Mini-GmbH hat sich aber seither nicht recht durchsetzen können.

Auch hier ist zu unterscheiden zwischen dem rechtlich Möglichen und dem kaufmännisch Angebrachten. Der Existenzgründer hat wie auch jeder andere Unternehmer einen Ruf zu gewinnen und zu verlieren. Er ist darauf angewiesen, zunächst einmal Vertrauen aufzubauen: Er möchte bei Kunden, Lieferanten und Banken nicht nur als fachlich kompetent, sondern auch als charakterlich einwandfrei gelten – als ein Mensch, der nicht einfach drauflos redet, sondern sein Wort wägt, dann aber auch mit der ganzen Person dahintersteht, als ein im weitesten Sinne ordentlicher Mensch, auf den man sich verlassen kann. Die Haftung mit dem ganzen persönlichen Vermögen ist dann ein wichtiges Symbol dafür, dass der Kaufmann sich mit der ganzen Person einbringt. Will er von vornherein die Haftung beschränken oder gar nur einen einzigen Euro als Stammkapital einbringen, so entsteht leicht der Eindruck, dass das Ganze nicht so recht ernst gemeint sei: dass der Gründer selbst dem Vorhaben nicht ganz traut und Vorbehalte hat. Weshalb sollten ihm dann die anderen mehr trauen als er sich selbst? Insofern wirkt es sehr viel überzeugender, zunächst einfach nur das Gewerbe anzumelden und die persönliche Haftung auf sich zu nehmen. Damit reiht sich der Gründer in den Kreis der mittelständischen Inhaber-Unternehmer ein.

Die Gründung einer GmbH ist allerdings nahe liegend, wenn es plausible Gründe gibt, die Funktionen des Kapitalgebers und des Geschäftsführers voneinander zu trennen. Angenommen, vier erwachsene Kinder erben je zu einem Viertel das väterliche Geschäft, aber nur einer von ihnen sieht sich bereit und in der Lage, als Unternehmer tätig zu werden. Dann gibt es keinen vernünftigen Grund, weshalb alle vier persönlich haften sollten – auch mit dem Vermögen, das mit dem Geschäft nichts zu tun hat. Hier bietet es sich an, eine GmbH mit den vier Kindern als Gesellschaftern zu gründen, und diese bestellen den einen, der unternehmerisch tätig werden soll, zum Geschäftsführer.

Ähnlich ist es, wenn ein Verein wegen seiner umfangreichen gewerblichen Tätigkeit seinen Vereinsstatus zu verlieren droht und diese ausgründen will. Da wird kaum ein Vereinsmitglied bereit sein, die persönliche Haftung auf sich zu nehmen, und es wird eine GmbH gegründet. Ähnlich ist es, wenn ein gewerblicher Betrieb aus einem nichtgewerblichen (freiberuflichen oder landwirtschaftlichen) Betrieb ausgegliedert werden soll. Auch bei einer Betriebsaufspaltung in Besitzgesellschaft und Betriebsgesellschaft liegt dies nahe: Der Besitz, das Eigentum an den Immobilien, gilt als Verwaltung eigenen Vermögens, nicht als Gewerbe, und die Betriebsgesellschaft wird als GmbH verselbstständigt.

Schließlich gibt es noch die widersinnige Konstruktion der GmbH & Co KG. Dies ist eine Kommanditgesellschaft, in der also einer, der Komplementär, persönlich haftet, während die Kommanditisten nur mit ihrer Einlage haften. Als „persönlich“ haftend ist jedoch eine GmbH eingesetzt, die eben gerade nicht persönlich haftet, sondern nur mit ihrem Kapital. So werden die steuerlichen Vorteile der Personengesellschaft KG ausgenutzt, gleichzeitig aber eine echte persönliche Haftung vermieden. Alle diese verzwickten Konstruktionen oder gar eine Aktiengesellschaft kommen jedoch für den Existenzgründer kaum in Frage: er tut gut daran, erst einmal für einige Jahre als Kleingewerbetreibender und persönlich Haftender zu zeigen, dass sein Konzept trägfähig ist und er sich im Markt behaupten kann.

6. Baurecht

Ein verbreiteter Irrtum geht dahin, dass ein Grundstückseigentümer frei entscheiden könne, wie er dieses Grundstück nutzt, beispielsweise privat oder gewerblich, und was er auf seinem Grundstück baut: ein Wohnhaus, eine Fabrik oder ein Hotel. Dies trifft nicht zu. Vielmehr ist jede Stadt in einzelne Quartiere eingeteilt, in denen entweder Wohnen oder Gewerbe oder Industrie oder Erholung oder diverse weitere Nutzungen zulässig und entgegenstehende Nutzungen untersagt sind. Der Existenzgründer tut also gut daran, sich beim Referat für Wirtschaftsförderung oder auf dem städtischen Bauamt zu erkundigen, welche Nutzungen an dem Standort möglich sind, den er ins Auge gefasst hat. Vor allem ist dies empfehlenswert, bevor ein Betrieb oder ein Haus und Grundstück gekauft werden. Zum Beispiel ist es ausgeschlossen, im Wohngebiet mit einer Produktion zu beginnen oder neben einer Schule einen Spielsalon zu eröffnen.

Räume, die bisher zum Wohnen genutzt wurden, können nicht ohne weiteres für gewerbliche Zwecke verwendet werden – schon deshalb nicht, weil dann Böden und Decken mit anderen Gewichten belastet werden, also die Statik gefährdet sein könnte. Außerdem kann es sein, dass wegen des Besucherverkehrs Parkplätze nachzuweisen sind. Nicht nur ein Neubau, sondern auch eine solche Nutzungsänderung ist daher frühzeitig mit dem Bauamt abzustimmen. Selbst die Tatsache, dass an einer bestimmten Stelle jetzt ein Gewerbebetrieb arbeitet, braucht nicht zu bedeuten, dass dies legal geschieht. Es kann auch sein, dass er an der jetzigen Stelle nur geduldet wird und keine Möglichkeiten zur Ausdehnung hat. Die baurechtliche Lage ist in den einzelnen Quartieren der Stadt ganz unterschiedlich.

In den historischen Innenstädten ist meist ein Durcheinander und enges Nebeneinander von Gewerbebetrieben und Wohnhäusern entstanden. Die hier Wohnenden fühlten sich gestört durch den Lärm und den Fahrzeugverkehr des Gewerbes. Umgekehrt waren die Gewerbetreibenden unglücklich, weil sie in der Innenstadt beengt lagen und sich nicht erweitern konnten. Oft mussten sie den Betrieb auf mehrere Stockwerke in die Höhe ausdehnen, was sich innerbetrieblich ungünstig auswirkte. Die Stadtplaner sind daher seit Jahrzehnten bemüht, die einzelnen Nutzungen zu entmischen, das heißt die verschiedenen Nutzungen auf verschiedene Gebiete der Stadt zu verteilen. Vor allem werden die Gewerbebetriebe aus der Innenstadt hinaus in die Gewerbegebiete verwiesen. Diese Aufteilung der Nutzungen auf verschiedene Gebiete hat mit dem Grundeigentum nichts zu tun, sondern gilt als Ortsgesetz gleichmäßig für alle Eigentümer und unabhängig von den Grundstücksgrenzen.

Für das gesamte Gebiet der Gemeinde gibt es einen Flächennutzungsplan, auf dem in unterschiedlichen Farben die verschiedenen Nutzungen zunächst im Groben, im Überblick, dargestellt werden, und zwar entweder Wohnbauflächen, aus Wohnen und Gewerbe gemischte Bauflächen, gewerbliche Bauflächen oder Sonderbauflächen für diverse andere Zwecke.

Aus dem Flächennutzungsplan, der nur vorbereitende Bedeutung hat, werden für kleinere Teilgebiete der Gemeinde Bebauungspläne entwickelt, die rechtsverbindlich die dort möglichen Nutzungen regeln. Danach werden unter anderem unterschieden:

- Reine Wohngebiete: zulässig ist Wohnen, ausnahmsweise auch Läden und nicht störende Handwerksbetriebe für den täglichen Bedarf der Bewohner, außerdem kleine Beherbergungsbetriebe,
- Allgemeine Wohngebiete: zulässig sind Wohnen und die zur Versorgung des Gebietes dienenden Läden, Schank- und Speisewirtschaften, ausnahmsweise auch Beherbergung und sonstiges nicht störendes Gewerbe,
- Mischgebiete: zulässig sind Wohnen und Gewerbebetriebe, die das Wohnen nicht wesentlich stören,
- Kerngebiete: für Handel und zentrale Einrichtungen der Wirtschaft, der Verwaltung und der Kultur,
- Gewerbegebiete: für nicht erheblich belästigende Betriebe,
- Industriegebiete: für Gewerbebetriebe, die anderswo unzulässig sind, das heißt vor allem für Betriebe mit Emissionen (Lärm, Abwasser, Abgase, Rauch, Erschütterungen),
- Sondergebiete für einzelne Zwecke, beispielsweise für Erholung und Fremdenverkehr oder für Einkaufszentren oder großflächige Handelsbetriebe.

Außerdem können im Bebauungsplan die Grundflächenzahl und die Geschossflächenzahl festgesetzt werden. Die Grundflächenzahl gibt an, wie viel Prozent der Grundstücksfläche bebaut werden dürfen. Die Geschossflächenzahl gibt in Prozent an, wie viel Fläche in allen Geschossen zusammen im Verhältnis zur Grundstücksfläche entstehen darf. All dies und zahlreiche weitere mögliche Vorgaben für die Nutzung eines Grundstücks sind in der Baunutzungsverordnung aufgeführt. In welcher Form diese Planungen aufzustellen und zu vollziehen sind, ist im Einzelnen im Baugesetzbuch geregelt.

Existenzgründer sollten sich also auf der Gemeinde erklären lassen, ob es für den Standort, den sie vorgesehen haben, einen Bebauungsplan gibt und welche Nutzungen dieser im Einzelnen zulässt. Dies gilt insbesondere für alle Betriebe, die durch ihren Lärm und Fahrzeugverkehr das benachbarte Wohnen stören könnten. Eine einzelne Beschwerde aus der Nachbarschaft kann da zur Existenzfrage werden. Dabei sind die Vorschriften für Lärm in den Abendstunden strenger als am Tage, was für Industriebetriebe, Fuhrunternehmen und für Gaststätten, zumal Diskotheken, zum Problem werden kann. Eine Ausnahme vom Bebauungsplan ist nicht möglich. Andererseits gilt die Baufreiheit: jedermann, der einen Antrag vorlegt, in dem alle Auflagen des Bebauungsplans berücksichtigt sind, hat Anspruch auf eine Baugenehmigung.

Für den innerstädtischen Einzelhandel ist es ein großes Problem, ob am Stadtrand Sondergebiete für großflächigen Einzelhandel ausgewiesen werden. Die Stadt kann die Ansiedlung eines Einkaufsmarktes nicht ablehnen mit der Begründung, die Einwohner der Stadt würden bereits gut versorgt und es solle kein neuer Wettbewerber hinzukommen. Möglich ist aber die Begründung, die Innenstadt werde entleert und verödet. Hierzu gibt es regelmäßig hitzige Debatten. Die Ansiedlung großflächiger Einzelhandelsbetriebe ist vor allem davon abhängig, welche raumordnerische Stellung die Gemeinde in der Hierarchie der zentralen Orte hat: bildet sie ein Oberzentrum, ein Mittelzentrum , ein Unterzentrum oder gehört sie zum ländlichen Raum? Je höher die Stellung in dieser Hierarchie, umso größere Einzelhandelsbetriebe können angesiedelt werden.

IX. Einzelne Gewerbezweige

Für jeden Existenzgründer stellt sich die Frage, ob es ein spezielles Gesetz gibt, das den Zugang zu dem angestrebten Beruf regelt: Ist der Zugang frei, braucht man also nur das Gewerbe anzumelden, oder ist eine Erlaubnis notwendig? Wie wir gesehen haben, ist der Gewerbeschein, der dem Anmelder ausgehändigt wird, nur eine Bestätigung dafür, dass das Gewerbe angemeldet wurde. Der Gewerbeschein ist also keine Erlaubnis, sondern diese ist gegebenenfalls gesondert zu beantragen. Die Bedingungen für eine Erlaubnis sind sehr unterschiedlich. Häufig ist nur durch ein Führungszeugnis nachzuweisen, dass der Antragsteller nicht vorbestraft ist. Teils sind aber auch Prüfungen vorgeschrieben, auf die sich der Bewerber langwierig vorbereiten muss. In einigen Fällen hat er aber auch nur an einer Unterrichtung, ohne Prüfung, teilzunehmen. Es gibt auch Gewerbe, bei denen die bloße Anmeldung genügt, die anschließend aber überwacht werden. Und schließlich gibt es Gesetze, die nicht den Zugang zum Gewerbe regeln, wohl aber die anschließende Ausübung. Auch hiermit muss sich der Existenzgründer vertraut machen.

Der Zweck dieser Gesetze besteht überwiegend darin, die Konsumenten vor unseriösen und unqualifizierten Angeboten zu schützen. Manchmal ist dieses Anliegen berechtigt, manchmal ist es aber auch nur ein Vorwand für den Wettbewerbsschutz: Wenn die Vertreter einer Branche sich darüber empören, dass sich jeder Hinz und Kunz ohne Vorbildung in dieser Branche tummeln, die Preise verderben und das Ansehen der Branche beschädigen könne, dass daher eine Zugangsbeschränkung eingeführt werden müsse, dann steht im Hintergrund immer das Bestreben, das Aufkommen weiterer Wettbewerber zu beschränken. Aus diesem Grund werden auch die jetzt bestehenden Zugangsschranken erbittert verteidigt. – Weitere Gründe für spezielle Regelungen einzelner Branchen, vor allem der Industrie, gibt der Umweltschutz. Einzelne Gesetze dienen dazu, die Belegschaft vor Gefahren zu schützen. Oder es soll, wie beim Handelsvertreter, einfach eine Rechtssicherheit für alle Beteiligten geschaffen werden.

Wegen der kaum übersehbaren Fülle von Gesetzen können hier nur erste Andeutungen gegeben werden.

1. Handwerk

Der Geschäftsführer der Kreishandwerkerschaft hat ein interessantes Wochenend-Hobby: Am Samstag studiert er die Kleinanzeigen der Lokalzeitung. Überall, wo „Reparatur", „Hausmeisterdienste" oder Ähnliches angeboten werden, das handwerklich sein könnte, ruft er an, gibt sich als Kunde aus und lässt sich im Einzelnen schildern, welche Tätigkeiten ausgeführt werden. Er notiert die Anschrift, und am Montag wird im Büro nachgesehen, ob dieser Betrieb im amtlichen Verzeichnis aufgeführt ist. Wenn nicht, wird geprüft, ob ein Bußgeld oder im Wiederholungsfalle eine Untersagung des Gewerbes in Betracht kommt. Ein zulassungspflichtiges Handwerk zu betreiben, ohne in die Handwerksrolle eingetragen zu sein, gilt als Schwarzarbeit und wird als Ordnungswidrigkeit verfolgt. Dementsprechend fragen sich viele Existenzgründer, welche Arbeiten sie ausführen dürfen, wenn sie keine Meisterprüfung vorzuweisen haben. In den offiziellen Verlautbarungen der Handwerksorganisation werden gern die Begriffe „Handwerk" und „Meisterprüfung" im selben Atemzug genannt, so dass leicht der Eindruck entsteht, für jegliche handwerkliche Tätigkeit sei eine Meisterprüfung erforderlich. Dies ist nicht der Fall.

Zunächst geht es um die Frage, welche Berufe überhaupt zum Handwerk gehören. Diese sind in den Anlagen A und B der Handwerksordnung aufgeführt. Weshalb es sich ausgerechnet um diese Berufe handelt, ist nur historisch verständlich. Meist handelt es sich um Traditionsberufe wie Maurer und Dachkecker, Bäcker und Klempner. Diese Berufe sind von nichthandwerklichen Berufen oft nur schwer zu unterscheiden, beispielsweise von der Industrie. Der Maurer gehört zum Handwerk, nicht aber der industrielle Bauunternehmer. Straßenbau ist Handwerk, nicht aber, wie meist der Fall, wenn es im industriellen Rahmen geschieht. Beim Existenzgründer, der zumindest am Anfang noch alles selbst machen möchte, ist allerdings eher ein Handwerk anzunehmen als ein

Industriebetrieb, der durch starke Arbeitsteilung gekennzeichnet ist.

Abgrenzungsprobleme ergeben sich aber auch in anderer Hinsicht, beispielsweise bei der Unterscheidung zwischen einem Fotografen (Handwerk), einem Bildjournalisten (freiberuflich, nicht Handwerk) und einem Foto-Künstler (ebenfalls nicht Handwerk). Auch in anderen Fällen kann die Abgrenzung zur Kunst schwierig sein, beispielsweise bei den Steinmetzen und Steinbildhauern (Anlage A) und den Holzbildhauern (Anlage B). Als Künstler kann sich jedermann ohne Prüfung selbstständig machen. Der Informationstechniker gehört zum Handwerk, die vielen Berufe der elektronischen Datenverarbeitung hingegen nicht. Wärme-, Kälte- und Schallschutzisolierer ist ein meisterpflichtiger Handwerksberuf, ebenso der Stuckateur. Wer hingegen als Trockenbauer den Dachboden mit Rigipsplatten ausbaut und verschmiert, gehört gar nicht zum Handwerk. Ebenso gilt es fein zu unterscheiden zwischen dem Winzer (Landwirt) und dem Weinküfer (Handwerk, Anlage B). Beide sind damit beschäftigt, den Rebensaft zu Wein auszubauen. Die Abgrenzung, was Handwerk ist und was nicht, mutet willkürlich an. Dies wird beispielsweise auch daran deutlich, dass das Bestattungsgewerbe zum Handwerk gehört, obwohl es mit der üblichen Vorstellung vom Handwerk (Reparaturarbeiten oder Einzelfertigung von Gegenständen auf Bestellung) nichts zu tun hat. Derartiges ist nur historisch zu erklären: das Bestattungsgewerbe kommt von der Sargtischlerei her.

Kommt der Existenzgründer zu dem Schluss, dass sein Wunschberuf zu den in Anlage A und B aufgeführten Berufen gehört, dann ist die Unterscheidung zwischen diesen beiden Anlagen wichtig, weil zu den Berufen in Anlage A im Regelfall die Meisterprüfung gehört, zu den Berufen in Anlage B hingegen nicht. Beispielsweise gehört der Straßenbauer zur Anlage A, der Asphaltierer zur Anlage B. Glaser, Glasbläser und Glasapparatebauer sollen Meister sein (Anlage A), Glasveredler sind hingegen zulassungsfrei (Anlage B). Eine Selbstständigkeit als Orthopädieschuhmacher erfordert eine Meisterprüfung, der gewöhnliche Schuhmacher hingegen nicht. Ebenso ist Fleischer ein Meisterberuf, nicht hingegen Innerei-Fleischer (Kuttler) oder Fleischzerleger und Ausbeiner.

Die Meisterprüfung besteht aus vier Teilen. In Teil I, der fachpraktischen Prüfung (dem Meisterstück), hat der Prüfling nachzuweisen, dass er wesentliche Tätigkeiten seines Handwerks meisterhaft verrichten kann. In Teil II hat er die erforderlichen fachtheoretischen Kenntnisse nachzuweisen. Teil III umfasst betriebswirtschaftliche, kaufmännische und rechtliche Kenntnisse. Weil die Meisterprüfung auch die Berechtigung umfasst, Lehrlinge auszubilden, sind in Teil IV berufs- und arbeitspädagogische Kenntnisse nachzuweisen. Zum fünfköpfigen Meisterprüfungsausschuss gehören zwei Meister des betreffenden Handwerks. Sie entscheiden also, wen sie als künftigen Wettbewerber in ihren Kreis aufnehmen möchten, wobei sich insbesondere bei der Beurteilung des Meisterstücks Spielräume ergeben.

Zulassungs- und daher meisterpflichtig sind jedoch die Betriebe aus Anlage A nur dann, wenn Tätigkeiten ausgeführt werden, die für dieses Gewerbe wesentlich sind. Keine wesentlichen Tätigkeiten sind insbesondere solche,

(1) die in einem Zeitraum von bis zu drei Monaten erlernt werden können,

(2) die zwar eine längere Anlernzeit verlangen, aber für das Gesamtbild des jeweiligen Handwerks nebensächlich sind und deswegen nicht die Fertigkeiten und Kenntnisse erfordern, auf die die Ausbildung in diesem Handwerk hauptsächlich ausgerichtet ist,

(3) die nicht aus einem zulassungspflichtigen Handwerk entstanden sind.

Von diesen Tätigkeiten (1) und (2) können auch mehrere ausgeübt werden, es sei denn, dass die Gesamtbetrachtung ergibt, dass sie für ein bestimmtes zulassungspflichtiges Handwerk wesentlich sind.

Für einen Außenstehenden ist nicht leicht erkennbar, was zu den wesentlichen Tätigkeiten gehört, was hingegen nebensächlich ist und was in kurzer Anlernzeit zu beherrschen ist. Wer keine Meisterprüfung abgelegt hat und ablegen möchte, tut also gut daran, sich zunächst auf einige einfache Tätigkeiten zu beschränken und sicherheitshalber bei der Kreishandwerkerschaft zu erfragen, ob diese als unwesentlich zu betrachten sind. Wer beispielsweise nur Pizza oder nur Fladenbrot backen will, braucht kein Bäckermeister zu sein, weil dies in weniger als drei Monaten erlernt werden kann.

Eine Meisterprüfung ist ebenfalls nicht erforderlich für handwerkliche Nebenbetriebe, die mit einem Betrieb sonstiger Wirtschaftszweige verbunden sind, wenn die handwerkliche Tätigkeit nur in einem unerheblichen Umfang ausgeübt wird. Dies ist der Fall, wenn sie die durchschnittliche Jahres-Arbeitszeit eines Meisters nicht überschreitet.

Wenn sich beispielsweise einer mit einem Fahrrad-Einzelhandel selbstständig macht, unterhält er gewöhnlich auch eine Reparaturwerkstatt, denn die Kunden kommen mit den Fahrrädern, die sie hier gekauft haben, auch hierher zur Reparatur. Zwar ist in Anlage A der Zweiradmechaniker als meisterpflichtiger Beruf aufgeführt. Jedoch gilt die Werkstatt als Nebenbetrieb zum Einzelhandel, solange nicht so viele Reparaturen auszuführen sind, dass allein hiermit ein Meister ganzjährig beschäftigt ist. Das wird beim neu gegründeten Fahrradladen zumindest in der ersten Zeit kaum der Fall sein.

Ähnlich ist es bei einem Betrieb des Garten- und Landschaftsbaus, wenn nebenbei Wege zu pflastern sind: Zwar gehört „Straßenbauer" zu den meisterpflichtigen Berufen, aber wer sich im Garten- und Landschaftsbau selbstständig macht, wird kaum so viel zu pflastern haben, dass hiermit ein Meister ganzjährig ausgelastet ist.

Von der Pflicht zur Meisterprüfung gibt es aber auch dann Ausnahmen, wenn eine Tätigkeit nach Anlage A hauptberuflich ausgeübt wird, beispielsweise wenn die notwendigen Kenntnisse und Fertigkeiten anderweitig nachgewiesen worden sind oder wenn die Prüfung eine unzumutbare Belastung darstellen würde. Eine Ausnahme gilt auch für Ausländer aus den Mitgliedsstaaten der Europäischen Union, dem Europäischen Wirtschaftsraum und der Schweiz, wenn sie in ihrem Heimatland die notwendige Berufserfahrung erlangt haben: teils durch Ausbildung, teils durch selbstständige Tätigkeit als Leiter eines Betriebes. Weitere Ausnahmen gibt es für Personen, die in der DDR die Prüfung zum Meister der volkseigenen Industrie bestanden haben.

Ungeachtet der Tatsache, dass in vielen Fällen handwerkliche Arbeiten ohne Meisterprüfung ausgeführt werden dürfen, ist doch diese Prüfung der Königsweg zu einer Selbstständigkeit im Handwerk. Sie wird pflichtmäßig bei den Gründungen in den Berufen der Anlage A abgelegt, kann freiwillig aber auch in den zulassungsfreien und den handwerksähnlichen Gewerben (Anlage B) abgelegt werden. In der Öffentlichkeit verleiht diese Prüfung dem Meister, durchaus berechtigt, ein hohes Ansehen in dem Sinne, dass im Kreise der Handwerksmeister die Qualität der Arbeit um ihrer selbst willen geschätzt werde. Das Handwerk arbeitet meist für den lokalen Markt, am Ort, wo man sich kennt. Hier achtet jeder auf seinen guten Ruf.

Die zehn häufigsten Gewerbe bei den männlichen Teilnehmern der Meisterprüfung sind (2006):

Kraftfahrzeugtechniker, Elektrotechniker, Installateur und Heizungsbauer, Tischler, Maler und Lackierer, Feinwerkmechaniker, Metallbauer, Maurer und Betonbauer, Zimmerer und Fleischer. Bei den weiblichen Teilnehmern führt die Friseurin mit weitem Abstand die Statistik an, es folgen die Augenoptikerin, Hörgeräteakustikerin, Malerin und Lackiererin, Zahntechnikerin, Damen- und Herrenschneiderin, Konditorin, Bäckerin, Gold- und Silberschmiedin und Tischlerin.

Über alle Einzelheiten, so auch über die Förderung der Ausbildung zum Meister (Meister-Bafög), informieren die örtliche Kreishandwerkerschaft und die Handwerkskammer.

2. Handel

Der Handel sorgt dafür, dass die Waren den Weg vom Hersteller zum Verbraucher finden: sie werden verteilt, transportiert, gelagert, zum Verkauf bereitgehalten. Dabei trägt der Handel das Risiko, dass die Ware als unverkäuflich liegen bleibt. Indem der Handel die Kaufimpulse der Konsumenten aufnimmt und an die Hersteller weiterleitet, lenkt er die ganze Volkswirtschaft. Vor allem erbringt der Handel eine gewaltige dispositive Leistung, indem er dafür sorgt, dass tausende unterschiedlicher Produkte stets vorrätig sind und die Kunden niemals leere Regale vorfinden. Weil dies in aller Regel reibungslos klappt, wird dies dem Kunden kaum noch bewusst. Um welche Leistung es sich handelt, wird nur im Vergleich zur DDR deutlich, die durch ständige Versorgungslücken gekennzeichnet war. – Oft ist die Vorstellung anzutreffen, als schaffe nur die Produktion Werte, und als entstehe der höhere Preis, der im Laden verlangt wird, durch einen bloßen Aufschlag zum wirklichen Wert. Dies ist volkswirtschaftlich unsinnig: Verteilung, Transport und Lagerung schaffen ebenso Werte wie die Herstellung.

Gewöhnlich wird zwischen Großhandel, Einzelhandel und Handelsvertretung unterschieden.

a) Großhandel

Als Großhandel gilt der Handel zwischen Produzenten einerseits und gewerblichen Wiederverkäufern und Großabnehmern (Bundeswehr, Krankenhäusern etc) andererseits. Ebenso gehört hierzu der Handel von Produzenten untereinander (Produktionsverbindungshandel). Der Zugang zum Gewerbe ist frei, an keine Zulassung gebunden. Eine Existenzgründung im Großhandel ist jedoch nur aussichtsreich mit umfassender kaufmännischer und fachlicher Vorbildung. Denn der Großhändler kauft und verkauft umfangreiche Warenbestände, hat also großen Kapitalbedarf und trägt ein hohes Risiko, und die Handelsspannen sind gering. Kleine Änderungen in den Preisen und Konditionen können also über Gewinn und Verlust unterschieden. Weil auf beiden Seiten des Kaufs gewerbliche Unternehmen stehen, wird hochprofessionell gearbeitet. Hinzu kommt das Problem, dass der Einzelhandel immer stärker auf Großunternehmen übergeht, die selbst beim Hersteller einkaufen, also die Aufgabe des Großhandels mit übernehmen. Eine Existenzgründung im Großhandel ist daher nur sinnvoll, wenn der Gründer in einem ganz schmalen Markt (nur Bernstein, nur schottischer Whisky oder nur italienische Kronleuchter) über detaillierte Kenntnisse verfügt und wenn der Einzelhandel dieser Produkte weiterhin kleinbetrieblich organisiert ist, so dass diese Händler auf den Großhändler angewiesen sind.

Ein spezielles Gesetz regelt den Verkehr auf den Viehmärkten (Vieh- und Fleischgesetz). – Der Großhandel mit Arzneimitteln ist im Arzneimittelgesetz geregelt. Für eine Existenzgründung sind geeignete Räume und Fachkenntnisse nachzuweisen, ferner muss der Gründer zuverlässig sein, das heißt nicht vorbestraft.

b) Einzelhandel, E-commerce

Als Einzelhandel gilt der Verkauf an Endverbraucher, an Konsumenten, sei es mit Ladengeschäft (stehendes Gewerbe), mit Verkaufswagen oder mit Stand auf dem Wochenmarkt (ambulantes Gewerbe) oder ohne direkten Kundenkontakt im Versandhandel und im Internet. Der Zugang ist in den meisten Branchen frei, das heißt es ist keine Erlaubnis zu beantragen, sondern nur das Gewerbe anzumelden. Im täglichen Betrieb zu beachten ist das Gesetz gegen den unlauteren Wettbewerb mit zahlreichen Beispielen für Aktionen, die den Kunden irreführen, bedrängen und unter Druck setzen, die Wettbewerber schlechtmachen etc und daher verboten sind. Wer sich irgendeine Aktion zur Absatzsteigerung ausdenkt, sollte sich zunächst hier informieren. Beim stationären Einzelhandel sind ferner das Bundes-Ladenschlussgesetz und die Ladenschlussgesetze der einzelnen Länder zu beachten, in denen im Einzelnen festgelegt ist, zu welchen Zeiten die Läden geöffnet sein dürfen (aber nicht müssen). Wichtig ist ferner die Preisangabenverordnung mit der Pflicht, die im Schaufenster ausgestellte Ware auszuzeichnen.

Spezielle Gesetze gibt es für folgende Vertriebsformen und Branchen:

E-Commerce: Während der stationäre Einzelhandel mit einem Rückgang der Umsätze zu kämpfen hat, verbuchen die Online-Händler eine Steigerung. Das Internet wird zunehmend attraktiver für Gründer. Die wichtigsten Vorteile bestehen darin, dass die Kosten für den eigenen Laden gespart werden, dass zunächst im kleinen privaten Rahmen angefangen werden kann und dass mit Auktionshäusern wie eBay eine unübersehbare Zahl von Kunden angesprochen werden kann. eBay zählte 2009 in Deutschland rund 16 Millionen Kunden, weltweit rund 157 Millionen Nutzer. Diese Reichweite wäre mit anderen Mitteln (Anzeigen, Werbebriefe) niemals zu erreichen. Ursprünglich eine Plattform für Privatleute, hat sich eBay immer mehr zu einem Markt für kommerzielle Anbieter gewandelt. Für Gründer, die sich als Online-Händler selbstständig machen wollen, ist auf Grund der einfachen Abwicklung (dazu gehört die Lieferung nur gegen Vorkasse) und der Unterstützung, die eBay den Händlern bietet, in erster Linie der Handel bei dieser Plattform von

Interesse. Weil jeder Händler von den Kunden beurteilt wird, gilt es hier, sich einen guten Ruf aufzubauen.

Allerdings wird bei eBay großer Wert auf „Sauberkeit" in einem amerikanischen Sinn gelegt, das heißt es ist nicht nur der Handel mit verbotenen Gegenständen (Rauschgift, volksverhetzende Schriften etc etc) untersagt, sondern auch durchaus legale Angebote sind gesperrt (Inkasso, Partnerschaftsvermittlung, Kataloge und Bezugsquellen, Arzneimittel, lebende Tiere, Katzenfelle, Erotika im weitesten Sinne). Daher können sich neben eBay einige spezialisierte Nischenanbieter behaupten.

Für Online-Existenzgründer ist das Telemediengesetz wichtig, insbesondere § 5 mit den Vorschriften über das Impressum. Es gibt keine anonymen Angebote, sondern jeder Händler hat unter „Kontakt" oder „Impressum" leicht erkennbar, unmittelbar erreichbar und ständig verfügbar Name und Anschrift, Telefon und E-Mail-Adresse anzugeben, außerdem, wenn vorhanden, die Umsatzsteuer-Identifikationsnummer oder eine Wirtschafts-Identifikationsnummer. Unter der Telefonnummer muss er natürlich auch tatsächlich erreichbar sein. Bei juristischen Personen, das heißt vor allem bei Kapitalgesellschaften, kommen Angaben zu dieser Gesellschaft hinzu. Falls etwas angeboten wird, das der behördlichen Aufsicht unterliegt, ist die Aufsichtsbehörde zu nennen. Dabei ist es empfehlenswert, das Impressum nicht mit allerlei sonstigen Angaben über die Firma zu überfrachten, weil es dann nicht mehr leicht erkennbar sein könnte. Die Selbstdarstellung hat Platz unter „Wir über uns". Dringend zu empfehlen ist, den Internet-Auftritt von einem Profi gestalten zu lassen. Dies betrifft nicht nur die Grafik, sondern auch hier gilt es, bei den Bedürfnissen und Wünschen der Kunden anzuknüpfen und diesen die Suche zu erleichtern.

Wichtig ist ferner das frühere Fernabsatzgesetz, das inzwischen in das Bürgerliche Gesetzbuch (BGB) integriert wurde. § 312b BGB regelt die Fernabsatzverträge, § 312c BGB die Unterrichtung des Verbrauchers, 312d BGB die Widerrufs- und Rückgaberechte, 312e BGB die Pflichten im elektronischen Geschäftsverkehr und 312f BGB abweichende Vereinbarungen: Von den Vorschriften dieses Gesetzes darf nicht zum Nachteil der Verbraucher abgewichen und sie dürfen nicht umgangen werden. Das Fernhandelsrecht ist also durch einen weitgehenden Verbraucherschutz gekennzeichnet. Die Preisangabenverordnung (§ 1, Absatz 2) bestimmt, dass beim Fernabsatz nicht nur der Preis (einschließlich Umsatzsteuer) anzugeben ist, sondern darüber hinaus, ob Liefer- oder Versandkosten anfallen.

Das unter „Name und Firma“ Gesagte gilt auch für die Wahl der richtigen Internet-Adresse (Domain). Diese soll einprägsam, kurz, einfach, einzigartig und obendrein beschreibend sein. Sie soll einem Kunden am Telefon durchzugeben sein, ohne dass dieser nachfragen muss, wie man die Adresse schreibt. Und sie soll in den Suchmaschinen leicht zu finden sein. Nahe liegend ist, in Fachzeitschriften für diese Adresse zu werben und alles weitere dann auf der Homepage zu erläutern.

Einen umfassenden Überblick gibt das Buch „Der Online Shop – Handbuch für Existenzgründer“ von Susanne Angeli und Wolfgang Kundler, Markt+Technik Verlag, München.

Handel mit freiverkäuflichen Arzneimitteln (auch bezeichnet als OTC, Over The Counter, über den Ladentisch). Zur Existenzgründung ist mit einer Prüfung vor der Industrie- und Handelskammer die Sachkunde nachzuweisen (Arzneimittelgesetz und Verordnung über apothekenpflichtige und freiverkäufliche Arzneimittel).

Apotheke: Die Eröffnung bedarf einer Erlaubnis. Geprüft werden Staatsangehörigkeit, Geschäftsfähigkeit, deutsche Approbation, Vorstrafen, Räume, Gesundheit (Gesetz über das Apothekenwesen).

Einzelhandel mit Pflanzenschutzmitteln und deren Anwendung: Der Gründer muss den Betrieb behördlich anzeigen, er muss Zuverlässigkeit, Kenntnisse und Fertigkeiten nachweisen und Gewähr dafür bieten, dass keine vermeidbaren Schäden auftreten. Die Pflanzenschutzmittel und -geräte müssen zugelassen werden (Pflanzenschutzgesetz, Pflanzenschutz-Sachkundeverordnung, Pflanzenschutzmittelverordnung, Pflanzenbeschauverordnung, Pflanzenschutz-Anwendungsverordnung, Verordnung über Pflanzenschutzmittel und Pflanzenschutzgeräte).

Einzelhandel mit giftigen Stoffen: Zur Gründung ist eine Erlaubnis notwendig. Geprüft werden Sachkunde und Vorstrafen (Gefahrstoffverordnung, Verordnung über brennbare Flüssigkeiten, Chemikalien-Verbotsverordnung).

Einzelhandel mit Orden, das heißt mit den Ordenssymbolen: diese dürfen nur in amtlich zugelassenen Verkaufsstellen vertrieben werden. Geprüft werden Sachkunde und Vorstrafen (Gesetz über Titel, Orden und Ehrenzeichen).

Einzelhandel mit Gebrauchtwaren, auch Trödler, An- und Verkaufsgeschäft oder Second-Hand-Shop genannt: Diese Geschäfte sind in besonderem Maß dem Verdacht der Hehlerei ausgesetzt und unterliegen einer behördlichen Überwachung. Als Gebrauchtwaren in diesem Sinne gelten hochwertige Konsumgüter (insbesondere Unterhaltungselektronik, Computer, optische Erzeugnisse, Fotoapparate, Video-Kameras, Teppiche, Pelz- oder Lederkleidung), Kraftfahrzeuge und Fahrräder, Edelmetalle, Edelsteine, Perlen, Schmuck, Altmetalle). Das Geschäft bedarf keiner Erlaubnis, jedoch hat die Behörde unverzüglich nach Gewerbeanmeldung die Vorstrafen zu überprüfen. Der Händler hat Bücher zu führen, in denen die Daten der An- und Verkäufe sowie Name und Anschrift der Käufer und Verkäufer festgehalten werden (§§ 38, 147a, 148b der Gewerbeordnung).

Reisegewerbe: Erforderlich ist eine Erlaubnis. Geprüft wird nur, ob der Antragsteller vorbestraft ist. Das Reisegewerbe ist in Titel III der Gewerbeordnung (§§ 55 bis 61a) ausführlich geregelt.

Wanderlager, Verkauf aus einem für kurze Zeit angemieteten Laden oder von einem Lastwagen, Kaffeefahrten zu einer angemieteten Verkaufsstelle: Die Gründung des Betriebes bedarf keiner Erlaubnis, jedoch ist jede Veranstaltung zwei Wochen vorher beim Ordnungsamt anzukündigen (§ 56a der Gewerbeordnung).

c) Handelsvertreter, -makler

Ein Handelsvertreter ist als Selbstständiger damit betraut, für einen anderen Unternehmer Geschäfte zu vermitteln oder in dessen Namen abzuschließen. Er bemüht sich um die Vermittlung und den Abschluss von Geschäften und nimmt hierbei das Interesse des Unternehmers wahr. Für alle Geschäfte, die auf seine Tätigkeit zurückzuführen sind, erhält er eine Provision. Für eine Existenzgründung als Handelsvertreter ist keine Erlaubnis notwendig. Rechte und

Pflichten sind im Handelsgesetzbuch (§§ 84 bis 92c) ausführlich geregelt.

Der Pharmareferent berät Ärzte fachkundig über Arzneimittel. Hierbei ist er entweder Handelsvertreter oder Angestellter der Arzneimittelfirmen. Wird er von Ärzten über Nebenwirkungen und Gegenanzeigen informiert, so meldet er dies dem Hersteller. Eine Erlaubnis ist nicht notwendig, jedoch dürfen die Pharmafirmen nur sachkundige Personen beauftragen. Die Prüfung zum Pharmareferenten wird von einzelnen Industrie- und Handelskammern abgenommen (Auskunft: IHK Köln). Als Sachkunde gilt auch ein einschlägiges Hochschulstudium (Pharmazie, Chemie, Biologie, Medizin) oder eine Ausbildung als Apothekerassistent oder technischer Assistent in der Pharmazie, Chemie, Biologie oder Medizin (§ 75 Arzneimittelgesetz, Verordnung zur Anerkennung der Sachkenntnis als Pharmaberater, Verordnung über die berufliche Fortbildung zum geprüften Pharmareferenten).

Der Handelsmakler vermittelt gewerbsmäßig für andere Personen, ohne von ihnen beauftragt worden zu sein, Verträge über Waren, Wertpapiere, Versicherungen, Güterbeförderungen, Schiffsmieten oder andere Gegenstände des Handelsverkehrs. Im Unterschied zum Handelsvertreter ist er also neutraler Mittler zwischen beiden Parteien. Eine Erlaubnis ist nicht notwendig. Der Beruf ist in §§ 93 bis 104 des Handelsgesetzbuchs geregelt.

3. Außenwirtschaft

Als Außenwirtschaft gelten Geschäfte mit fremden Wirtschaftsgebieten. Im Warenverkehr werden Gegenstände in das Ausland verkauft oder von dort bezogen, im Dienstleistungsverkehr werden Dienste für das Ausland erbracht oder von dort in Anspruch genommen, im Kapitalverkehr geht es um Transaktionen mit Geld.

Eine Existenzgründung in der Außenwirtschaft kommt vor allem für Personen in Betracht, die nähere Kenntnis eines anderen Landes haben, beispielsweise zweisprachig aufgewachsen sind, oder für Ehepaare mit zwei verschiedenen Muttersprachen. Es geht darum, Sitten, Geschmack und Gewohnheiten, nicht zuletzt Zahlungsgewohnheiten, zweier oder mehrerer Länder zu kennen, um dann abschätzen zu können, was in Deutschland einigermaßen preiswert zu haben ist, aber in anderen Ländern gebraucht wird. Oder welche

Spezialitäten andere Länder bieten, für die sich in Deutschland eine Nachfrage auftun könnte.

Dabei gilt es, sich vor einem nahe liegenden Irrtum in Acht zu nehmen, dem schon zahlreiche Firmen, auch große und renommierte Unternehmen, anheimgefallen sind: Nämlich, dass das, was in Deutschland als gut, vernünftig und richtig gilt, auch von den vernünftigen Menschen anderer Länder als gut und richtig erkannt werde. Nichts ist falscher als dies, nämlich in naiver Weise die heimischen Gewohnheiten, die Welt zu sehen, einfach als die einzige und normale Betrachtungsweise zu verstehen, die anderswo auch so gesehen werde. Wie unterschiedlich die Sitten und Gewohnheiten sind, kann jedermann schon beim Auslandsurlaub innerhalb Europas feststellen, wenn er sich nicht nur im geschlossenen Umkreis des Hotels aufhält. Verschieden stark ausgeprägt sind beispielsweise die Sekundärtugenden (Ordnung, Pünktlichkeit, Fleiß, Sauberkeit), wobei nicht ausgemacht ist, ob wir, die Deutschen, hier so vorbildlich sind, wie wir gern meinen. Höchst unterschiedlich ist ferner das Verhältnis zwischen Staat und Privat, zwischen Behörden und Unternehmen, organisiert, und noch unterschiedlicher ist die tatsächlich übliche Handhabung. Ebenso verschieden sind die Verbrauchs- und Verzehrgewohnheiten, wie an zwei winzigen Beispielen deutlich werden möge. Da gibt es die Geschichte vom deutschen Binnenschiffer mit drei indischen Matrosen. Die drei waren fleißig und gutwillig, es war bestens mit ihnen auszukommen, nur morgens von acht bis neun musste man sie ganz in Ruhe lassen, denn dann mussten sie den Curry für den laufenden Tag anmischen, weil man ja den Curry von gestern heute nicht mehr genießen kann. Und es gibt die Geschichte von dem Afrikaner, der den Anblick von einer Schüssel Milchreis Ekel erregend fand, weil er, wie die Angehörigen vieler Völker, im Erwachsenenalter eine Milch-Unverträglichkeit entwickelt hatte.

Besonders deutlich wird diese Differenz im Verhältnis zu den USA. Unausrottbar ist die Meinung, in Grunde handele es sich bei den USA um einen europäischen Staat, weil dort eine europäische Sprache gesprochen wird und weil sie aus Europa hervorgegangen sind. Also könne man im Verkauf an gemeinsame Grundlagen anknüpfen. Dies ist Unsinn. Alle Europäer, die über den Ozean auswanderten, taten dies deshalb, weil sie Verhältnisse in der Heimat unerträglich fanden und sich etwas ganz anderes erhofften. Die USA sind nicht europäisch, sondern ein Gegen-Entwurf zu Europa mit ganz anderer Mentalität. Ähnliche grundlegende Unterschiede gibt es zu Russland, zur asiatischen, zur islamischen und zur lateinamerikanischen Welt.

Andererseits hat jemand, der sich in zwei verschiedenen Ländern auskennt, gerade hierdurch eine Chance, Lücken zu erspähen. Ein wichtiger Unterschied ist beispielsweise, dass es in vielen Staaten riesige Einkommensunterschiede gibt: eine breite Bevölkerung von bitter Armen und eine kleine Oberschicht von sehr Reichen. Diese Oberschicht zahlt für Luxuriöses und Exotisches hohe Preise, wobei in einigen tausend Kilometern Entfernung von Europa manches als exotisch gilt, was in Deutschland lediglich zum üblichen Standard gehört – wenn etwa in Sibirien Fischdosen aus Cuxhaven, Äpfel aus dem Alten Land oder westfälischer Doppelkorn heiß begehrt sind. Nachdenklich stimmt auch, wie viele gebrauchte Waren in Deutschland als reichem Land ausgesondert und entsorgt werden, die in Ländern mit niedrigerem Durchschnittseinkommen noch ihren Preis erzielen. Umgekehrt lässt sich in Deutschland Exotisches verkaufen, wenn es als selten und prestigeträchtig daherkommt.

Der Einstieg in die Außenwirtschaft ist frei, ähnlich wie im Binnenhandel braucht nur das Gewerbe angemeldet zu werden. Für den Gründer stellt sich zunächst das Problem, im anderen Land Geschäftspartner zu finden und möglichst viel über die dortigen geschäftlichen Verhältnisse zu erfahren. In all diesen Fragen des Markteinstiegs helfen die deutschen Auslandshandelskammern (www.ahk.de), beispielsweise mit dem Versand von Werbebotschaften an vorsortierte potentielle Geschäftspartner und mit Auskünften aller Art, also einer individuellen Absatzberatung.

Typisches Problem im Außenhandel ist, dass Lieferant und Abnehmer sich nicht persönlich kennen und begegnen und dass daher kein persönliches Vertrauensverhältnis bestehen kann und ein unmittelbarer Tausch von Ware gegen Geld nicht möglich ist. Um dieses Problem zu umgehen, gibt es feste Regeln, beispielsweise das Dokumenten-Akkreditiv. Hierbei wird das Geschäft zwischen den Banken des Importeurs und des Exporteurs so abgewickelt, dass die

Bank des Importeurs gegenüber dem Exporteur ein abstraktes Zahlungsversprechen übernimmt, wobei das Wort „abstrakt" bedeutet, dass nur die Dokumente geprüft werden, nicht das zugrunde liegende Geschäft. Für konfliktfreie internationale Geschäftsbeziehungen gibt es feste Regeln, die Incoterms.

In der Außenwirtschaft gilt die Europäische Union als Binnenmarkt, das heißt diese Geschäfte wickeln sich innerhalb der EU weitgehend ähnlich unkompliziert ab wie Geschäfte innerhalb Deutschlands. Die Einfuhren aus EU-Staaten sind genehmigungsfrei. Zahlreiche Geschäfte mit Drittstaaten sind jedoch genehmigungspflichtig oder verboten, beispielsweise die Einfuhr von landwirtschaftlichen Produkten oder Textilien. Diese Produkte sind in der Einfuhrliste aufgeführt. Ebenso gibt die Ausfuhrliste an, welche Güter nicht oder nur beschränkt exportiert werden dürfen (vor allem Rüstungsgüter im weitesten Sinne). Für viele Exporte ist ein Ursprungszeugnis erforderlich, das von der örtlichen Industrie- und Handelskammer beglaubigt wird. Diese gibt zu allen Fragen der Außenwirtschaft eine umfassende Auskunft.

Die Außenwirtschaft wird von staatlicher Seite umfangreich unterstützt. Ein Überblick über die Auslandsgeschäfts-Absicherung der Bundesrepublik Deutschland findet sich unter www.agaportal.de. Vor allem geht es dabei um die Absicherung des Risikos für den Fall, dass der auswärtige Kunde nicht zahlt. Hierzu gibt es die Hermesdeckung, das heißt Exportkreditgarantien des Bundes. Exporteure können ihre Lieferungen ins Ausland mit einer Police gegen einen Zahlungsausfall absichern, wenn der Export förderungswürdig und das Risiko vertretbar ist. Hierzu werden Informationen über das Geschäft, den Vertrag, die Bonität des ausländischen Kunden, die vorgesehenen Zahlungsbedingungen und bereitgestellte Sicherheiten herangezogen. Diese Garantien öffnen den Zugang zu risikoreichen Märkten und richten sich gerade an kleine und mittlere Unternehmen. Führender Anbieter ist die Firma Euler Hermes Kreditversicherungs-AG, Hamburg (www.eulerhermes.de) mit einem Dutzend Außenstellen deutschlandweit.

Gesetzliche Grundlagen des Auslandsgeschäfts sind Außenwirtschaftsgesetz und -verordnung, Ausfuhrliste (Anlage AL zur Außenwirtschaftsverordnung), Länderlisten (Anlage L zur Außenwirtschaftsverordnung), Einfuhrliste. – Über die notwendigen Begleitdokumente gibt das Export-Nachschlagewerk „K und M“, Konsulats- und Mustervorschriften, herausgegeben von der Handelskammer Hamburg, Verlag Carl H. Dieckmann, Hamburg, Auskunft.

4. Gastgewerbe

Zum Gastgewerbe gehören die getränkebetonte Gastronomie (im Amtsdeutsch Schankwirtschaft, im Volksmund Kneipe genannt), die speisebetonte Gastronomie (Restaurant, Imbiss, Kantine) und das Beherbergungsgewerbe vom Grandhotel bis zur Ferienwohnung. Nicht zum Gastgewerbe gehören die Betriebe, die fertig zubereitete Speisen ausliefern (Pizzadienst, Partyservice, Caterer).

Die Branche ist praktisch zweigeteilt:

- auf der einen Seite stehen hochprofessionell arbeitende internationale Hotelketten und die ebenso gewinnorientiert durchorganisierte Systemgastronomie (McDonald's, Burger King etc)
- und auf der anderen Seite eine unübersehbare Vielzahl kleiner und kleinster mittelständischer Betriebe, die gegenüber den professionell geführten Unternehmen allmählich an Boden verlieren.

Bei den Kreditinstituten ist diese Branche nicht sonderlich beliebt. Viele haben hausintern die Richtlinie ausgegeben, prinzipiell keine Kredite an die Gastronomie zu vergeben, teils weil die Beträge zu klein sind, teils weil die Ausfallrate, die Anzahl der Insolvenzen, im Vergleich zu anderen Branchen relativ hoch ist. Nur allzu oft fehlt es an der kaufmännischen Vorbildung. Dies wird auch an der Struktur der Ausbildung deutlich. Zwar ist in der Gastronomie jeder zehnte Beschäftigte ein Auszubildender oder eine Auszubildende, aber der Schwerpunkt der Ausbildung liegt auf dem Beruf Koch/Köchin, wo kaum Kaufmännisches vermittelt wird, und nur eine Minderheit lernt Restaurantkaufmann/frau. Für die Kneipen gibt es keinen besonderen Ausbildungsberuf. Ähnlich ist es im Beherbergungsgewerbe: Auf rund 30.000 Auszubildende im Beruf Hotelfachmann/frau in Deutschland kommen nur rund 1.000 Auszubildende im Beruf Hotelkaufmann/frau. Die Ausbildung ist also primär fachlich und weniger kaufmännisch orientiert.

Gelehrt wird das Kochen und Servieren, aber allzu oft nicht das Rechnen.

Sorgen macht diese Branche auch bei der Industrie- und Handelskammer. Im Gastgewerbe sind etwa zehn Prozent aller Ausbildungsverhältnisse registriert, aber von hier kommen rund 50 Prozent der Beschwerden und der vorzeitigen Auflösungen von Ausbildungsverträgen. Und obwohl bei den Inhabern ein lebhafter Wechsel stattfindet und jedesmal ein Gründer seine Ersparnisse verliert, muss das Seminar „Unternehmensführung im Gastgewerbe" immer wieder ausfallen, weil sich kaum Teilnehmer anmelden. Den Betroffenen scheint also gar nicht bewusst zu sein, dass es auf diesem Gebiet ein Problem gibt.

Eine Existenzgründung ist daher gefährlich, wenn der Gründer nur fachlich ausgerichtet ist, sich dem Kochen und dem Umgang mit Speisen und Getränken vollauf gewachsen fühlt, aber keine kaufmännische Vorbildung besitzt und daher keinen Überblick hat, wo bei jeder einzelnen Speise und jedem Getränk der kostendeckende Preis liegen muss und wie viel hierauf als Gewinn aufgeschlagen werden kann. Eine strategische Frage ist ferner, wie umfangreich die Speisekarte und die Weinkarte sein sollen. Anfänger neigen oft dazu, möglichst viel Verschiedenes zu bieten, was aber eine umfangreiche Lagerhaltung bedingt und außerdem die Gäste in langwierige Überlegungen und Debatten stürzt und zu Sonderwünschen animiert. Ebenso gut gemeint, aber nicht empfehlenswert, sind reichliche Portionen, von denen viel in den Abfall wandert. Die Systemgastronomen zeigen, dass mit einigen wenigen, schnell fertigen und nicht zu umfangreichen, Standardgerichten mehr zu verdienen ist.

Hinzu kommt das Problem, ein überzeugendes Betriebskonzept zu entwickeln, das sich von den Wettbewerbern deutlich abhebt. Wer abends in eine Kneipe gehen will, hat meist die Auswahl zwischen einem Dutzend Betrieben, die alle etwa dasselbe anbieten. Es ist nicht leicht für den Gründer, hier etwas ganz Besonderes, ein Erlebnis, anzubieten. Ähnlich ist es mit den Restaurants. Für ein profilloses Mittelfeld ist hier kein Platz, weil die Ansprüche der Verbraucher sich polarisieren: Entweder sie wollen schnell satt werden in der Kantine oder stundenlang gemütlich schmausen am Abend, sie wollen entweder etwas ganz Billiges oder etwas ganz Luxuriöses, entweder deftige Schweinshaxen oder etwas Leichtes im Vorübergehen, entweder betont bodenständig oder aber ganz exotisch (Sushi), entweder mit mexikanischer Pfeffersoße oder „Wellfood“ gut für Körper und Seele, jedenfalls möglichst originell, und dies alles mit individuellem herzlichen Service.

Ähnlich ist es im Hotelgewerbe: Entweder die Gäste kultivieren ihre Lust am Luxus und suchen in Berlin das Adlon, in Hamburg das Atlantic, oder sie suchen ein sogenanntes Budgethotel, das heißt etwas ganz Preiswertes, aber auch dies bitte mit origineller Note und speziellem Design, entweder als Kunsthotel oder als Traditionshaus mit Fachwerk. Boutique- oder Themenhotels mit einer begrenzten Zimmerkapazität, einem klaren Konzept und einer genauen Zielgruppenansprache haben sich am Markt etabliert, so stellt der Deutsche Hotel- und Gaststättenverband (DEHOGA) fest.

Wer sich im Gastgewerbe selbstständig machen will, soll also nicht glauben, dies sei in dieser Branche besonders leicht. Wegen der schwierigen Beschaffung von Krediten muss der Gründer einiges Eigenkapital mitbringen, und vor allem braucht er ein Konzept für ein Unternehmen, das sich von den anderen Betrieben am Ort deutlich unterscheidet, das eine bestimmte Zielgruppe anspricht und das durchgerechnet ist. Wer als Gast, vor der Theke, das Gaststättengewerbe kennen gelernt hat, mag bitte nicht glauben, dies reiche aus, um auch hinter der Theke, als Inhaber, zurechtzukommen. Keinesfalls sollte ein anderer Betrieb übernommen werden, nur weil er gut läuft, das heißt hohen Umsatz erwirtschaftet, denn dies sagt nichts über den Gewinn.

Entsprechend dem Gaststättengesetz braucht jeder eine Erlaubnis, der ein Gaststättengewerbe betreiben will, das heißt eine Schankwirtschaft oder eine Speisewirtschaft, wo entweder Getränke oder Speisen zum Verzehr an die an Ort und Stelle sitzenden Gäste verabreicht werden. Dies gilt für das stehende, das heißt ortsfeste Gewerbe ebenso wie für das Reisegewerbe, in dem jemand für die Dauer einer Veranstaltung eine ortsfeste Betriebsstätte errichtet. Keine Erlaubnis braucht, wer nur alkoholfreie Getränke oder unentgeltliche Kostproben abgibt oder wer in einem Beherbergungsbetrieb die Hausgäste versorgt. Landesrechtlich gibt es auch Ausnahmen für Straußwirtschaften, wo der Winzer den selbst erzeugten

Wein verkauft. Insgesamt vom Gaststättengesetz ausgenommen sind Kantinen für Betriebsangehörige sowie für Soldaten und Polizisten, ferner Leistungen, die in Fahrzeugen (Flugzeug, Eisenbahn, Omnibus, Schiff) für die Reisenden erbracht werden. Die Erlaubnis kann auch für einen Stellvertreter beantragt werden, falls dieser den Betrieb führen soll.

(1) Für die Erlaubnis ist notwendig, dass der Antragsteller zuverlässig ist. Er soll nicht „dem Trunke ergeben" sein, wie es im Gaststättengesetz so anschaulich heißt. Im 19. Jahrhundert, als dieses Gesetz formuliert wurde, galten Gaststätten als Hort der Unsittlichkeit. Die Erlaubnis wird nicht erteilt, wenn der Antragsteller in dieser Hinsicht bereits aufgefallen ist, beispielsweise durch verbotenes Glücksspiel.

(2) Die Räume müssen zum Betrieb des Gewerbes und zum Aufenthalt der Beschäftigten geeignet sein. Hier geht es um die Höhe der Decken, Belüftung, Einrichtung der Küche, nach draußen aufschlagende Türen, Toiletten, Parkplätze und Ähnliches. Die Räume müssen bei neuen, das heißt ab 2002 gebauten Betrieben von behinderten Menschen barrierefrei genutzt werden können, das heißt für Rollstuhlfahrer geeignet sein. Einzelheiten werden in den Gaststättenverordnungen der Bundesländer geregelt.

(3) Die örtliche Lage und die Verwendung der Räume dürfen nicht dem örtlichen Interesse widersprechen. Es dürfen keine Nachteile, Gefahren oder Belästigungen der Allgemeinheit zu befürchten sein. Hier geht es um die Frage, ob für die entsprechende Gegend der Stadt ein Bebauungsplan vorliegt und welche Einschränkungen dort gemacht werden.

(4) Der Antragsteller muss bei der Industrie- und Handelskammer an einer Unterrichtung über lebensmittelrechtliche Kenntnisse (auch „Frikadellenkurs" genannt) teilnehmen. Köche, Hauswirtschafterinnen etc sind befreit, weil angenommen werden kann, dass sie mit hygienischen Grundsätzen vertraut sind.

Die Erlaubnis ist also einerseits auf die Person, den sogenannten Konzessionsträger, und andererseits auf die Betriebsstätte bezogen. Soll eine bereits laufende Gaststätte auf einen Nachfolger übertragen werden, so bedeutet dies nicht, dass der bisherige Betrieb bereits als baulich und örtlich geeignet betrachtet wird. Es können sich ja inzwischen die Gesetze geändert haben, wie im Falle der Barrierefreiheit, oder es kann ein neuer Bebauungsplan in Kraft getreten sein. Die Tatsache, dass ein neuer Bewerber die Erlaubnis beantragt, wird von den Gemeinden gewöhnlich zum Anlass genommen, die Örtlichkeiten zu überprüfen. Da kann es vorkommen, dass die Erlaubnis nur unter Auflagen erteilt wird. Beispielsweise kann vorgeschrieben werden, innerhalb bestimmter Zeit bestimmte Umbauten vorzunehmen. Probleme gibt es, falls aus der Nachbarschaft Beschwerden vorliegen. Dies ist besonders häufig bei Discotheken der Fall, denn die dort nächtlich erzeugte Musik wird von Nachbarn als Lärm empfunden. Bevor ein Betrieb übernommen wird, ist eine Anfrage beim örtlichen Bauamt angebracht, ob Auflagen zu erwarten sind oder der jetzige Betrieb baulich unbedenklich ist.

Das Gaststättengesetz regelt nicht nur die Erlaubnis, sondern macht auch Auflagen zum Betreiben. Beispielsweise darf das billigste alkoholfreie Getränk nicht teurer sein als das billigste alkoholische. Die Landesregierungen können (meist spätabendliche) Sperrzeiten festlegen. Aus besonderen Anlässen kann die Abgabe alkoholischer Getränke untersagt werden. Diese dürfen ferner nicht aus Automaten und nicht an erkennbar Betrunkene abgegeben werden. Anstelle der früheren Getränkeschankanlagenverordnung ist seit 2005 die Lebensmittelhygieneverordnung anzuwenden. Hier geht es um die regelmäßige Reinigung der Schankanlagen.

5. Verkehr

Im Verkehrsgewerbe, das heißt der Beförderung von Personen und Gütern, ist die Anzahl der Insolvenzen pro Jahr und tausend Unternehmen spürbar höher als in der Gesamtwirtschaft. Insofern handelt es sich aus der Sicht der Kreditinstitute um eine schwierige Branche. Der Wirtschaftszweig ist klein- und kleinstbetrieblich organisiert. Weil alle Unternehmen ähnliche Leistungen anbieten, ist es für den Einzelnen schwierig, sich mit einer Alleinstellung zu profilieren. Stattdessen wird in einem sehr scharfen Wettbewerb über den Preis geworben. Durch die Öffnung der Grenzen innerhalb der

Europäischen Union kommt der Wettbewerb von Unternehmen aus Niedriglohnländern, etwa Polen, hinzu. Diese können beispielsweise einen Lastwagen mit zwei Fahrern besetzen und hierdurch mit Einhaltung der Lenk- und Ruhezeiten eine größere Reichweite erreichen. Für den Existenzgründer kommt es darauf an, sich zu spezialisieren, eine Marktnische zu erobern, beispielsweise durch den Transport ganz bestimmter empfindlicher Güter oder die Beförderung bestimmter Personengruppen zu ausgewählten Zielen.

Für Existenzgründer im Verkehrsgewerbe ist bei den Erlaubnissen zu unterscheiden:

- die technische Zulassung des Fahrzeugs entsprechend der Straßenverkehrs-Zulassungsordnung und der regelmäßigen Prüfung durch den Technischen Überwachungsverein (TÜV) oder die anderen Gesellschaften für technische Überwachung,
- die Fahrerlaubnis des Fahrers, also der Führerschein oder gegebenenfalls der Personenbeförderungsschein,
- und die Erlaubnis, ein Verkehrsunternehmen zu betreiben. Nur um diese Erlaubnis, auch Konzession genannt, soll es hier gehen.

Bei den Unternehmen wiederum gibt es zwei verschiedene Gattungen, nämlich die Speditionen und die Fuhrunternehmen. Das Speditionsgeschäft ist in §§ 453 bis 466 des Handelsgesetzbuchs geregelt. Der Spediteur organisiert einen gesamten Transport, das heißt er wählt die Beförderungsmittel und den Beförderungsweg aus und beauftragt Fuhrunternehmer. Der Fuhrunternehmer hingegen besitzt die Fahrzeuge und führt den Transport aus. Dementsprechend ist die Interessenlage gegensätzlich: Der Spediteur ist an niedrigen Transportpreisen interessiert, der Fuhrunternehmer an hohen. Nur der Fuhrunternehmer benötigt eine behördliche Erlaubnis, nicht hingegen der Spediteur. Anders ist es nur, wenn der Spediteur selbst Fahrzeuge anschafft und Güter transportiert: Dann ist er mit dieser Sparte Fuhrunternehmer und benötigt ebenfalls die Erlaubnis.

Entsprechend ist es im Personenverkehr: Es gibt den Reiseunternehmer, der Pauschalreisen anbietet und organisiert. Er vergibt Aufträge an die Omnibusunternehmen, Fluggesellschaften, Hotels, Fremdenführer etc. Auch hier benötigt der Reiseanbieter keine Erlaubnis, ebenso das Reisebüro, das als Handelsvertreter diese Reisen verkauft. Erlaubnisse benötigen nur die Unternehmen, die dann die Personen transportieren.

Wer sich im Verkehrsgewerbe selbstständig machen will, muss also überlegen, ob es sich um die Vermittlung oder um die Ausführung von Verkehren handeln soll. Für die bloße Vermittlung ist nicht nur keine Erlaubnis notwendig, sondern es entsteht auch kein nennenswerter Kapitalbedarf. Es werden zwar von Amts wegen keine Vorkenntnisse geprüft, aber eine Existenzgründung ist nur bei vertieften kaufmännischen und fachlichen Vorkenntnissen entweder im Speditions- oder im Reisegeschäft sinnvoll. – Zur Gründung einer Reederei (Binnen-, Küsten- oder Seeschifffahrt) ist keine Erlaubnis notwendig.

a) Güterkraftverkehr

Erlaubnispflichtig ist ein Unternehmen im gewerblichen Güterkraftverkehr mit Kraftfahrzeugen mit einem zulässigen Gesamtgewicht (einschließlich Anhänger) von über 3,5 Tonnen. Kurierfahrten mit dem Personenwagen oder Fuhren mit kleineren Lastwagen sind also erlaubnisfrei. Für Fahrten innerhalb der Europäischen Union wird eine Gemeinschaftslizenz benötigt, für Fahrten außerhalb der EU eine bilaterale Genehmigung.

Für die Erlaubnis sind die persönliche Zuverlässigkeit (das heißt keine Vorstrafen und keine schweren Verstöße gegen verkehrsrechtliche Vorschriften), die finanzielle Leistungsfähigkeit und die fachliche Eignung nachzuweisen. Zur finanziellen Leistungsfähigkeit gehört, dass das Eigenkapital und die Reserven für das erste Fahrzeug mindestens 9.000 Euro und für jedes weitere Fahrzeug mindestens 5.000 Euro betragen. Der Antragsteller soll nicht in das Schuldnerverzeichnis eingetragen sein und keine Rückstände bei Finanzamt, Sozialversicherungsträgern und Berufsgenossenschaft haben.

Die fachliche Eignung ist in der Regel durch eine Prüfung vor der örtlichen Industrie- und Handelskammer nachzuweisen. In dieser schriftlichen und mündlichen Fachkundeprüfung geht es um berufsbezogenes Recht, kaufmännische und finanzielle Verwaltung des Betriebs, technische Normen und technischen Betrieb, Straßenverkehrssicherheit und den grenzüberschreitenden Straßenverkehr. Für diese Prüfung ist eine eingehende Vorbereitung (entweder durch Literatur oder durch Lehrgänge) notwendig. Die Prüfungsgebühr liegt in der Größenordnung von 175 Euro. Von der Prüfung ist befreit, wer mindestens fünf Jahre leitend in einem Unternehmen des Güterverkehrs tätig war oder durch eine andere Prüfung (Speditionskaufmann/frau, Verkehrsfachwirt/in etc) seine Fachkenntnis nachgewiesen hat.

Besondere Bestimmungen gelten für den Transport von Gefahrgütern. Hier sind die Industrie- und Handelskammern zuständig für die Ausbildung, Prüfung und Fortbildung der beteiligten Personen, Bescheinigungen, Schulungsnachweise und die Anerkennung von Lehrgängen.

Gesetzliche Grundlagen sind das Gesetz zur Reform des Güterkraftverkehrsrechts, die Berufszugangsverordnung für den Güterkraftverkehr, die Erlaubnisverordnung für den Güterkraftverkehr, §§ 425 ff. des Handelsgesetzbuchs, die Lebensmitteltransportbehälter-Verordnung, die Verordnung über den grenzüberschreitenden Güterkraftverkehr und den Kabotageverkehr und das Gefahrgutbeförderungsgesetz mit -verordnungen.(Unter Kabotage versteht man die Beförderung im Ausland: ein deutscher Unternehmer bringt Ware von Paris nach Lyon, ein polnischer von Hamburg nach Frankfurt). Wichtig ist noch die EG-Verordnung Nr. 561/2006, worin die Lenk- und Ruhezeiten und deren elektronische Kontrolle geregelt sind.

b) Personenverkehr

Beim Personenverkehr auf der Straße werden Gelegenheitsverkehr (mit Taxi, Mietwagen oder Omnibus) und Linienverkehr unterschieden. Das Taxi befördert Personen vom Taxistand, auf Bestellung oder durch Handzeichen oder Zuruf während der Fahrt, das heißt durch Aufpicken der Fahrgäste vom Straßenrand. Die Taxis haben eine Beförderungspflicht, können also beispielsweise nicht eine kurze Fahrt ablehnen, wenn sie ihnen nicht lohnend erscheint. Die Fahrpreise sind tariflich vorgeschrieben. Zusätzliche

Konzessionen werden nur vergeben, wenn dadurch nicht das örtliche Taxigewerbe in seiner Funktionsfähigkeit bedroht wird. Dies wird örtlich recht unterschiedlich liberal oder restriktiv gehandhabt. Der Mietwagen hingegen darf nur auf Bestellung kommen, also keine Personen unterwegs aufnehmen, und darf nicht mit einem Taxi zu verwechseln sein. Hier hat jedermann, der persönlich die Bedingungen erfüllt, Anspruch auf eine Konzession. Die Fahrpreise werden frei vereinbart. Ebenso ist es im Omnibus-Gelegenheitsverkehr. Im Linienverkehr hingegen wird bei der Vergabe von Konzessionen Rücksicht auf die bereits vorhandenen Unternehmer genommen.

Für die Genehmigung eines Taxi- oder Mietwagenunternehmens werden die persönliche Zuverlässigkeit, die finanzielle Leistungsfähigkeit und die fachliche Eignung des Unternehmers geprüft. Zur persönlichen Zuverlässigkeit gehört, dass der Antragsteller nicht vorbestraft ist und keine Rückstände beim Finanzamt und bei der Krankenkasse hat. Die finanzielle Leistungsfähigkeit ist gegeben, wenn Eigenkapital und Reserven mindestens 2.250 Euro für das erste und 1.250 Euro für jedes weitere Fahrzeug betragen. Die fachliche Eignung ist durch eine Fachkundeprüfung vor der Industrie- und Handelskammer nachzuweisen. Hier geht es um berufsbezogenes Recht, um die kaufmännische und finanzielle Verwaltung des Betriebes, den technischen Betrieb und die Straßenverkehrssicherheit. Die Prüfungsgebühr liegt in der Größenordnung von 150 Euro. Von der Prüfung ist befreit, wer mindestens drei Jahre leitend in der Branche tätig war oder durch eine andere Prüfung seine Sachkenntnis nachgewiesen hat. Der Prüfling muss sich durch Literatur oder Seminare eingehend auf diese Prüfung vorbereiten. Ganz ähnlich sind die Bedingungen für eine Erlaubnis für ein Unternehmen mit Omnibus-Ausflugsfahrten.

Gesetzliche Grundlagen sind das Personenbeförderungsgesetz, die Berufszugangsverordnung für den Straßenpersonenverkehr und die Freistellungsverordnung.

Reisebüros und Reiseveranstalter benötigen keine Erlaubnis, sondern haben nur das Gewerbe anzumelden. Der Betrieb von Reisebüros und die Vermittlung von Unterkünften gehören allerdings zu den überwachungsbedürftigen Gewerben im Sinne von § 38 der Gewerbeordnung. Das heißt, dass nach der Gewerbeanmeldung von

Amts wegen geprüft wird, ob der Gewerbetreibende vorbestraft ist. Für Reiseveranstalter gelten §§ 651a ff. des Bürgerlichen Gesetzbuchs (BGB) und die BGB-Informationspflichtenverordnung. Im Reiseprospekt müssen die Reise und die Preise im Einzelnen aufgeführt sein, und die Reisenden müssen vor Beginn der Reise über alles Notwendige aufgeklärt werden.

6. Versicherungsvertreter

Weil immer mehr deutlich wird, dass die gesetzliche Kranken- und insbesondere Rentenversicherung nur eine Basissicherung sein kann, wächst der Bedarf an privater Absicherung. Gleichzeitig drängen durch die Liberalisierung des Versicherungsmarktes immer mehr Anbieter auf den deutschen Markt mit der Folge eines zunehmenden Beratungsbedarfs der Kunden. In diesem Umfeld eröffnen sich für den Versicherungsvertreter neue Perspektiven. Allerdings sehen sich die traditionellen Vertreter, die nur eine Firma vertreten, einer zunehmenden Konkurrenz durch Finanzdienstleister und Banken, aber auch durch Versicherungsmakler und branchenfremde Unternehmen (Einzelhandel, Autohäuser etc) gegenüber. Auch Versicherungsunternehmen machen ihren eigenen Agenten durch Direktvertriebsangebote den Markt streitig, so teilt der Deutsche Industrie- und Handelskammertag mit.

Der Versicherungsvertreter vermittelt gewerbsmäßig den Abschluss von Versicherungsverträgen. In aller Regel vertritt er dabei als Handelsvertreter die Interessen einer Versicherung, ist an diese gebunden und erhält von ihr die Provision. Im Sinne dieser Versicherung berät er die Kunden und wickelt Schadensfälle ab. Der qualifizierte Existenzgründer kann einen Kundenbestand zur weiteren Betreuung übertragen bekommen. Seltener sind der Versicherungsmakler, der die Risiken der Versicherungsnehmer analysiert und die passende Versicherung auswählt, und der Versicherungsberater, der ganz im Interesse des Versicherungsnehmers tätig wird und von diesem honoriert wird.

Die Existenzgründung ist nur mit der Erlaubnis der Industrie- und Handelskammer (IHK) zulässig. Geprüft wird die persönliche Zuverlässigkeit, das heißt ob vorbestraft wegen Eigentums- und Vermögensdelikten (Diebstahl, Unterschlagung etc), ferner die geordneten Vermögensverhältnisse, das heißt nicht eingetragen in die Schuldnerliste und nicht im Insolvenzverfahren. Der Gründer hat ferner eine Berufshaftpflichtversicherung nachzuweisen und bei der IHK eine Sachkundeprüfung abzulegen. In der Prüfung geht es um die Kundenberatung (Bedarfsermittlung, Lösungsmöglichkeiten, Produktdarstellung), um die versicherungsfachlichen Grundlagen der einzelnen Versicherungsarten, um die sozialversicherungsrechtlichen Rahmenbedingungen und um die rechtlichen Grundlagen der Versicherungsvermittlung und -beratung. Von der Sachkundeprüfung wird befreit, wer auf andere Weise seine Qualifikation nachweisen kann, beispielsweise durch einen Abschluss als Versicherungskaufmann oder -frau.

Die an eine einzige Versicherung gebundenen Vertreter sind von der Erlaubnispflicht befreit, wenn diese Versicherung die uneingeschränkte Haftung aus der Vermittlertätigkeit übernimmt. Dies ist in der Regel der Fall, aber mit dem Unternehmen abzuklären. Dieses übernimmt die Schulung des Vertreters.

Sämtliche Versicherungsvertreter werden in ein bundesweites Register bei der IHK aufgenommen. Hier kann sich jedermann über die Vertreter informieren (www.vermittlerregister.info): Anhand der Registrierungsnummer oder des Namens lässt sich ein Vertreter auffinden. Für ihn wird die Tätigkeitsart (etwa: gebundener Versicherungsvertreter nach § 34d Absatz 4 Gewerbeordnung), die betriebliche Anschrift und die zuständige Industrie- und Handelskammer als Aufsichtsbehörde angegeben. Alle Vermittler, soweit sie nicht von der Erlaubnispflicht befreit sind, haben in ihrem Internet-Auftritt diese Aufsichtsbehörde und ihre Register-Nummer anzugeben. Für die Versicherungsvertreter gelten umfangreiche Informations- und Dokumentationspflichten. Die Erlaubnis kostet rund 240 Euro, die Registrierung rund 25 Euro. Für die Haftpflichtversicherung sind je nach Tätigkeit und Versicherungsunternehmen rund 600 bis 1.200 Euro pro Jahr zu veranschlagen. – Einfirmenvertreter gelten als sozialversicherungspflichtige Selbstständige und sind verpflichtet, in die gesetzliche Rentenversicherung einzuzahlen. Auf Antrag können sie sich hiervon befreien lassen.

Rechtliche Grundlagen sind §§ 34d, 34e und 11a der Gewerbeordnung, ferner die Versicherungsvermittlerverordnung und das Versicherungsvertragsgesetz sowie §§ 652 bis 654 des Bürgerlichen Gesetzbuchs. Für den Handelsvertreter gelten §§ 84 ff., für den Handelsmakler §§ 93 ff. des Handelsgesetzbuchs. Zu beachten sind ferner das Gesetz zur Regelung des Rechts der Allgemeinen Geschäftsbedingungen und das Gesetz gegen den unlauteren Wettbewerb.

7. Immobilienmakler

Täglich gibt es tausendfach Haus- und Grundstückseigentümer, die ihr Objekt verkaufen möchten, und andere, die ein passendes Objekt zu kaufen suchen. Diese Suche ist vor allem dann nicht leicht, wenn der Interessent noch nicht am Ort wohnt. Es ist also eine lohnende Aufgabe, den Kontakt herzustellen. Dabei stellt sich dann heraus, dass beide Seiten recht unterschiedliche Vorstellungen über den Wert des Hauses haben. Der Verkäufer möchte mindestens die Kosten für Bau und Renovierung wieder hereinbekommen. Den Käufer hingegen interessieren die Baukosten gar nicht, sondern er fragt nur, wie er das Objekt nutzen kann. Je enger das Objekt auf einen ganz bestimmten Verwendungszweck zugeschnitten ist und je entlegener es liegt, desto schwieriger ist es zu verkaufen. Aufgabe des Maklers ist also, in geduldigen Verhandlungen die teils illusionären Vorstellungen beider Seiten zurechtzurücken und zur Deckung zu bringen. Ganz ähnlich ist es bei der Vermittlung von Mietwohnungen. Der Markt für Immobilien ist extrem intransparent, völlig unübersichtlich, denn jedes Objekt ist anders. Dies gilt für die gewerblichen Objekte noch stärker als für Wohnungen. Für einen Kenner des örtlichen Marktes ergeben sich also gute Chancen.

Der Zugang zum Maklerberuf ist relativ leicht: Es werden keine Fachkenntnisse verlangt, sondern nur Zuverlässigkeit (das heißt nicht einschlägig vorbestraft) und geordnete Vermögensverhältnisse (das heißt nicht in Insolvenz oder in der Schuldnerliste eingetragen). Jedoch wird für die Erlaubnis, örtlich verschieden, eine relativ hohe Gebühr von einigen hundert Euro verlangt. Der Wettbewerb ist groß, eben wegen des leichten Zugangs, auch von Unqualifizierten, worunter der Ruf der Branche leidet. Der Existenzgründer sollte sich daher durch Fachliteratur, Seminare und Tätigkeit als Angestellter oder Praktikant gründlich auf alle Fragen, die mit Bewertung, Eigentumswechsel und Mietrecht zusammenhängen, vorbereiten und, als Ausweis seiner Seriosität, eine Mitgliedschaft im Fachverband anstreben. Dies setzt allerdings eine Sachkundeprüfung und den Abschluss einer Berufshaftpflichtversicherung voraus. Führender Verband ist der Immobilienverband Deutschland (IVD), der 2004 als Zusammenschluss des Rings Deutscher Makler und des Verbands Deutscher Makler entstand (www.ivd.net).

Rechtliche Grundlagen sind § 34c der Gewerbeordnung, ferner die Makler- und Bauträgerverordnung und §§ 652 bis 654 des Bürgerlichen Gesetzbuchs. Wichtig sind ferner das Gesetz zur Regelung des Rechts der Allgemeinen Geschäftsbedingungen, das Gesetz gegen den unlauteren Wettbewerb, das Wohnungsvermittlungsgesetz und § 5 des Wirtschaftsstrafgesetzes.

8. Sonstige Geschäftszweige A–Z

Die Erlaubnis, soweit erforderlich, wird wenn nicht anders angegeben beim Ordnungsamt des Landskreises oder der kreisfreien Stadt beantragt, in Hamburg und Berlin beim Bezirksamt, in Bremen beim Stadtamt.

Abbau von Bodenschätzen entsprechend dem Bundesberggesetz: Für Aufsuchung und Gewinnung von bergfreien Bodenschätzen (meist Metallen) ist eine Erlaubnis des Bergamtes notwendig. Der Abbau von grundeigenen (das heißt zum Grundstückseigentum gehörenden) Bodenschätzen (etwa: Kies, Sand, Ton, Steine) ist hingegen vom Landkreis zu genehmigen. Dabei geht es vor allem um Natur- und Landschaftsschutz.

Abfallbeseitigung: Abfälle sind bewegliche Sachen, deren sich der Besitzer entledigen will oder muss: verdorbene, verschmutzte oder nicht verwendbare Produkte verschiedenster Art. Die Errichtung und der Betrieb von Abfallbeseitigungsanlagen zur Lagerung und zur Behandlung von Abfällen bedürfen der Genehmigung. Geprüft wird, ob die Grundsätze gemeinwohlverträglicher Abfallbeseitigung beachtet werden, ob die Personen zuverlässig sind, ob die Rechte anderer beeinträchtigt werden und ob ein Abfallwirtschaftsplan beachtet wird. Rechtliche Grundlagen sind § 31 des Kreislaufwirtschafts- und Abfallgesetzes, die Bestimmungsverordnung besonders überwachungsbedürftiger Abfälle, Nachweisverordnung, Entsorgungsfachbetriebsverordnung, Verordnung zur Einführung des Europäischen Abfallkatalogs, Abfallwirtschaftskonzept- und -bilanzverordnung, Altfahrzeugverordnung, Batterieverordnung, Bundes-Bodenschutzgesetz, Bundesbodenschutz- und Altlastenverordnung, Gesetz über die Umweltverträglichkeitsprüfung, Transportgenehmigungsverordnung, Ausführungsgesetz zum Basler Übereinkommen, Abfall-Verbringungsverordnung, Verordnung über Verbrennungsanlagen für Abfälle und ähnlich brennbare Stoffe, Altölverordnung, Bundes-Immissionsschutzgesetz.

Die Tierkörperbeseitigung ist gesondert geregelt (siehe dort). Erlaubnisfrei, jedoch mit umfangreichen Meldepflichten, sind Fahrzeugverwertung (handwerksähnlicher Betrieb) und Schrotthandel.

Abfallspedition: Wer gewerbsmäßig für Dritte das Verbringen von Abfall vermittelt, bedarf der Genehmigung. Geprüft wird die Zuverlässigkeit, bei überwachungsbedürftigen Abfällen außerdem die Sachkunde. Zu beachten: Abfallverbringungsgesetz, § 50 des Kreislaufwirtschafts- und Abfallgesetzes.

Abfalltransport, Müllabfuhr: Wer gewerblich Abfälle zur Beseitigung einsammelt und transportiert, benötigt eine Transportgenehmigung. Geprüft werden Zuverlässigkeit, Sachkunde und Haftpflichtversicherung. Maßgeblich sind § 49 des Kreislaufwirtschafts- und Abfallgesetzes und die Transportgenehmigungsverordnung.

Abwasserbeseitigung: Der Betrieb einer Kläranlage (Behandlung von Abwässern aus Haushalten, Industrie und sonstigen Einrichtungen) oder einer Sammelkanalisation (Sammlung und Ableitung von Abwässern aus Haushalten, Industrie und sonstigen Einrichtungen, Wartung der Abwässerkanäle und -leitungen) ist erlaubnispflichtig, weil für das Einleiten von Abwässern in Gewässer strenge Anforderungen gelten. Zuständig ist nach Landesrecht die jeweilige Wasserbehörde. Rechtliche Grundlagen: Abwasserverordnung,

Grundwasserverordnung, Abwasserabgabengesetz, landesrechtliche Wassergesetze und Wasserhaushaltsgesetze.

Altenheim, Pflegeheim, Seniorenresidenz: Heime sind Einrichtungen, die alte Menschen sowie pflegebedürftige oder behinderte Volljährige nicht nur vorübergehend aufnehmen. Eine detaillierte Gesetzgebung versucht sicherzustellen, dass die Heiminsassen vor finanzieller Ausbeutung geschützt werden, ihre Selbstständigkeit gewahrt bleibt sowie das Personal und die Bauten gewissen Mindestanforderungen genügen. Dabei wird unterschieden zwischen dem Heimträger (dem betreibenden Unternehmer) und dem (angestellten) Heimleiter. Wer ein Heim betreiben will, bedarf der Erlaubnis. Sie wird für eine bestimmte Art des Heimes und bestimmte Räume erteilt. Geprüft werden Zuverlässigkeit, wirtschaftliche Leistungsfähigkeit, ärztliche und gesundheitliche Betreuung, Anzahl und Eignung der Beschäftigten, Räume, Verhältnismäßigkeit des Entgelts. Der Heimleiter soll eine abgeschlossene Ausbildung und zweijährige Praxis besitzen und nicht vorbestraft sein. Rechtliche Grundlagen: Altenpflegegesetz, Heimgesetz, Verordnung über personelle Anforderungen für Heime, Heimmindestbauverordnung, Sozialgesetzbuch XI, Pflegeversicherungsgesetz, Verordnung über bauliche Mindestanforderungen für Altenheime, Altenwohnheime und Pflegeheime für Volljährige, Heimsicherungsverordnung.

Anlageberater: siehe Finanzdienstleister, Darlehensvermittler oder Investmentvermittler.

Arbeitnehmerüberlassung, auch Zeitarbeit oder Personal-Leasing genannt, bedeutet, dass die Arbeitnehmer bei einem Unternehmen angestellt sind, das die üblichen Arbeitgeberpflichten übernimmt, insbesondere die Sozialbeiträge abführt. Dieser Verleiher überlässt die Arbeitnehmer anderen Unternehmern (Entleihern) zur Arbeitsleistung. Das Arbeitsverhältnis zwischen dem Verleiher und dem Arbeitnehmer besteht fort, das heißt der Verleiher haftet für die Vergütung sowie für die Fortzahlung bei Krankheit und Urlaub etc. Der Arbeitnehmer untersteht jedoch den Weisungen des Entleihers. Eine Erlaubnis der Landesagentur für Arbeit ist notwendig. Geprüft werden Zuverlässigkeit, Betriebsorganisation, Sitz im Inland. Grundlage ist das Arbeitnehmerüberlassungsgesetz.

Arbeitsvermittlung: Der Arbeitsvermittler führt Arbeitsuchende und Arbeitgeber, die Kräfte suchen, zusammen, wobei er sie auswählt und den Kontakt herstellt. Meist spezialisieren sich die Vermittler auf bestimmte Berufsgruppen oder auf Führungskräfte (Headhunting). Der Vermittelte tritt in ein Arbeitsverhältnis mit dem neuen Arbeitgeber ein. Ähnlich ist es bei der Ausbildungsvermittlung. Notwendig ist eine Erlaubnis der Landesagentur für Arbeit. Geprüft werden Eignung, Zuverlässigkeit, geordnete Vermögensverhältnisse. Erlaubnisfrei sind Personalberatung, Herausgabe und Vertrieb von Listen über Stellenanbieter, Ausbildungs- und Arbeitssuchende, ferner die Künstleragentur (Vermittlung von Auftritten) und die Besetzung von Rollen in Film, Fernsehen und Theater (Casting). Rechtliche Grundlagen: §§ 291 ff. in Sozialgesetzbuch III, Arbeitsvermittlerverordnung, Zuwanderungsgesetz.

Arzneimittelherstellung und -großhandel: Für die Erlaubnis werden geprüft: Sachkenntnis und Zuverlässigkeit von Herstellungs-, Kontroll- und Betriebsleiter, Anzahl und Qualifikation des Personals, Hygiene, Räume, Herstellungsverfahren, Qualität. Die Erlaubnis wird für eine bestimmte Betriebsstätte und bestimmte Arzneimittel erteilt. Zu beachten: insbesondere §§ 13 und 52a des Arzneimittelgesetzes, Betriebsverordnung für pharmazeutische Unternehmer, Betriebsverordnung für Arzneimittelgroßhandelsbetriebe, Verordnungen über Regelungen im Verkehr mit Arzneimitteln für Tiere.

Auskunftei, Detektei: Wer gewerbsmäßig Auskünfte über Vermögensverhältnisse und persönliche Angelegenheiten erteilt und hierfür Material sammelt, bedarf keiner Erlaubnis. Jedoch wird nach der Gewerbeanmeldung die Zuverlässigkeit überprüft (§ 38 der Gewerbeordnung). Eine Ausnahme bildet der Warenhausdetektiv, weil dieser nicht nur Auskunft über Diebe erteilt, sondern auch zugreift: siehe Bewachung.

Auswanderungsberatung ist eine freiberufliche Tätigkeit nach Auswandererschutzgesetz und der Ersten Verordnung über Ausnahmen von dem Verbot der auslandsunterstützten Auswanderung.

Autovermietung: Die gewerbliche Vermietung von Personenkraftwagen oder Krafträdern (ohne Fahrer) ist nicht erlaubnispflichtig, jedoch unverzüglich bei der Kraftfahrzeug-Zulassungsstelle anzuzeigen. Die Fahrzeuge sind vorzuführen und werden durch Sachverständige geprüft (Verordnung über die Überwachung von gewerbsmäßig an Selbstfahrer zu vermietende Personenkraftwagen und Krafträder).

Bank: Zur Gründung einer Bank ist die Erlaubnis der Bundesanstalt für Finanzdienstleistungsaufsicht in Bonn notwendig, welche umfangreiche Unterlagen verlangt. Rechtsgrundlage sind das Kreditwesengesetz (insbesondere §§ 1, 32) und das Depotgesetz.

Baubetreuer: Der Baubetreuer bereitet gewerbsmäßig Bauvorhaben in fremden Namen für fremde Rechnung wirtschaftlich vor und führt diese durch. Das Vorhaben findet auf dem Grundstück des Betreuten statt. Der Betreuer beschafft ihm dieses Grundstück und die Finanzierungsmittel, ruft die Fremdmittel bei der Bank des Betreuten ab, disponiert über sie, legt gegenüber dem Bauherrn Rechnung und kalkuliert gegebenenfalls Miete oder Kaufpreis. Er benötigt eine Erlaubnis. Geprüft werden Zuverlässigkeit (Vorstrafen?) und Vermögensverhältnisse (Insolvenz? Schuldnerliste?). Rechtsgrundlage: § 34c der Gewerbeordnung, Makler- und Bauträgerverordnung, Allgemeine Verwaltungsvorschrift zu § 34c der Gewerbeordnung und zur Makler- und Bauträgerverordnung.

Bauträger: Der Bauträger bereitet gewerbsmäßig im eigenen Namen Bauvorhaben als Bauherr für fremde oder eigene Rechnung vor und führt sie durch. Er verwendet hierzu Vermögenswerte von Erwerbern, Mietern, Pächtern oder sonstigen Nutzungsberechtigten. Er kauft das Grundstück oder ein Erbbaurecht, plant das Vorhaben, stellt den Bauantrag und beauftragt den Bauunternehmer. Er verpflichtet sich im Regelfall zur schlüsselfertigen Übergabe. Er benötigt eine Erlaubnis. Geprüft werden Zuverlässigkeit (Vorstrafen?) und Vermögensverhältnisse (Insolvenz? Schuldnerliste?). Rechtsgrundlagen: § 34c der Gewerbeordnung, Makler- und Bauträgerverordnung, Allgemeine Verwaltungsvorschrift zu § 34c der Gewerbeordnung und zur Makler- und Bauträgerverordnung.

Behindertenwerkstatt: Eine Werkstatt für Behinderte dient dazu, die Behinderten in das Arbeitsleben einzugliedern. Die Werkstatt ist nach betriebswirtschaftlichen Grundsätzen organisiert. Sie benötigt keine Erlaubnis, muss jedoch anerkannt werden, wenn sie die einschlägigen Vergünstigungen in Anspruch nehmen will. Sie wird von Kunden bevorzugt beauftragt, weil Arbeitgeber 30 Prozent des Betrages, den die Behindertenwerkstatt in Rechnung stellt, auf die Schwerbehindertenabgabe anrechnen können. Außerdem werden Aufträge der öffentlichen Hand bevorzugt an Behindertenwerkstätten vergeben. Zuständig ist die Bundesagentur für Arbeit im Einvernehmen mit dem überörtlichen Träger der Sozialhilfe (Stadt oder Landkreis). Geprüft wird, ob die Werkstatt geeignete Arbeitsplätze bietet, allen Behinderten offen steht und ein breites Angebot von mindestens 120 Arbeitsplätzen bietet. Leiter und Fachkräfte müssen entsprechend qualifiziert sein. Rechtliche Grundlagen sind §§ 54 ff. des Schwerbehindertengesetzes und die Werkstättenverordnung Schwerbehindertengesetz.

Betäubungsmittel: Anbau und Herstellung von Stoffen, die in den Anlagen des Betäubungsmittelgesetzes verzeichnet sind, sowie der Handel mit ihnen bedürfen der Genehmigung. Geprüft werden Sachkenntnis und Leistungsfähigkeit der Verantwortlichen, Zuverlässigkeit, Eignung der Räume und Sicherheitseinrichtungen. Zuständig: Bundesinstitut für Arzneimittel und Medizinprodukte, Bonn. Zu beachten: Betäubungsmittelgesetz und -verordnungen.

Bewachung: Die Bewachung ist darauf gerichtet, Leben oder Eigentum fremder Personen gegen Eingriffe zu schützen. Dabei geht es um eine aktive Abwehr von Störungen, beispielsweise beim Objektschutz, Werkschutz, Werttransporten und Bargeldverarbeitung, Kaufhausdetektiv, Parkplatzbewachung, Veranstaltungsdienst (Ordner), Einlasskontrolle der Diskothek, Streifengehen im öffentlichen Raum, Personenschutz (Bodyguard). Eine Erlaubnis ist notwendig. Geprüft werden Zuverlässigkeit (einschlägige Vorstrafen?), erforderliche Mittel, wirtschaftliche Leistungsfähigkeit, Teilnahme an einer Unterrichtung bei der Industrie- und Handelskammer. Für drei Tätigkeiten (Kontrollgänge im öffentlichen Raum, Schutz vor Ladendieben, Diskothek-Einlass) ist eine Sachkundeprüfung notwendig. Rechtliche Grundlagen: § 34a der Gewerbeordnung, Bewachungsverordnung, Allgemeine Verwaltungsvorschriften der Länder zu § 34a der Gewerbeordnung und der Bewachungsverordnung.

Blindenwerkstatt: Die Behörde kann Blindenwerkstätten und ihre Zusammenschlüsse anerkennen, wenn sie zuverlässig sind. Die Vereinigungen der Blinden, die Handwerkskammer und die Hauptfürsorgestellen werden gehört. Die anerkannten Werkstätten dürfen dann mit Hinweis auf die Blindenarbeit werben. Maßgeblich ist das Blindenwarenvertriebsgesetz.

Bordell: siehe Prostitution

Briefbeförderung: Wer Briefe (adressierte schriftliche Mitteilungen, deren Einzelgewicht nicht mehr als 1.000 Gramm beträgt) einsammelt, weiterleitet und ausliefert, braucht eine Erlaubnis. Geprüft werden Leistungsfähigkeit (Produktionsmittel für Aufbau und Betrieb vorhanden?), Zuverlässigkeit und Fachkenntnisse, außerdem, ob die öffentliche Sicherheit und Ordnung gefährdet wird, ob die üblichen Arbeitsbedingungen unterschritten werden und ob flächendeckend eine Mindest-Dienstleistung angeboten wird. Außerdem werden die Entgelte geprüft. Rechtliche Grundlage ist das Postgesetz, zuständig ist die Bundesnetzagentur für Elektrizität, Gas, Telekommunikation, Post und Eisenbahnen, Bonn.

Buchhaltung: Der selbstständige Buchhalter bucht laufende Geschäftsvorfälle, erstellt die laufende Lohnabrechnung und die Lohnsteueranmeldungen. Die Tätigkeit ist nur Personen erlaubt, die eine einschlägige Ausbildung absolviert haben und danach mindestens drei Jahre in der Buchhaltung tätig waren. Der selbstständige Buchhalter, auch der geprüfte Bilanzbuchhalter, darf also nicht Jahresabschluss und Steuererklärung fertigen. Dies ist den Steuerberatern vorbehalten. Es ist also empfehlenswert, mit einem Steuerberater zusammenzuarbeiten. Notfalls kann das Finanzamt die Tätigkeit untersagen. Rechtsgrundlage: Steuerberatungsgesetz, insbesondere § 6.

Buchhandlung: Die Preise für Bücher und andere Verlagserzeugnisse sind gebunden, das heißt durch die Verlage festgelegt, und die Buchhändler sind hieran gebunden, bis die Verlage diese Bindung freigeben. Die Buchhandlungen können also nicht über den Preis in Wettbewerb miteinander treten, sondern tun dies vor allem über das Sortiment, das heißt die Auswahl der angebotenen Titel (Buchpreisbindungsgesetz, Gesetz über Preisbindung bei Verlagserzeugnissen).

Buchmacher: Der Buchmacher nimmt beim Pferderennen die Wetten entgegen und zahlt die Gewinne aus. Für die Erlaubnis werden Zuverlässigkeit, kaufmännische Sachkunde und Sicherheitsleistungen geprüft. Grundlage ist das Rennwett- und Lotteriesteuergesetz nebst Ausführungsbestimmungen, ferner Glücksspielgesetze der Länder. Siehe auch § 762 des Bürgerlichen Gesetzbuchs.

Camping: Zur Eröffnung eines Campingplatzes ist keine Erlaubnis notwendig, jedoch ist eine Fülle baurechtlicher Vorschriften zu beachten. Für den Platz ist die Ausweisung eines Sondergebiets „Erholung“ im Sinne von § 10 der Baunutzungsverordnung notwendig. Hinzu kommen landesrechtliche Baugesetzbücher und Campingplatzverordnungen. Hier wird die Anlage von Wegen, Stand- und Stellplätzen, Brandschutz, Wasserver- und -entsorgung, Beleuchtung etc im Einzelnen vorgeschrieben. Ein Platzwart muss erreichbar sein, eine Platzordnung ist aufzustellen.

Darlehensvermittlung: Die gewerbsmäßige Vermittlung von Verträgen über den Abschluss von Darlehen. Häufig nimmt auch der Vermittler die Gelder des Darlehensgebers entgegen und leitet sie an den Darlehensnehmer weiter. Für eine Erlaubnis zur selbstständigen Tätigkeit werden Zuverlässigkeit und Vermögensverhältnisse geprüft. Gesetzliche Grundlage: § 34c der Gewerbeordnung, Makler- und Bauträgerverordnung, §§ 607 ff. des Bürgerlichen Gesetzbuchs.

Druckbehälter, Feuerlöscher: Druckbehälter, beispielsweise Feuerlöscher, und Rohrleitungen dürfen erst nach einer sachkundigen Prüfung in Betrieb genommen werden. Die Behälter sind in regelmäßigen Abständen zu überprüfen. Der Druckbehälter-Prüfer hat auf Verlangen seine Sachkunde nachzuweisen. Dabei geht es um Ausbildung, Erfahrung, Zuverlässigkeit, Weisungsfreiheit und die Prüfeinrichtungen. Zu beachten: § 32 der Verordnung über ortsbewegliche Druckgeräte.

Energieversorgung: Eine Branche mit zahlreichen Kleingründungen (Windräder etc), die durch die staatliche Förderung hohe Chancen verspricht. Die Aufnahme bedarf der behördlichen Genehmigung. Geprüft werden personelle, technische und wirtschaftliche Leistungsfähigkeit, Auswirkung auf die Versorgung des Gebiets und auf die bisherigen Anbieter. Rechtliche Grundlagen: Gesetz zur Neuordnung des Energiewirtschaftsrechts, § 4 des Gesetzes zum Einstieg in die ökologische Steuerreform, Gesetz für den Vorrang Erneuerbarer Energien.

Fahrschule: siehe Unterricht

Finanzdienstleister, Anlageberater: Finanzdienstleistungen sind:
(1) die Anlagevermittlung, das heißt die Vermittlung von Geschäften über die Anschaffung oder Veräußerung von Finanzinstrumenten oder deren Nachweis. Als Finanzinstrumente gelten Wertpapiere, Geldmarktinstrumente, Devisen, Rechnungsinstrumente und Derivate.
(2) die Abschlussvermittlung (Anschaffung und Veräußerung von Finanzinstrumenten im fremden Namen für fremde Rechnung),
(3) die Finanzportfolioverwaltung (Verwaltung einzelner in Finanzinstrumenten angelegter Vermögen für andere mit Entscheidungsspielraum),
(4) der Eigenhandel (Anschaffung und Veräußerung von Finanzinstrumenten für andere),
(5) die Drittstaateneinlagenvermittlung (Vermittlung von Einlagegeschäften mit Unternehmen mit Sitz außerhalb des Europäischen Wirtschaftsraums),
(6) das Finanztransfergeschäft (Besorgung von Zahlungsaufträgen),
(7) das Sortengeschäft (Wechselstube, Handel mit Sorten, das heißt ausländischen Währungszeichen).

Wer Finanzdienstleistungen erbringen will, benötigt eine Erlaubnis der BaFin, das heißt der Bundesanstalt für Finanzdienstleistungsaufsicht, Bonn. Geprüft werden Zuverlässigkeit, fachliche Eignung, Geschäftsplan und -organisation, Beteiligungen, Verbindungen, ausreichendes Eigenkapital (bei bloßen Vermittlern 50.000 Euro, bei anderen Vermittlern, die nicht auf eigene Rechnung handeln, 125.000 Euro, bei Wertpapierhändlern 730.000 Euro).

Fischerei: Die Hochseefischerei gilt als gewerbliche Tätigkeit. Notwendig ist eine Fangerlaubnis der Bundesanstalt für Landwirtschaft und Ernährung. Die Binnenfischerei gilt nicht als gewerbliche Tätigkeit. Notwendig ist ein Fischereischein je nach Landesgesetz.

Fortbildung: siehe Unterricht

Frachtprüfer: Der Frachtprüfer berät den Verlader auf kaufmännischem und rechtlichem Gebiet, beispielsweise indem er den Fracht- oder Speditionsvertrag prüft oder indem er hilft, Forderungen aus dem Frachtvertrag geltend zu machen. Bis 2008 war eine Erlaubnis nach dem Rechtsberatungsgesetz notwendig. Nach dem neuen Rechtsdienstleistungsgesetz ist keine Erlaubnis mehr notwendig.

Freie Berufe: Die Angehörigen der Freien Berufe gelten nicht als Gewerbetreibende. Wer sich in einem dieser Berufe selbstständig macht, meldet also kein Gewerbe an, sondern teilt dies lediglich dem Finanzamt mit. Die Betriebe der Freiberufler, meist als Praxis bezeichnet, zahlen keine Gewerbesteuer. Die Definition der Freien Berufe findet sich in § 18, Absatz 1, Nummer 1 des Einkommensteuergesetzes und in § 1 Absatz 2 des Gesetzes über Partnerschaftsgesellschaften Angehöriger Freier Berufe. Die Freien Berufe haben im Allgemeinen auf der Grundlage der besonderen beruflichen Qualifikation oder schöpferischer Begabung die persönliche, eigenverantwortliche und fachlich unabhängige Erbringung von Dienstleistungen höherer Art im Interesse der Auftraggeber und der Allgemeinheit zum Inhalt.

Charakteristisch ist also die Bindung an eine bestimmte Person: Der Kunde, hier meist Klient oder Patient genannt, vertraut auf die Ausbildung oder Fähigkeiten eines bestimmten Mannes oder einer bestimmten Frau. Charakteristisch ist ferner, dass der Freiberufler nicht nur für sich, sondern auch für die Allgemeinheit arbeitet, beispielsweise gilt der Rechtsanwalt als Organ der Rechtspflege. Zum Freien Beruf gehört ferner das Schöpferische, wie es besonders bei den Künstlern, Designern und Architekten deutlich wird. Beim Freiberufler wird traditionell vorausgesetzt, dass er nicht einfach für den Bedarf produziert, sondern sich einem Ideal der fachgerechten Ausübung verpflichtet weiß.

In vielen traditionellen Freien Berufen gibt es Kammern (Anwaltskammer, Ärztekammern etc), Standesordnungen und Gebührenordnungen, also einen relativ festen Rahmen für die Ausübung des Berufs. Teils gibt es auch eigene Versorgungswerke zur Alterssicherung. Eine aggressive Werbung gilt als standeswidrig. Daneben stehen die neueren Freien Berufe, die nur in freiwilligen Verbänden organisiert sind, kein Standesrecht kennen und ihre Preise frei gestalten. Weil in den anderen Ländern die Europäischen Union die strenge Unterscheidung von gewerblich und freiberuflich nicht üblich ist, geht die politische Entwicklung auch in Deutschland allmählich dahin, die Standesvorschriften zu lockern und die Freiberufler den übrigen Dienstleistern anzugleichen.

Konkret geht es um die im Gesetz aufgezählten namentlich genannten Katalogberufe und um diejenigen Berufe, die diesen Katalogberufen ähnlich sind, wobei es immer um selbstständig ausgeübte wissenschaftliche, unterrichtende oder erzieherische Tätigkeiten geht. Die Freien Berufe werden gelegentlich verwechselt mit Freier Mitarbeit; hiermit haben sie nichts zu tun.

Das Hauptproblem besteht, gerade für Existenzgründer, darin, dass die meisten Angehörigen der Freien Berufe sich nicht als Kaufleute betrachten und nur mit einem gewissen Widerwillen überhaupt kaufmännische Erwägungen anstellen, etwa über Umsatz, Kalkulation und Gewinn. Wer jedoch von diesem Beruf leben will, kommt um diese Erwägungen nicht herum.

Fußpflege: Die medizinische Fußpflege wird neuerdings auch Podologie genannt und wird als gewerbliche Tätigkeit ausgeübt. Entsprechend dem Podologengesetz braucht eine Erlaubnis, wer die Berufsbezeichnung „Podologe“ oder „Podologin“ führen will. Hierzu sind Ausbildung und Prüfung abzuleisten. Ferner muss der Bewerber zuverlässig und gesundheitlich geeignet sein.

Futtermittelherstellung: ist nur in zugelassenen Betrieben möglich. Geprüft werden Räumlichkeiten, Zutaten und Herstellungsprozess. Zu beachten: Lebensmittel- und Futtermittel-Kontrollverordnung.

Glücksspiel: (siehe auch Spielhalle, Spielautomat, Spielbank, Lotterie, Lotto): Gewerberechtlich wird unterschieden zwischen:
(1) Glücksspielen mit Spielgeräten, die die Möglichkeit eines Gewinns bieten. Der Spielablauf bewegt sich in Bahnen, die durch das Gerät ganz oder teilweise von vornherein festgelegt sind. Hierzu ge-

hören Spielautomaten, die durch Einwurf einer Münze betätigt werden, und Glücksräder.
(2) anderen Spielen, nämlich Geschicklichkeitsspielen, deren Ablauf überwiegend manuell beeinflusst wird (Würfel-, Kegel- und einfache Kugelspiele)
(3) Glücksspielen wie Roulette, Baccara, Black Jack, Trente et quarante, Poker, Boule, Punto Banco, Craps
(4) Unterhaltungsspielen ohne Gewinnmöglichkeit.

Hiervon sind (1) Automatenspiele, (2) Geschicklichkeitsspiele und (4) Unterhaltungsspiele bundesrechtlich geregelt (§§ 33c ff. der Gewerbeordnung). Die Glücksspiele (3) hingegen sind landesrechtlich geregelt und den zugelassenen Spielbanken vorbehalten. In jedem Fall ist eine behördliche Erlaubnis notwendig (Glücksspielstaatsvertrag, Glücksspielgesetze der Länder). Sonst drohen §§ 284 ff. des Strafgesetzbuchs (unerlaubte öffentliche Veranstaltung eines Glücksspiels oder Beteiligung hieran).

Heimarbeit: Heimarbeiter ist, wer daheim oder in selbst gewählter Betriebsstätte arbeitet, jedoch die Verwertung der Arbeitsergebnisse dem Auftraggeber überlässt. Der Heimarbeiter ist also nicht unmittelbar für den Absatzmarkt tätig. Er steht nicht in einem Anstellungsverhältnis (mit Abführung von Sozialbeiträgen etc), sondern ist davon abhängig, wann und wie viel Arbeit er zugewiesen bekommt. Unternehmer ist, wer die Heimarbeit ausgibt. Die Ausgabe von Heimarbeit ist nicht erlaubnispflichtig, muss aber der Landesagentur für Arbeit angezeigt werden und ist wegen der früher vorgekommenen Missbräuche detailliert geregelt (Heimarbeitsgesetz, Erste Rechtsverordnung zur Durchführung des Heimarbeitsgesetzes). Der Antrag wird beim Landkreis oder der kreisfreien Stadt eingereicht.

Industrie: Die Existenzgründung mit einem Industriebetrieb ist nicht erlaubnispflichtig, wohl aber die Errichtung eines Betriebes, wenn von diesem schädliche Einwirkungen auf die Umwelt ausgehen. Zu beachten sind vor allem das Bundes-Immissionsschutzgesetz mit Durchführungsverordnungen, die Störfall-Verordnung, das Kreislaufwirtschafts- und Abfallgesetz, § 906 des Bürgerlichen Gesetzbuchs. Für viele Produkte ist das CE-Kennzeichen notwendig, das bezeugt, dass das Produkt gemäß den europäischen Richtlinien hergestellt wurde.

Inkasso: Das Inkassobüro zieht fremde Forderungen ein oder lässt sie sich abtreten, um sie einzuziehen. Vor allem geht es um die Beitreibung erfolglos eingeklagter Forderungen. Das Inkassobüro benötigt eine Erlaubnis des Amtsgerichts, in den neuen Bundesländern des Kreisgerichts. Geprüft werden Mindestalter (25 Jahre), Zuverlässigkeit (einschlägig vorbestraft?), geordnete wirtschaftliche Verhältnisse (Insolvenz?, Schuldnerliste?) und Sachkunde (Ausbildung, bisherige Tätigkeit). Rechtsgrundlage ist das Rechtsdienstleistungsgesetz.

Investmentvermittler: Wer die Anlageberatung und Abschlussvermittlung von Investmentanteilen betreibt, benötigt eine Erlaubnis. Geprüft werden Zuverlässigkeit und Vermögensverhältnisse. Rechtsgrundlage: § 34c der Gewerbeordnung und § 2 Absatz 6 Satz 1 Nummer 8 des Kreditwesengesetzes.

Kinder: Die Pflege und Erziehung von Kindern gegen Entgelt gilt nicht als Gewerbe, ist also nur beim Finanzamt anzumelden. Unterschieden werden Tagespflege oder Pflege mit Unterkunft, und zwar jeweils in Heimen, Einrichtungen, Horten oder in der Familie der Pflegeeltern. Für die Erlaubnis wird vom Jugendamt geprüft, ob das Wohl des Kindes oder Jugendlichen in der Pflegestelle gewährleistet ist. In der Einrichtung müssen geeignete Mitarbeiter vorhanden sein. Der Träger der Einrichtung hat umfangreiche Meldepflichten. Rechtliche Grundlagen sind §§ 44 ff. des Sozialgesetzbuchs VIII, § 6 der Gewerbeordnung, ergänzend Landesrecht.

Die Adoptionsvermittlung ist allein Aufgabe des Jugendamtes und landesrechtlich anerkannter Stellen. Sie darf nicht gewerblich ausgeübt werden (Adoptionsvermittlungsgesetz, §§ 169 ff. des Strafgesetzbuchs).

Kosmetik: Die selbstständige Kosmetikerin behandelt, berät und verkauft im Bereich der Schönheitspflege, teils in einem Salon oder Studio, teils bei der Kundin. Die Tätigkeit gilt als handwerksähnliches Gewerbe, eine Erlaubnis ist also nicht notwendig. Jedoch ist in der Kosmetik-Verordnung im Einzelnen vorgeschrieben, welche Stoffe verwendet werden dürfen. Der Berufsabschluss Kosmetiker/in ist nicht einheitlich geregelt, in einigen Bundesländern sind staatliche Abschlussprüfungen möglich.

Krankenpflege: Die Tätigkeit wird meist im ambulanten Pflegedienst ausgeführt. Die examinierten Krankenschwestern üben den Beruf gewöhnlich freiberuflich aus, die anderen gewerblich. Die Eröffnung eines ambulanten Pflegdienstes benötigt keine Erlaubnis. wohl aber das Führen der Berufsbezeichnungen „Krankenschwester/pfleger", „Kinderkrankenschwester/pfleger" und „Krankenpflegehelfer/in". Hierzu werden Ausbildung (drei Jahre) und staatliche Prüfung vorausgesetzt, außerdem Zuverlässigkeit und körperliche und geistige Eignung. Zur Erstattung der Pflegekosten durch die Krankenkassen ist eine besondere Anerkennung notwendig. Hierzu unterhalten die Krankenkassen einen Medizinischen Dienst. Rechtliche Grundlagen: Sozialgesetzbuch XI, § 71 Absatz 1, Krankenpflegegesetz, Ausbildungs- und Prüfungsverordnung für die Berufe in der Krankenpflege.

Krankentransport, Rettung: Beim qualifizierten Krankentransport werden nicht lebensbedrohlich Verletzte, Kranke oder Hilfsbedürftige transportiert, die eine fachgerechte Betreuung benötigen. Wer geschäftsmäßig Krankentransporte durchführen will, bedarf der Erlaubnis. Geprüft werden Sicherheit und Leistungsfähigkeit des Betriebs, Zuverlässigkeit, fachliche Eignung, öffentliches Interesse, Fahrzeuge, Eignung des Personals. Krankentransport, Notfallrettung und Rettungsdienst sind in den Rettungsdienstgesetzen landesgesetzlich geregelt.

Künstler: sind traditionell frei, das heißt es gibt keine Vorschriften für eine Erlaubnis oder für die Ausübung des Berufs. Sie sind keine Gewerbetreibenden, sondern melden nur die Tätigkeit beim Finanzamt an. Dies gilt für Maler, Schriftsteller, Musiker, freie Journalisten, Designer und alle Kreativen, ebenso für Wissenschaftler und Forscher. Wichtig ist das Gesetz über die Sozialversicherung der selbstständigen Künstler und Publizisten, ferner das Gesetz über Urheberrecht und verwandte Schutzrechte. Siehe auch: Verlag.

Lagerhaus, Kühlhaus: Eine Erlaubnis ist nicht notwendig. Die rechtlichen Verhältnisse sind in §§ 467 bis 475h des Handelsgesetzbuchs geregelt.

Landwirtschaft und Forstwirtschaft: sind kein Gewerbe, die Existenzgründung wird nur beim Finanzamt angezeigt. Aus volkswirtschaftlicher Sicht handelt es sich um Unternehmer wie alle anderen auch, und in den Nachbarländern wie Holland und Dänemark wird dies tatsächlich so gesehen. Das Ziel der Tätigkeit bei den deutschen Landwirten ist jedoch häufig nicht primär das Gewinnstreben, sondern die Erhaltung des ererbten Hofes. Oft fehlt ein Nachfolger in der Familie. Der Gedanke, den Hof an einen Fremden zu verkaufen und diesen nach seinen Vorstellungen wirtschaften zu lassen, ist jedoch ungewohnt und setzt sich nur langsam durch. Der Existenzgründer muss sich also darauf einstellen, dass von ihm die Weiterführung des Gewohnten und nicht die Suche nach gewinnträchtigen Alternativen erwartet wird. Betriebswirtschaftlich besteht das Hauptproblem der Rohstoffbetriebe darin, dass der Verkaufspreis vorgegeben ist, so dass der Betriebsertrag nur über die erzeugte Menge oder einen Wechsel des hergestellten Produkts gesteigert werden kann.

Nach dem Landwirtschaftsgesetz hat die Politik die Aufgabe, der Landwirtschaft die Teilnahme an der fortschreitenden Entwicklung der deutschen Volkswirtschaft zu sichern, die naturbedingten und wirtschaftlichen Nachteile gegenüber anderen Wirtschaftsbereichen auszugleichen und die soziale Lage der hier Tätigen an die Lage vergleichbarer Berufsgruppen anzupassen. Die Landwirtschaft wurde also von vornherein als benachteiligt und unterstützungsbedürftig definiert, was den Zugang zum unternehmerischen Denken erschwerte. Die Agrarpolitik hat jahrzehntelang die Illusion genährt, als könne der Staat einen Mindestpreis garantieren, der zur Erhaltung der bäuerlichen Familienbetriebe ausreiche. Der Existenzgründer muss sich jedoch darauf einstellen, dass langfristig der Welthandel auch für Agrargüter immer stärker liberalisiert wird und dass die Weltmarktpreise auch für die hiesigen Massengüter gelten. Für die kleineren Betriebe, die hierbei nicht mithalten können, gibt es also nur die Alternative, sich auf die Produktion von Nischenprodukten zu verlegen, deren Anbau wegen der örtlichen Verhältnisse besonders günstig möglich ist.

Lebensmittelherstellung: Die Herstellung von Lebensmitteln und von Bedarfsgegenständen für den Haushalt des Konsumenten (etwa: Spielwaren, Scherzartikel) ist nicht erlaubnispflichtig, aber in diversen einzelnen Verordnungen geregelt, beispielsweise Fruchtsaft-Verordnung, Konfitürenverordnung. Mineral- und Tafelwasserverordnung, Bierverordnung, Butterverordnung, Speiseeisverordnung, Bedarfsgegenständeverordnung, Rückstands-Höchstmengenverordnung.

Logopäde: Die Logopädie ist eine Sprech- und Stimm-Heilbehandlung von physiologisch und psychologisch bedingten Sprechhemmungen. Die Tätigkeit wird freiberuflich ausgeübt. Zum Führen der Berufsbezeichnung „Logopäde“ oder „Logopädin“ ist eine Erlaubnis notwendig. Geprüft werden: dreijährige Ausbildung, Zuverlässigkeit, körperliche und geistige Leistungsfähigkeit. Maßgeblich ist das Gesetz über den Beruf des Logopäden, ferner die Ausbildungs- und Prüfungsordnung für Logopäden.

Lotse: Der Seelotse geleitet Schiffe außerhalb der Häfen als orts- und schifffahrtskundiger Berater. Es ist freiberuflich tätig (§ 6 der Gewerbeordnung). Von der Wasser- und Schifffahrtsdirektion wird zugelassen, wer das Patent als Kapitän auf großer Fahrt besitzt, eine Seefahrtzeit von sechs Jahren absolviert hat sowie geistig und körperlich geeignet sowie zuverlässig ist. Hinzu kommt eine Ausbildung für das jeweilige Revier. Die Behörde lässt jeweils nur die erforderliche Zahl von Lotsen zu (Seelotsgesetz, Hafenlotsgesetz).

Lotterie: Für gewerbsmäßige Lotterien und Ausspielungen auf Volksfesten, Schützenfesten und ähnlichen Veranstaltungen ist eine Erlaubnis notwendig. Geprüft wird die Zuverlässigkeit (Vorstrafen?). Rechtliche Regelung: Rennwett- und Lotteriegesetz, § 33h der Gewerbeordnung, § 287 des Strafgesetzbuchs.

Lotto, Toto: Der Inhaber einer Lotto- oder Toto-Annahmestelle ist nicht Veranstalter, sondern Handelsvertreter oder Angestellter des Veranstalters. Er bemüht sich privatrechtlich um eine Zulassung von der landeseigenen Lotto-Gesellschaft (Glückspielstaatsvertrag, Glückspielgesetze der Länder).

Märkte, Messen: In Titel IV der Gewerbeordnung (§§ 64 bis 71b) sind diverse Marktveranstaltungen aufgeführt: Messe, Ausstellung,

Wochenmarkt, Spezialmarkt und Jahrmarkt. Hier gibt es jeweils einen Veranstalter, der zahlreiche Unternehmen einlädt, sich und ihr Angebot zu präsentieren, und der die Veranstaltung bekannt macht. Für die Teilnahme gilt die Marktfreiheit, das heißt jeder, der die vom Veranstalter festgelegten Bedingungen erfüllt, darf teilnehmen. Die Veranstaltungen werden danach unterschieden, ob sie sich primär an das Fachpublikum oder an das allgemeine Publikum richten, ob sie im zeitlichen Rhythmus oder dauerhaft stattfinden und welche Wirtschaftszweige sie umfassen. Die Marktveranstaltung ist auf Antrag des Veranstalters behördlich (Ordnungsamt) festzusetzen, wenn die gesetzlichen Voraussetzungen erfüllt sind, der Veranstalter zuverlässig ist und wenn sie die öffentliche Ordnung nicht stört.

Markscheider: Der Markscheider stellt für bergmännische Zwecke Aufnahmen, Grundrisse und Aufrisse her. Er bedarf einer Prüfung. Zuständig ist das Oberbergamt. Die Zulassung ist landesrechtlich geregelt (Markscheidergesetze).

Masseur, Bademeister: Wer die Berufsbezeichnung „Masseur/in und medizinische/r Bademeister/in“ führen will, bedarf der Erlaubnis. Geprüft werden Ausbildung (2,5 Jahre), Zuverlässigkeit, körperliche und geistige Eignung. Die Tätigkeit wird gewöhnlich freiberuflich ausgeübt. Maßgeblich sind das Masseur- und Physiotherapeutengesetz und die Ausbildungs- und Prüfungsverordnung von Masseuren und medizinischen Bademeistern etc.

Mediendienste: Es geht um Angebot und Nutzung von an die Allgemeinheit gerichteten Informations- und Kommunikationdiensten, insbesondere Verteildiensten in Form von direkten Angeboten an die Öffentlichkeit für den Verkauf oder Miete oder Pacht von Erzeugnissen oder Dienstleistungen (Fernseheinkauf). Ferner geht es um Verteildienste, in denen Messergebnisse und Daten verbreitet werden, ferner um Verteildienste in Fernsehtext oder Radiotext, außerdem um Abrufdienste und Telespiele. Die Erlaubnis wird in vier Lizenzklassen erteilt und gilt für ein bestimmtes Gebiet. Geprüft werden, ob freie Lizenzen vorhanden sind, ferner Zuverlässigkeit, Leistungsfähigkeit, Sachkunde, ferner, ob die Lizenz dauerhaft ausgeübt wird und ob die öffentliche Sicherheit und Ordnung gefährdet wird.

Rechtsgrundlage: Telekommunikationsgesetz und § 4 des Mediendienste-Staatsvertrages der Länder, veröffentlicht in deren Gesetz- und Verordnungsblättern. Zuständig: Bundesnetzagentur für Elektrizität, Gas, Telekommunikation, Post und Eisenbahnen, Bonn.

Medizinprodukte: sind Apparate, Stoffe und Instrumente aller Art, die am menschlichen Körper wirken, aber nicht Arzneimittel sind. Sie dienen zum Vermeiden, Erkennen, Lindern oder Heilen von Krankheiten, Verletzungen und Behinderungen oder zur Empfängnisverhütung. Herstellung und Handel sind behördlich anzuzeigen. Medizinprodukteberater haben eine ähnliche Stellung wie die Pharmaberater (siehe Handelsvertreter im Abschnitt „Handel"). Die Produkte benötigen das CE-Kennzeichen (Herstellung gemäß Richtlinie 2007/47/EG). Die Behörde prüft, ob Gesundheit und Sicherheit der Patienten oder Dritter gefährdet werden. Zuständig: Bundesinstitut für Arzneimittel und Medizinprodukte, Bonn, und Physikalisch-technische Bundsanstalt, Braunschweig. Zu beachten: Medizinproduktegesetz und -verordnungen, MPG-TSE-Verordnungen.

Milchhandel: Groß- und Einzelhandel mit loser Milch und unverpackten Milchprodukten sind erlaubnispflichtig. Geprüft werden Zuverlässigkeit, Sachkunde, Gesundheit, Einrichtung, Räume. Zu beachten: Milch- und Fettgesetz, Milch- und Margarinegesetz, Milch-Sachkunde-Verordnung, §§ 42 ff. des Infektionsschutzgesetzes.

Paketbeförderung: Die gewerbsmäßige Beförderung von Paketen (Einzelstück über 1.000 Gramm Gewicht) und Kurierdienste sind frei, benötigen keine Erlaubnis (§ 5 des Postgesetzes).

Partnervermittlung: Die Vermittlung von Eheschließungen, Partnerschaften und Bekanntschaften benötigt keine Erlaubnis, gehört aber zu den überwachungsbedürftigen Gewerben im Sinne von § 38 der Gewerbeordnung, das heißt nach Gewerbeanmeldung wird die Zuverlässigkeit überprüft. Problem ist, dass nach § 656 des Bürgerlichen Gesetzbuchs keine Provision beansprucht werden kann. Dies wird auf vielfältige Weise umgangen, beispielsweise durch eine Vorauszahlung (die nach § 656 des Bürgerlichen Gesetzbuches nicht zurückverlangt werden kann), durch Mitgliedsbeitrag in einem Partnerkreis etc.

Pfandleiher: Der Pfandleiher gewährt ein Darlehen in Geld und nimmt als Sicherheit Wertgegenstände oder einzelne Wertpapiere (etwa: Inhaberpapiere) als Pfand. Diese bewahrt er in seinem Geschäft, dem Leihhaus, auf. Wird das Darlehen nicht zurückgezahlt, so verwertet er diese Gegenstände, meist in einer Versteigerung. Zum Betreiben eines Leihhauses ist eine Erlaubnis notwendig. – Der Pfandvermittler verpfändet die ihm übergebenen Sachen und führt das Darlehen an seinen Auftraggeber ab. Auch er benötigt eine Erlaubnis. Geprüft werden die Zuverlässigkeit (Vorstrafen? Gewerbe früher untersagt?) und die wirtschaftliche Leistungsfähigkeit. Rechtliche Grundlagen: § 34 der Gewerbeordnung, Pfandleihordnung, Allgemeine Geschäftsbedingungen für das Pfandleihgewerbe, Allgemeine Verwaltungsvorschrift zum Vollzug der für das Pfandleih- und Pfandvermittlergewerbe geltenden Vorschriften.

Physiotherapie, Krankengymnastik: Hier geht es um Bewegungsübungen, Atemtechnik, Massage, Wärme- und Wassertherapie etc. Die Tätigkeit wird freiberuflich ausgeübt. Wer die Berufsbezeichnung „Physiotherapeut/in" führen will, bedarf der Erlaubnis. Geprüft werden: Ausbildung (drei Jahre), Zuverlässigkeit, geistige und körperliche Eignung. Maßgeblich sind das Masseur- und Physiotherapeutengesetz und die Ausbildungs- und Prüfungsverordnung für Physiotherapeuten.

Privatklinik: Unternehmer von Privatkranken- und Privatentbindungsanstalten benötigen eine Erlaubnis nach § 30 der Gewerbeordnung. Geprüft werden Zuverlässigkeit, medizinische und pflegerische Versorgung der Patienten, bauliche und technische Einrichtung, Störung der Nachbarschaft. Zu beachten: Krankenhausgesetze der Länder.

Prostitution, Bordell: Die Prostitution ist die wiederholte Vornahme sexueller Handlungen mit wechselnden Partnern gegen Entgelt. Die selbstständige Ausübung ist nicht verboten, aber als unsittliche (sozial unwertige) Tätigkeit kein Gewerbe. Sie ist also nur beim Finanzamt anzuzeigen. Weil die Prostitution durch ein besonderes Gesetz als legal anerkannt ist, können die Prostituierten sich regulär in der gesetzlichen Kranken-, Arbeitslosen- und Rentenversicherung versichern. Die Landesregierung kann durch Rechtsverordnung für bestimmte Gemeinden oder Gemeindeteile oder für bestimmte Tageszeiten ein Verbot aussprechen. Die Gemeinden versuchen gewöhnlich, die Prostitution bauplanerisch auf bestimmte Stadtviertel zu beschränken. Eine belästigende Werbung gilt als Ordnungswidrigkeit.

Ein Bordell ist ein auf Gewinnerzielung gerichtetes Unternehmen, dessen Inhaber mehrere Personen zur Prostitution bereit hält, also ein Gewerbebetrieb. Das bloße Gewähren von Wohnungsunterkunft oder Aufenthalt der Prostituierten und die damit üblicherweise verbundenen Nebenleistungen, ferner der Erlass einer Hausordnung, sind nicht strafbar. Verboten ist es, die Prostituierten in persönlicher und wirtschaftlicher Abhängigkeit zu halten, sie auszubeuten, die Ausübung zu fördern, einer Person unter 18 Jahren Unterkunft zu diesem Zweck zu gewähren, ferner Zuhälterei und Menschenhandel. Der Betrieb eines Bordells führt regelmäßig zu Beschwerden aus der Nachbarschaft. Ist für das betreffende Haus lediglich Wohnnutzung vorgesehen und keine Nutzungsänderung beantragt oder genehmigt, so kann der Betrieb aus baurechtlichen Gründen untersagt werden. Ähnlich ist es, wenn nur „Gaststätte" oder „Camping" genehmigt sind.

Rechtliche Grundlagen: Prostitutionsgesetz, §§ 1, 14, 33a der Gewerbeordnung, §§ 180 ff. des Strafgesetzbuchs, landesrechtliche Verordnungen auf Grund von Artikel 297 des Einführungsgesetzes zum Strafgesetzbuch, örtliche Satzungen über Sperrzeiten und Sperrbezirke, örtliche Bauleitplanung, §§ 119 f. des Ordnungswidrigkeitengesetzes.

Rentenberater: Der Rentenberater berät in Fragen der gesetzlichen Sozialversicherung, der Unfallversicherung und der betrieblichen und berufsständischen Altersversorgung. Entsprechend dem Rechtsdienstleistungsgesetz ist eine Registrierung erforderlich. Geprüft werden Eignung, Zuverlässigkeit, geordnete Vermögensverhältnisse, theoretische und praktische Sachkunde, Berufshaftpflichtversicherung.

Sachverständige: Die Industrie- und Handelskammern und die anderen berufsständischen Kammern können auf Antrag Sachverständige öffentlich bestellen und vereidigen, die sich auf einem bestimmten Gebiet durch besondere Sachkunde auszeichnen. Dieses wird recht streng geprüft. Die Sachverständigen werden von Gerichten, Behörden und Privaten um Gutachten gebeten. Je nach Ausbildung und Tätigkeit sind die Sachverständigen teils freiberuflich, teils gewerblich tätig. Rechtliche Grundlagen: § 36 der Gewerbeordnung, die darauf beruhenden Sachverständigenordnungen der Kammern, §§ 3, 144, 287 der Zivilprozessordnung.

Sammlungen: Das Sammeln von Geld- oder Sachspenden durch Ansprechen in der Öffentlichkeit oder mit Liste von Haus zu Haus gilt als Sammlung, ebenso der Vertrieb von Waren in dieser Form, wenn der Eindruck erweckt wird, als werde durch den Kauf der Ware ein mildtätiger oder gemeinnütziger Zweck erfüllt. Die Erlaubnispflicht ist in den Sammlungsgesetzen der Länder geregelt. Vor allem wird geprüft, ob die öffentliche Sicherheit und Ordnung gestört werden, ob die ordnungsgemäße Durchführung und die bestimmungsgemäße Verwendung des Erlöses sichergestellt sind, ob beim Warenverkauf mindestens ein Viertel des Verkaufspreises für gemeinnützige oder mildtätige Zwecke verbleibt und ob nicht gleichzeitig eine Vielzahl von Sammlungen stattfindet.

Schädlingsbekämpfer: früher auch Kammerjäger genannt, beraten bei Maßnahmen, einen Befall durch Schadorganismen zu beseitigen, und führt Maßnahmen zur Vorbeugung und Beseitigung durch. Es geht um Holz- und Bautenschutz, Gesundheits-, Vorrats- und Pflanzenschutz. Zur selbstständigen Tätigkeit ist eine Prüfung mit einem fachpraktischen, fachtheoretischen, einem rechtlichen und einem wirtschaftlichen Teil notwendig. Zur Prüfung wird zugelassen, wer an einem Lehrgang von 360 Unterrichtsstunden teilgenommen hat sowie eine Prüfung in einem anerkannten Ausbildungsberuf sowie mindestens vier Jahre praktischer Tätigkeit nachweist. Zuständig sind die Industrie- und Handelskammern (Auskunft: IHK Krefeld). Rechtliche Grundlage ist die Verordnung über die Berufsausbildung zum Schädlingsbekämpfer/zur Schädlingsbekämpferin.

Schlachthöfe und Zerlegebetriebe entsprechend den EG-Vorschriften (sogenannte EG-Schlachthöfe) unterliegen sehr strengen Hygienevorschriften und erfordern entsprechend hohe Investitionen.

Kleinere Verarbeitungsbetriebe dürfen nur 20 Großvieheinheiten pro Woche schlachten. Der Antrag auf Genehmigung wird beim Veterinäramt des Landkreises eingereicht (Fleischgesetz).

Schlüsseldienst: (Herstellen von Schlüssel-Duplikaten aus Rohlingen), **Gebäudesicherung** (Vertrieb und Einbau von Schlössern, Alarmanlagen, Schutzgittern), Herstellen und Vertreiben **diebstahlbezogener Öffnungswerkzeuge** (Dietriche): für die Existenzgründung ist keine Erlaubnis notwendig, aber das Gewerbe wird behördlich überwacht (§ 38 der Gewerbeordnung).

Schulen: siehe Unterricht

Signatur: Eine Zertifizierungsstelle kann die Zuordnung von öffentlichen Signaturschlüsseln zu natürlichen Personen bescheinigen. Sie benötigt nach § 4 des Signaturgesetzes keine Genehmigung, jedoch ist der Betrieb anzeigepflichtig und an mehrere Voraussetzungen gebunden. Nähere Information gibt die DE-CODA-GmbH, Gesellschaft zur elektronischen Zertifizierung von Dokumenten insbesondere im Handelsverkehr, im Hause des Deutschen Industrie- und Handelskammertages, Berlin.

Spielautomat: Der Spielautomaten-Aufsteller stellt in Gaststätten, Restaurants, Beherbergungsbetrieben, Spielhallen etc Spielgeräte mit Gewinnmöglichkeit auf und betreibt sie. Die Geräte dürfen nicht in Lokalen aufgestellt werden, die vorzugsweise von Jugendlichen besucht werden. Der Aufsteller benötigt eine Erlaubnis. Geprüft werden Bauart und Zulassung der Spielgeräte, Aufstellungsort (Schutz der Gäste und der Nachbarn) und Zuverlässigkeit (Vorstrafen?). Zu beachten: § 33c, Absatz 3 und § 33f. Absatz 1 Nr. 1 der Gewerbeordnung.

Spielbank: Die Bundesländer können Spielbanken für Glücksspiele wie Roulette etc zulassen, sind hierin jedoch sehr zurückhaltend. Auf die Lizenz besteht kein Rechtsanspruch (Spielbankgesetze der Länder).

Spielhalle: Eine Spielhalle ist ein Betrieb, in dem Spielgeräte für Glücksspiele und Geschicklichkeitsspiele aufgestellt sind. Eine Erlaubnis ist notwendig. Geprüft werden Zuverlässigkeit (Vorstrafen?), Bauart-Zulassung der Geräte, Lage und Beschaffenheit der

Räume, Gefährdung der Jugend, übermäßige Ausnutzung des Spieltriebs, Umwelteinwirkungen, Belästigung der Allgemeinheit oder der Nachbarschaft. Rechtliche Grundlagen: § 33i der Gewerbeordnung, Spielverordnung, Verordnung zur Erteilung von Unbedenklichkeitsbescheinigungen, Baunutzungsverordnung und kommunale Bauleitplanung.

Sprengstoff und Feuerwerk: Die Errichtung eines Betriebs und das Lagern explosionsgefährlicher Stoffe und pyrotechnischer Gegenstände bedarf der Erlaubnis durch das Staatliche Gewerbeaufsichtsamt. Geprüft werden Zuverlässigkeit und Fachkunde. Ein Feuerwerk ist zwei Wochen vorher bei der Ordnungsbehörde anzuzeigen. Zu beachten: Gesetz über explosionsgefährliche Stoffe, Verordnungen zum Sprengstoffgesetz.

Tabakwaren: Oft falsch als Rauchwaren bezeichnet, worunter in der Fachwelt Pelze verstanden werden. – Tabakwaren gehören zu den wenigen Erzeugnissen, in denen noch eine Preisbindung zweiter Hand gültig ist, das heißt die Endverkaufspreise werden durch den Hersteller festgesetzt, woran sich der Einzelhändler zu halten hat (Tabaksteuergesetz).

Telekommunikation: Das Betreiben von Übertragungswegen, die die Grenze eines Grundstücks überschreiten und die für Telekommunikationsleistungen für die Allgemeinheit genutzt werden, ist erlaubnispflichtig. Dabei geht es um Mobilfunk, Satellitenfunk, sonstige Telekommunikation und Sprachtelefon mit selbst betriebenem Netz. Der Amateurfunk ist ebenfalls erlaubnispflichtig. Erlaubnisfrei sind Nachrichtendienste auf einem einzelnen Grundstück und nicht-öffentliche Telefondienste. Dies sind insbesondere Angebote im Bereich der Individualkommunikation (zum Beispiel Telebanking), Datendienste (zum Beispiel Verkehrs-, Wetter-, Umwelt- und Börsendaten), Informationen über Waren- und Dienstleistungsangebote, Angebote zur Nutzung des Internet oder zur Nutzung von Telespielen. Rechtsgrundlagen: Informations- und Kommunikationsdienste-Gesetz, Gesetz über den Amateurfunk. Zuständig: Regulierungsbehörde für Post und Kommunikation, Bonn.

Tierkörperbeseitigung: In der Tierkörperbeseitigungsanstalt, früher auch Abdeckerei genannt, werden Tierkörper, -teile und -erzeugnisse gelagert, behandelt und verwertet. In einer Sammelstelle werden diese abgeliefert, gesammelt und gelagert. Die Gebietskörperschaften (Landkreise, Städte etc) haben die gesetzliche Pflicht zur Tierkörperbeseitigung und können diese Pflicht auf Antrag auf Gewerbetriebe übertragen, wenn keine überwiegenden öffentlichen Interessen entgegenstehen, der Inhaber zuverlässig ist, die vorgeschriebenen Einrichtungen vorhanden sind und gewährleistet ist, dass die gesetzlichen Vorschriften beachtet werden. Rechtliche Grundlagen sind das Tierkörperbeseitigungsgesetz, die Tierkörperbeseitigungsanstalten-Verordnung und landesrechtliche Ausführungsgesetze hierzu.

Tierzucht, -haltung, -handel: Für die gewerbsmäßige Tätigkeit ist eine Erlaubnis der Verterinärbehörde notwendig. Geprüft werden Sachkunde, Zuverlässigkeit, Räume und Einrichtungen. Zu beachten: § 11 des Tierschutzgesetzes und Durchführungsverordnungen zum Tierschutzgesetz.

Unterkünfte: Gewerbliche Betriebe, die eine Unterkunft vermitteln, beschränken sich häufig nicht darauf, gegen Entgelt eine Adresse zu benennen, sondern nehmen das gesamte Entgelt ein und führen es nach Abzug ihrer Provision an den Vermieter ab. Eine Erlaubnis ist nicht notwendig, jedoch überprüft die Behörde nach der Gewerbeanmeldung die Zuverlässigkeit des Unternehmers entsprechend § 38 der Gewerbeordnung.

Unternehmensbeteiligungen: Wer unter der Bezeichnung „Unternehmensbeteiligungsgesellschaft" Anteile von Unternehmen oder Beteiligungen als stiller Gesellschafter von inländischen nicht börsennotierten Unternehmen erwirbt, verwaltet und veräußert, bedarf der behördlichen Anerkennung. Geprüft werden Grundkapital (mindestens eine Million Euro), Rechtsform (vorgeschrieben: Kapitalgesellschaft oder Kommanditgesellschaft), weitere Unterlagen. Rechtsgrundlage: Gesetz über Unternehmensbeteiligungsgesellschaften.

Unterricht, Fortbildung, Schulen: Gesetzlich werden unterschieden:

(1) Ersatzschule: eine Schule in freier Trägerschaft, die in ihren Zielen den öffentlichen Schulen des Bundeslandes entspricht. Es geht um private allgemeinbildende oder berufsbildende Schulen. Die Tätigkeit gilt nicht als gewerblich (§ 6 der Gewerbeordnung). Eine Erlaubnis nach dem jeweiligen Landes-Schulgesetz ist notwendig. Geprüft wird, ob das Konzept mit dem Landes-Schulgesetz vereinbar ist und ob eine Sonderung der Schüler nach den Vermögensverhältnissen der Eltern angestrebt wird.

(2) Ergänzungsschulen: Schulen in freier Trägerschaft, die nicht öffentlichen Schulen entsprechen, sondern nur für bestimmte Berufe oder in einzelnen Fächern ausbilden. Die Errichtung bedarf keiner Erlaubnis, sondern ist lediglich der Schulbehörde anzuzeigen.

(3) Die Vermittlung spezieller Fähigkeiten (zum Beispiel: Segeln, Bergsteigen, Ski) ist gewerbliche Tätigkeit. Eine Erlaubnis ist nicht notwendig. Die Vermittlung künstlerischer Fähigkeiten gehört zur Kunst, also nicht zum Gewerbe, und ist nur beim Finanzamt anzuzeigen.

(4) Fortbildung, Erwachsenenbildung: ist gewerbliche Tätigkeit, Erlaubnis nicht erforderlich. Es gibt in den Ländern Gesetze und Finanzprogramme zur Förderung der Erwachsenenbildung.

(5) Fahrschule, Ausbildung zum Erwerb eines Führerscheins: ist eine selbstständige freiberufliche (also nicht gewerbliche) Tätigkeit. Sie kann jedoch gewerblichen Charakter annehmen, wenn sie entsprechenden Umfang hat und der Inhaber nicht selbst unterrichtet. Eine Erlaubnis wird für einzelne Betriebsarten und Führerscheinklassen erteilt. Geprüft werden Mindestalter (25 Jahre), Zuverlässigkeit, Fahrlehrererlaubnis, zweijährige Tätigkeit als Fahrlehrer, Räume, Lehrmittel, Lernfahrzeuge. Rechtliche Grundlagen sind Fahrlehrergesetz, Durchführungsverordnung hierzu, Fahrlehrer-Ausbildungsverordnung, Prüfungsordnung für Fahrlehrer, Fahrschüler-Ausbildungsordnung.

(6) Fluglehrer: Geregelt in § 5 des Luftverkehrsgesetzes und §§ 88 ff. der Verordnung über Luftfahrtpersonal.

(7) Fernunterricht: Die Eröffnung des Unternehmens ist nicht erlaubnispflichtig. Jedoch muss nach dem Fernunterrichtsgesetz jeder einzelne Lehrgang durch die Staatliche Zentralstelle für Fernunterricht, Köln, zugelassen werden.

Urheberrechte: Wer Ansprüche aus dem Urheberrechtsgesetz für Rechnung mehrerer Urheber zur gemeinsamen Auswertung wahrnimmt, benötigt eine Erlaubnis des Patent- und Markenamtes, München. Rechtsgrundlage ist das Urheberrechts-Wahrnehmungsgesetz.

Verlag: Der Unternehmer erwirbt von einem Urheber (Schriftsteller, Komponist, Fotograf etc) durch einen Verlagsvertrag die Urheberrechte an einem Werk und lässt hiervon Vervielfältigungen herstellen, die er vertreibt. Der Verlag ist also zu unterscheiden von der Druckerei. Die Inhalte sind frei, es gibt keine Zensur. Der Verlag setzt einen Endpreis für die Verlagserzeugnisse fest, der vom Buchhändler einzuhalten ist. Die Errichtung eines Verlages ist frei, nicht zulassungspflichtig. Jedoch gibt es einige spezielle Pflichten für die Verleger von Zeitungen und Zeitschriften (Impressum, Anforderungen an verantwortlichen Redakteur, Gegendarstellung, Pflichtexemplar etc). Ein Scout sucht im Auftrag eines Verlages auf den (insbesondere ausländischen) Buchmärkten nach lohnenden Titeln. Zu beachten: Artikel 5 und 73, Nr. 9, des Grundgesetzes, Pressegesetze der Länder, Gesetz über das Verlagsrecht, § 18 des Gesetzes über die deutsche Bibliothek, Pflichtstückverordnung, Urheberrechtsgesetz, Gesetz über die Verbreitung jugendgefährdender Schriften und Medieninhalte. Siehe auch: Buchhandel, Zeitungen.

Versteigerer, auch Auktionator genannt: Er fordert innerhalb einer zeitlich und örtlich begrenzten Veranstaltung eine Mehrzahl von Personen auf, eine Sache oder ein Recht in der Weise zu erwerben, dass sie einander mit Preisangeboten überbieten. Das höchste Gebot erhält den Zuschlag. Für die selbstständige Tätigkeit ist eine Erlaubnis notwendig. Geprüft werden Zuverlässigkeit und Vermögensverhältnisse. Auf Antrag werden besonders sachkundige Versteigerer allgemein oder für bestimmte Bereiche öffentlich bestellt (Auskunft: Industrie- und Handelskammer Bonn). Rechtsgrundlagen: § 34b der Gewerbeordnung, Versteigererverordnung, landesrechtliche Verwaltungsvorschriften hierzu.

Viehmarkt: Die Schlachtviehmärkte werden von den obersten Landesbehörden (Landwirtschaftsministerium) bestimmt. Rechtliche Grundlage ist das Gesetz über den Verkehr mit Vieh und Fleisch.

Volksfest: Volksfeste sind regelmäßig wiederkehrende zeitlich begrenzte Veranstaltungen, die primär der Unterhaltung und Belustigung, weniger dem Verkauf dienen, auch wenn sie regional als „Markt“ oder „Jahrmarkt“ bezeichnet werden, weil sie sich historisch aus Märkten entwickelt haben. Der Veranstalter eines Volksfestes braucht keine Erlaubnis, aber die Behörde (Ordnungsamt der Gemeinde) muss das Volksfest festsetzen, wenn die Bedingungen erfüllt sind. Der einzelne Beschicker des Volksfestes ist Reisegewerbetreibender (§ 60b und §§ 55 ff. der Gewerbeordnung).

Waffen und Munition: Für Herstellung und Handel ist eine Erlaubnis nach Waffengesetz notwendig. Sie ist auf die Person, nicht auf den Betrieb, bezogen. Zuverlässigkeit und Sachkunde werden streng geprüft.

Wassergewinnung: Das Entnehmen von Wasser aus oberirdischen Gewässern oder aus dem Grundwasser bedarf einer Erlaubnis (als widerrufliche Befugnis) oder einer Bewilligung (als dauerhafte Befugnis). Geprüft wird, ob das Wohl der Allgemeinheit gefährdet wird. Rechtliche Grundlagen: Wasserhaushaltsgesetz, Verordnung über allgemeine Bedingungen für die Versorgung mit Wasser, Wasserverbandsgesetze, Wassergesetze der Länder.

Zeitungen, Zeitschriften, Kiosk: Die Endpreise der Zeitungen und Zeitschriften sind durch die Verlage festgelegt und durch die Einzelhändler einzuhalten. Dieser bezieht seine Ware vom Großhändler (in der Branche Presse-Grosso genannt), der für einen bestimmten Bezirk als Monopolist ein Alleinverkaufsrecht besitzt. Der Einzelhändler hat ein Belieferungsrecht, das heißt der Grossist muss ihn mit allen angeforderten Titeln beliefern. Die nicht verkauften Exemplare werden über den Grossisten an den Verlag zurückgegeben (Remittenden) und dem Einzelhändler gutgeschrieben. Die Verlage schließen mit dem Grossisten einen Komissionsvertrag mit Remissionsrecht ab (Gesetz über die Preisbindung bei Verlagserzeugnissen, § 15 des Gesetzes gegen Wettbewerbsbeschränkungen).

X. Beratung, Organisationen der Wirtschaft

In jedem Fall empfiehlt es sich für den Existenzgründer, vor diesem Schritt, der über das ganze künftige Leben des Gründers und seiner Familie entscheidet, eine sachkundige Beratung in Anspruch zu nehmen. Dies gilt insbesondere vor dem ersten Gespräch mit dem Kreditinstitut, denn die Bank oder Sparkasse erwartet nicht eine Idee, sondern ein fertig ausgearbeitetes Konzept. Hierzu ist wichtig, dass der Gründer dieses Konzept als eigenes vorträgt, sich ganz hiermit identifiziert, auch wenn Außenstehende ihm bei der Formulierung insbesondere des Businessplans geholfen haben.

Zur, meist kostenlosen, Beratung stehen vor allem die berufsständischen Organisationen bereit. Für alle gewerblichen Berufe mit Ausnahme des Handwerks sind dies die Industrie- und Handelskammern. Sie haben einen ganz allgemeinen Förderungsauftrag, das heißt sie unterstützen jedwede wirtschaftliche Aktivität. Der gewerbliche Existenzgründer wird gesetzliches Mitglied der Industrie- und Handelskammer (IHK). Jedoch steht ihm schon im Vorfeld der Mitgliedschaft der ganze Apparat der IHK zur Verfügung, insbesondere in den Fachabteilungen für Industrie, Handel, Verkehr, Außenwirtschaft, Steuern, Finanzierungshilfen, Recht, Handelsregister, Ausbildung etc. Durch das umfangreiche Fortbildungsangebot der IHK kann der Existenzgründer fehlende Kenntnisse ergänzen, insbesondere auf kaufmännischem Gebiet. Die IHK vermittelt Adressen von Lieferanten, Wettbewerbern und Abnehmern. Die Kammerbeiträge sind abhängig vom Gewinn. In den ersten Jahren ist der Gründer in aller Regel beitragsfrei. Die regional zuständige IHK ist über www.dihk.de > Der Weg zu Ihrer IHK > Bundesländer leicht zu finden. In der Sparte „Wir über uns" informiert die Kammer über ihren Bezirk, der meist mehrere Landkreise umfasst.

Die Handwerkskammern und Kreishandwerkerschaften beraten die Existenzgründer im Handwerk, insbesondere über den Weg zur Meisterprüfung. Ansonsten sind sie bestrebt, Schwarzarbeit zu verhindern und zu bekämpfen, das heißt handwerkliche Arbeiten, die durch Unbefugte ausgeführt werden. Die zuständige Handwerkskammer ist über den Zentralverband des Deutschen Handwerks zu erfahren: www.zdh.de > Handwerksorganisationen > Handwerkskammern > Deutschlandkarte. Über die Handwerkskammern sind auch die Anschriften der örtlichen Kreishandwerkerschaften zu erfahren. Sie bilden den Zusammenschluss der Innungen als der fachlichen Basisorganisationen.

Die Freien Berufe haben eigene berufsständische Kammern (Ärztekammer, Rechtsanwaltskammer, Architektenkammer etc) und Verbände, die in Sachen Existenzgründung beraten.

Die Städte und Landkreise unterhalten gewöhnlich ein Referat für Wirtschaftsförderung, das ebenfalls Existenzgründer berät. Hier gibt es vor allem Hinweise zur innerörtlichen Bauleitplanung und zur Standortwahl innerhalb der Stadt: Gewerbegebiet?, Industriegebiet?, Fußgängerzone? Gewerbe zulässig im Wohngebiet? Spielhalle nur zulässig im Vergnügungsviertel? etc. Außerdem berät der städtische Wirtschaftsförderer über öffentliche Finanzierungshilfen (Zuschüsse, verbilligte Kredite), zumal diese oft an den Standort gebunden sind. Ferner ebnet er den Weg zur städtischen Bauabteilung und kann versuchen, eine rasche Baugenehmigung für den Existenzgründer zu erwirken. Nicht in jedem Falle braucht das böse Wort zuzutreffen „Was die Wirtschaftsförderung anschiebt, läuft sich tot in der Bauabteilung".

Für jede Branche gibt es einen Fachverband (Einzelhandelsverband, Hotel- und Gaststättenverband, Gießereiverband etc), bei dem ebenfalls Rat eingeholt werden kann, zumal in den Fachfragen der jeweiligen Branche. Die Mitgliedschaft in den Verbänden ist freiwillig. Es kann passieren, dass nur Mitglieder beraten werden und dem Ratsuchenden zunächst ein Aufnahmeantrag vorgelegt wird. Die Anschriften sind leicht zu erfahren, indem bei Google das Stichwort „Verband" und die Branche eingegeben werden: „Gießereien" und „Verband" liefert den Deutschen Gießereiverband, „Verband" und „Inkasso" liefert den Bundesverband Deutscher Inkassounternehmen.

Der Arbeitgeberverband berät seine Mitglieder vor allem in arbeitsrechtlichen Fragen und vertritt sie vor dem Arbeitsgericht, während die Arbeiter und Angestellten sich von einem Anwalt oder einem Gewerkschaftssekretär vertreten lassen. Eine Mitgliedschaft in diesem Verband kommt für den Existenzgründer vor allem in Frage, wenn er einen laufenden Betrieb mit Arbeitnehmern übernimmt. Die Anschriften sind über die Bundesvereinigung Deutscher Arbeitgeberverbände zu suchen: www.arbeitgeber.de > Über uns > Unsere Mitglieder > Landesvereinigungen > Deutschlandkarte. Bei den Landesvereinigungen sind bezirkliche und örtliche Verbandsanschriften zu erfahren.

Daneben kommt, insbesondere bei umfangreichen Gründungen, in Betracht, das Konzept mit einem privaten Unternehmensberater durchzusprechen, vor allem hinsichtlich der Kernfrage: der Stellung im Wettbewerb, im Markt, sowie der Betriebsorganisation. Anschriften der Unternehmensberater sind bei der Industrie- und Handelskammer zu erfahren. Daneben ist die Zuziehung eines Steuerberaters sinnvoll, beispielsweise für die Frage, mit welcher Steuerbelastung bei einem bestimmten Gewinn zu rechnen sei. Keinesfalls sollten Fragen der steuerlichen Gestaltung den Ausgangspunkt für die Existenzgründung bilden. Sie würden nur den Blick auf das zentrale Problem verstellen: Kann ich etwas anbieten, das andere brauchen und das es hier am Platz bisher in dieser Form noch nicht gibt?

Sachverzeichnis

Zahlen = Seiten

Buchanzeigen

Starthilfen für Unternehmer

Bonnemeier

Praxisratgeber Existenzgründung

Erfolgreich starten und auf Kurs bleiben.
Konkrete Handlungsempfehlungen für alle Phasen der Existenzgründung und die erste Zeit danach.

2. Aufl. 2008. 702 S. €
€ 17,50. dtv 50874

Füser

Ratgeber Existenzgründung

1000 Ideen und Checklisten zum Erfolg.
Eine Fülle von Anregungen für unternehmerisch denkende Praktiker.

2. Aufl. 2004. 490 S. €
€ 13,–. dtv 50828

Schaub/Reiserer

Ich mache mich selbstständig

Hürden nehmen · Chancen nutzen.
Ein umfassender Überblick über die öffentlich-rechtlichen und privatrechtlichen Rahmenbedingungen für

den Schritt in die Selbstständigkeit.

6. Aufl. 2008. 563 S. §
€ 17,–. dtv 5236

Hammer

Soll ich mich selbständig machen?

Chancen und Risiken bei der Neugründung, Geschäftsübernahme oder Beteiligung, Standortwahl, Finanzierung, Recht, Marketing und Controlling.

4. Aufl. 2005. 252 S. €
€ 9,50. dtv 5853

Weißer

Endlich selbständig!

Ratgeber für die erfolgreiche Existenzgründung.

1. Aufl. 2010. 250 S. §
€ 16,90. dtv 50701
Neu im Dezember 2009

Kühn

GmbH-Geschäftsführer

Alles rechtliche Wissen für den Geschäftsführer vom Anstellungsvertrag über Haftungsvermeidung bis zur Abberufung. Mit vielen Beispielen, Tipps und Mustern.

1. Aufl. 2009. 217 S. §
€ 15,90. dtv 50703
Neu im Oktober 2009

Wörle

Selbstständig ohne Meisterbrief

Was Handwerkskammern gern verschweigen.
Alles über den Eintrag in die Handwerksrolle ohne Brief sowie über die legalen Tätigkeitsmöglichkeiten.

1. Aufl. 2009. 298 S. §
€ 16,90. dtv 50673

Waldner/Wölfel

So gründe und führe ich eine GmbH

Vorteile nutzen · Risiken vermeiden.
Haftungsbeschränkung, Gründungsvoraussetzungen, Vertragsgestaltung, Geschäftsführer, Gesellschafterversammlung, Liquidation, Steuer- und Kostenrecht.

9. Aufl. 2009. 252 S. §
€ 10,90. dtv 5278

P155958-542.1

Geigenberger
Risikokapital für Unternehmensgründer
Der Weg zum Venture Capital.
Venture-Capital-Finanzierung Schritt für Schritt von der Anfrage bis zum Exit.

2. Aufl. 2006. 252 S. €
€ 14,50. dtv 50832

Wiester
Die GmbH in der Unternehmenskrise
Lösungswege für den Geschäftsführer.
Ein fundierter Überblick über alle relevanten Handlungs- und Sanierungsoptionen, Pflichten und Haftungsrisiken.

1. Aufl. 2007. 335 S. §
€ 15,–. dtv 50638

Waldner/Wölfel
GbR · OHG · KG
Gründen · Betreiben · Beenden.
Gesellschaft des bürgerlichen Rechts, Offene Handelsgesellschaft, Kommanditgesellschaft, GmbH & Co. KG. Vertragsgestaltung, Geschäftsführung und Vertretung, Haftung, Liquidation, Steuer- und Kostenrecht.

7. Aufl. 2006. 240 S. §
€ 9,50. dtv 5294

Weisbach/Sonne-Neubacher
Unternehmensethik in der Praxis
Vorgaben und Richtlinien sinnvoll und zielführend umsetzen.
Ethisch orientierte Führung ist ohne wirksame Handlungsvorgaben nicht möglich. Wie es gelingt, Vorgaben und Richtlinien sinnvoll, zielführend und frei von Widersprüchen zu gestalten, zeigt der neue Wirtschaftsberater.

1. Aufl. 2009. 221 S. €
€ 14,90. dtv 50922

Sattler
Unternehmerisch denken lernen
Das Denken in Strategie, Liquidität, Erfolg und Risiko. Wie sichern Unternehmen unmittelbar ihre Existenz? Woran erkennt man erfolgreiche Unternehmen? Was muss man wissen, um langfristig Erfolg zu haben?

2. Aufl. 2003. 217 S. €
€ 10,–. dtv 50819

Ek/von Hoyenberg
Unternehmenskauf und -verkauf
Grundlagen · Gestaltung · Haftung · Steuer- und Arbeitsrecht · Übernahmen.

1. Aufl. 2007. 288 S. §
€ 14,50. dtv 50646

Ek/von Hoyenberg
Aktiengesellschaften
Gründung · Leitung · Börsengang.
Ratgeber für alle, die eine AG gründen, sich an einer bestehenden AG beteiligen, als Vorstand eine AG leiten oder ein Aufsichtsratsmandat übernehmen möchten.

2. Aufl. 2006. 275 S. §
€ 12,50. dtv 5684

Ottersbach

Der Businessplan

Praxisbeispiele für Unternehmensgründer und Unternehmer.
Funktion, Inhalt und Darstellungsform eines Businessplans werden anhand zahlreicher Beispiele erläutert.

1. Aufl. 2007. 256 S. €
€ 10,–. dtv 50875

Jossé

Balanced Scorecard

Ziele und Strategien messbar umsetzen.
Das Konzept, das unternehmerische Vision nicht nur in Strategien transferiert, sondern auch konkrete Ziele und Maßnahmen schlüssig abzuleiten hilft.

1. Aufl. 2005. 329 S. €
€ 12,50. dtv 50870

Girlich/Maier/Steindl

Steuerwissen für Existenzgründer

Praktische Tipps zu Steuern, Recht und Sozialversicherung.
Die Autoren zeigen Gefahren und Tücken des komplizierten Steuerrechts auf und helfen mit verständlichen Anregungen, Beispielen und Checklisten, häufige Fehler in der Startphase zu vermeiden.

5. Aufl. 2009. 349 S. €
€ 19,90. dtv 50831
Neu im November 2009

Buchhaltung, Rechnungswesen, Controlling

Herrling/Mathes

Der Buchführungsratgeber

Grundlagen und Beispiele.
Dieser Band vermittelt die Grundlagen in anschaulicher Form, anhand konkreter Beispiele werden auch komplexe Buchungen verständlich erklärt.
Schritt für Schritt vom Controlling über Beschaffungs-, Umsatzsteuer-, Wechsel- und Personalkostenbuchungen bis hin zu den notwendigen Jahresabschlussarbeiten. Mit Übungsaufgaben und Lösungen.

5. Aufl. 2006. 419 S. €
€ 12,50. dtv 5836

Jossé

Basiswissen Kostenrechnung

Kostenarten, Kostenstellen, Kostenträger, Kostenmanagement.
Die bewährten Systeme der Kostenrechnung.

5. Aufl. 2008. 266 S. €
€ 10,–. dtv 50811

Schultz
Basiswissen Rechnungswesen

Buchführung, Bilanzierung, Kostenrechnung, Controlling. Grundlagen der Unternehmensführung.
Dieser Überblick über das gesamte betriebliche Rechnungswesen zeigt mit Beispielen und Übersichten die Verzahnung von Buchführung, Bilanzierung, Kostenrechnung und Controlling.

5. Aufl. 2008. 298 S. €
€ 10,–. dtv 50815

Scheffler
Lexikon der Rechnungslegung

Buchführung, Finanzierung, Jahres- und Konzernabschluss nach HGB und IFRS.
Dieses Lexikon ist Nachschlagewerk und Ratgeber für alle Fragen zur Darstellung und Beurteilung der Vermögens-, Finanz- und Ertragslage von Unternehmen und Konzernen.

2. Aufl. 2007. 502 S. €
€ 15,–. dtv 50814

Tanski
Internationale Rechnungslegungs-standards

IFRS/IAS Schritt für Schritt.
Viele Beispiele und grafische Übersichten machen das Verständnis der IAS (International Accounting Standards) leicht und zeigen die markanten Unterschiede zur HGB-Bilanzierung.

3. Aufl. 2010. Rd. 400 S. €
€ 19,90. dtv 50852
Neu im Dezember 2009

Scheffler
Bilanzen richtig lesen

Rechnungslegung nach HGB und IAS/IFRS.
Bilanz, Bewertung, Gewinn- und Verlustrechnung, Bilanzanalyse, Bilanzpolitik.

8. Aufl. 2009. 265 S. €
€ 11,90. dtv 5827

Schneck
Rating

Wie Sie Ihre Bank überzeugen.
Wie läuft ein Rating ab, welche Kriterien sind maßgeblich, und wie kann man sich als Unternehmen darauf vorbereiten?
Mit Beispielen, Fällen und Anwendungsberichten.

2. Aufl. 2008. 258 S. €
€ 12,50. dtv 50871

Füser/Gleißner
Rating-Lexikon
800 Stichwörter mit Fakten und Checklisten rund um Basel II.

1. Aufl. 2005. 567 S. €
€ 17,50. dtv 50882

Witt
Controlling-Lexikon
Von ABC-Analyse bis Zwischenbericht.

1. Aufl. 2002. 907 S. €
€ 24,–. dtv 50851

Schultz
Basiswissen Controlling
Instrumente für die Praxis.

1. Aufl. 2010. 278 S. €
€ 12,90. dtv 50907
Neu im Dezember 2009

Horváth & Partners
Das Controllingkonzept
Der Weg zu einem wirkungsvollen Controllingsystem. Wie setzt man Controlling in die Praxis um? Arbeitsschritte und Fallbeispiele.

7. Aufl. 2009. 360 S. €
€ 14,90. dtv 5812
Neu im Oktober 2009

Management und Marketing

Rittershofer
Wirtschafts-Lexikon
Über 4000 Stichwörter für Studium und Praxis.

4. Aufl. 2009. 1103 S. €
€ 24,90. dtv 50844

Schneck
Lexikon der Betriebswirtschaft
3500 grundlegende und aktuelle Begriffe für Studium und Beruf.

7. Aufl. 2007. 1104 S. €
€ 19,50. dtv 5810

Schultz
Basiswissen Betriebswirtschaft
Management, Finanzen, Produktion, Marketing.
Das Buch bietet einen Überblick über die gesamte Betriebswirtschaft und ist gleichermaßen Nachschlagewerk wie Handbuch für Studium und Praxis.

3. Aufl. 2008. 329 S. €
€ 10,–. dtv 50863

Pepels
Marketing-Lexikon
Über 3000 grundlegende und aktuelle Begriffe für Studium und Beruf.

2. Aufl. 2002. 969 S. €
€ 22,–. dtv 5884

P155958-S46.1